UMA BREVE HISTÓRIA DA CIÊNCIA

Leia na série

Uma breve história

Uma breve história da ciência – William Bynum
Uma breve história da economia – Niall Kishtainy
Uma breve história da filosofia – Nigel Warburton
Uma breve história da literatura – John Sutherland
Uma breve história da religião – Richard Holloway
Uma breve história dos Estados Unidos – James West Davidson

William Bynum

UMA BREVE HISTÓRIA DA CIÊNCIA

Tradução de Iuri Abreu

www.lpm.com.br

L&PM POCKET

Coleção **L&PM** POCKET, vol. 1233

Texto de acordo com a nova ortografia.
Título original: *A Little History of Science*

Este livro foi publicado pela L&PM Editores em formato 14x21cm em 2013
Primeira edição na Coleção **L&PM** POCKET: agosto de 2017
Esta reimpressão: abril de 2023

Tradução: Iuri Abreu
Ilustrações da capa e miolo: Tom Duxbury
Preparação: Elisângela Rosa dos Santos
Revisão: Patrícia Yurgel

CIP-Brasil. Catalogação na fonte
Sindicato Nacional dos Editores de Livros, RJ

B997u

Bynum, William, 1946-
Uma breve história da ciência / William Bynum; tradução Iuri Abreu. – Porto Alegre, RS: L&PM, 2023.
368p. il. ; 18 cm. (Coleção L&PM POCKET, v. 1233)

Tradução de: *A Little History of Science*
Inclui índice
ISBN 978-85-254-3444-9

1. Ciência - História. I. Título.

13-05058 CDD: 509
CDU: 50(09)

Rua Comendador Coruja, 314, loja 9 – Floresta – 90.220-180
Porto Alegre – RS – Brasil / Fone: 51.3225.5777

Pedidos & Depto. comercial: vendas@lpm.com.br
Fale conosco: info@lpm.com.br
www.lpm.com.br

Impresso no Brasil
Outono de 2023

Para Alex e Peter

Sumário

CAPÍTULO 1

No início

A ciência é especial. É a melhor forma que temos de descobrir coisas sobre o mundo e tudo o que faz parte dele – e isso nos inclui.

As pessoas fazem perguntas sobre o que veem ao redor há milhares de anos. As respostas sugeridas sofreram muitas mudanças. Assim como a própria ciência. A ciência é dinâmica, desenvolvendo-se sobre ideias e descobertas que uma geração passa para a próxima, bem como avançando a passos largos quando são feitas novas descobertas. O que não mudou é a curiosidade, a imaginação e a inteligência daqueles que fazem ciência. Talvez saibamos mais hoje, porém as pessoas que refletiram a fundo sobre o mundo três mil anos atrás eram tão inteligentes quanto nós.

Este livro não é apenas sobre microscópios e tubos de ensaio em laboratórios, embora isso seja o que a maioria das pessoas imagina quando pensa em ciência. Durante a maior parte da história humana, a ciência foi usada em conjunto com magia, religião e tecnologia para tentar entender e controlar o mundo. A ciência pode ser algo tão simples quanto observar o nascer do Sol a cada manhã ou tão complexo como identificar um novo elemento químico. Magia pode ser a previsão do futuro de acordo com as estrelas ou o que chamaríamos de superstição, como não cruzar o caminho de um gato preto. A religião pode fazer com que se sacrifique um animal para acalmar os deuses ou orar pela paz mundial. A tecnologia pode incluir o conhecimento de como acender uma fogueira ou construir um novo computador.

Ciência, magia, religião e tecnologia foram usadas pelas primeiras sociedades humanas que se assentaram em vales fluviais na Índia, na China e no Oriente Médio. Os vales fluviais eram férteis, o que permitia plantações a cada ano, o bastante para alimentar uma comunidade grande. Por consequência, algumas pessoas dessas comunidades tiveram tempo suficiente para se concentrar em uma coisa, praticar e praticar até se especializar em algo. Os primeiros "cientistas" (apesar de não se chamarem assim naquela época) eram provavelmente sacerdotes.

No início, a tecnologia (que tem a ver com "fazer") era mais importante do que a ciência (que se refere a "conhecer"). Você precisa saber o que fazer, e como fazê-lo, antes de poder cultivar a plantação com êxito, criar roupas ou cozinhar os alimentos. Não é preciso saber por que algumas frutas são venenosas, ou algumas plantas comestíveis, para aprender a evitar uma e cultivar a outra. Não é preciso saber o porquê de o Sol nascer todas as manhãs e se pôr a cada noite para que isso aconteça todos os dias. Mas os seres humanos não são apenas capazes de aprender sobre o mundo ao redor; também são curiosos, e essa curiosidade está no cerne da ciência.

Sabemos mais sobre o povo da Babilônia (atual Iraque) do que sobre outras civilizações antigas por um simples motivo: eles escreviam em tabuletas de argila. Milhares dessas tabuletas, escritas há quase seis mil anos, sobreviveram. Elas nos contam como os babilônios viam o mundo. Eram extremamente organizados, mantendo registros meticulosos de colheitas, armazenamentos e finanças estatais. Os sacerdotes dedicavam muito tempo a cuidar dos fatos e das cifras da vida antiga. Também eram os principais "cientistas", responsáveis por fazer levantamento topográfico, medir distâncias, olhar para o céu e desenvolver técnicas de contagem. Ainda usamos algumas de suas descobertas hoje em dia. Assim como nós, usavam marcas de cálculo para contar; é quando fazemos quatro traços verticais e os cruzamos na diagonal com um quinto risco, algo que você já deve ter visto em desenhos animados de celas de prisão, feitos pelos prisioneiros para contar quantos anos estão encarcerados. Muito mais importante ainda, foram os babilônios que disseram que deveria haver sessenta segundos em um minuto e sessenta minutos em uma hora, bem como 360 graus em um círculo e sete dias na semana. É engraçado pensar que não há um motivo real para que sessenta segundos componham um minuto, nem para que sete dias representem uma semana. Outros números também teriam funcionado. Mas o sistema babilônico foi assimilado em outro lugar e manteve-se.

Os babilônios eram bons em astronomia, ou seja, na análise do firmamento. Ao longo de muitos anos, começaram a reconhecer padrões nas posições das estrelas e dos planetas no céu à noite. Acreditavam que a Terra estava no centro das coisas e que existiam conexões poderosas – mágicas – entre nós e as estrelas.

Apesar de acreditarem que a Terra era o centro do universo, as pessoas não a consideravam um planeta. O céu noturno foi dividido em doze partes, e cada parte recebeu um nome associado a certos grupos (ou "constelações") de estrelas. Por meio de um jogo celestial de conectar os pontos, os babilônios viam imagens de objetos e animais em algumas constelações, como um conjunto de balanças e um escorpião. Esse foi o primeiro zodíaco, a base da astrologia, que é o estudo da influência das estrelas sobre nós. Havia uma ligação íntima entre astrologia e astronomia na Babilônia antiga – e por muitos séculos depois disso. Hoje, muitas pessoas sabem sob qual signo do zodíaco nasceram (eu sou taurino) e leem o horóscopo em jornais e revistas em busca de conselhos sobre a vida. Porém, a astrologia não é parte da ciência moderna.

Os babilônios eram apenas um entre diversos grupos poderosos no Oriente Médio antigo. Sabemos mais sobre os egípcios, que se estabeleceram ao longo do rio Nilo em 3500 a.C. Nenhuma civilização antes ou depois foi tão dependente de um único recurso natural. Os egípcios deviam sua própria existência ao Nilo, pois a cada ano, quando inundava, o poderoso rio trazia um sedimento rico para suprir a terra em torno de suas margens e, com isso, prepará-la para as plantações do ano seguinte. O Egito é muito quente e seco, por isso muitas coisas sobreviveram para que as pudéssemos admirar e aprender hoje, inclusive muitas imagens e um tipo de escrita pictórica chamada de hieróglifo. Depois que o Egito foi conquistado, primeiro pelos gregos e, a seguir, pelos romanos, desapareceu a capacidade de ler e escrever hieróglifos e, então, por quase dois mil anos, o significado dessa escrita permaneceu perdido. Então, em 1798, um soldado francês encontrou uma tabuleta redonda em uma pilha de entulho em uma cidadezinha próxima a Roseta, ao norte do Egito. Ela continha uma proclamação escrita em três idiomas: hieróglifo, grego e até outra forma de escrita egípcia chamada demótica. A Pedra Roseta hoje está em Londres, onde é possível vê-la no Museu Britânico. Que grande avanço! Os acadêmicos podiam ler o grego e, portanto, traduzir os hieróglifos, decodificando a misteriosa escrita egípcia. Agora se pode, de fato, começar a aprender sobre as crenças e práticas dos egípcios antigos.

A astronomia egípcia era semelhante à dos babilônios, mas a preocupação egípcia com a vida após a morte significava que eles eram mais práticos na observação das estrelas. O calendário era muito importante, não só para dizer quando era o melhor momento para plantar ou quando esperar a inundação do Nilo, mas também para planejar festivais religiosos. O ano "natural" deles era de 360 dias – isto é, doze meses compostos de três semanas com duração de dez dias – e adicionavam cinco dias extras no fim do ano para não bagunçar as estações. Os egípcios pensavam que o universo tinha a forma de uma caixa retangular, com o mundo deles na base da caixa e o Nilo fluindo exatamente pelo centro desse mundo. O início do ano coincidia com a inundação do Nilo, e com o tempo o associaram à ascensão da estrela mais brilhante do céu noturno, que chamamos de Sirius.

Assim como na Babilônia, os sacerdotes eram importantes nas cortes dos faraós, os governantes egípcios. Os faraós eram considerados divinos e em condições de usufruir de uma vida após a morte. Esse é um dos motivos pelos quais construíram as pirâmides, que, na verdade, são monumentos fúnebres gigantescos. Os faraós, seus parentes e outras pessoas importantes, junto com servos, cães, gatos, mobília e suprimentos alimentares, eram colocados nessas estruturas grandiosas para aguardar a nova vida no próximo mundo. Para preservar os corpos de pessoas importantes (afinal, não adiantaria nada aparecer no além putrefato e fétido), os egípcios desenvolveram formas de embalsamar os mortos. Isso significava, em primeiro lugar, a remoção dos órgãos internos (utilizavam um gancho comprido para retirar o cérebro pelas narinas), que eram colocados em potes especiais. Produtos químicos serviam para preservar o restante do corpo, que depois era envolto em linho e colocado em um túmulo no seu local final de descanso.

Os embalsamadores devem ter tido uma boa ideia da aparência do coração, dos pulmões, do fígado e dos rins. Infelizmente, não descreveram os órgãos removidos, então não sabemos o que acreditavam que os órgãos faziam. No entanto, sobreviveram outros papiros médicos, os quais discorrem sobre a medicina e a cirurgia egípcias. Como era comum na época, os egípcios acreditavam que uma mistura de questões religiosas, mágicas e naturais causava doenças. Os curandeiros recitavam feitiços enquanto administravam remédios aos pacientes.

No entanto, muitas das curas inventadas pelos egípcios parecem mesmo ter origem na observação atenta das enfermidades. Alguns dos medicamentos usados em curativos para ferimentos após lesão ou cirurgia podem ter protegido a ferida contra germes e, com isso, auxiliado na cicatrização. Isso ocorreu milhares de anos antes que soubéssemos o que eram os germes.

Naquela fase da história, cálculo, astronomia e medicina eram os três campos "científicos" mais óbvios de atividade. Cálculo, porque é preciso saber "quantos" antes de poder plantar colheitas e negociar com outras pessoas ou para ver se há um número suficiente de soldados ou construtores de pirâmides à disposição. Astronomia, porque o Sol, a Lua e as estrelas estão tão intimamente relacionados aos dias, meses e estações, que o registro cuidadoso de suas posições é essencial para os calendários. Medicina, porque quando as pessoas ficam doentes ou se machucam, é natural que busquem ajuda. Contudo, em cada um desses casos, magia, religião, tecnologia e ciência estavam misturadas e, para essas antigas civilizações do Oriente Médio, temos que usar a imaginação para descobrir por que as pessoas faziam o que faziam ou como era o cotidiano das pessoas comuns.

É sempre difícil saber sobre pessoas comuns, pois eram basicamente os mais poderosos, por saberem ler e escrever, que deixavam os registros da história. Isso também é válido para outras duas civilizações antigas que começaram mais ou menos na mesma época, porém na distante Ásia: China e Índia.

CAPÍTULO 2

Agulhas e números

CONTINUE VIAJANDO PARA O LESTE, vindo da Babilônia e do Egito, e você encontrará terras onde floresceram civilizações antigas nos dois lados dos Himalaias rochosos, na Índia e na China. Algo em torno de cinco mil anos atrás, as pessoas viviam lá em vilarejos e cidades localizadas ao longo dos vales dos rios Indo e Amarelo. Naquele tempo, Índia e China eram territórios imensos, maiores até do que o são hoje. Ambos eram parte de vastas redes de comércio por via terrestre e marítima – canalizadas ao longo de rotas específicas – e seu povo desenvolvera a escrita e a ciência em um nível avançado. Um ajudava o outro: a ciência beneficiava o comércio, e a riqueza do comércio permitia o luxo do estudo. De fato, até aproximadamente 1500, a ciência nessas civilizações era, no mínimo, tão avançada quanto na Europa. A Índia nos deu os números e uma paixão pela matemática. Da China vieram papel e pólvora, além daquele aparelho indispensável para a navegação: a bússola.

Hoje, a China é uma das maiores potências do mundo. Artigos como roupas, brinquedos e eletrônicos feitos lá são vendidos em todo o planeta: confira a etiqueta nos seus tênis. Porém, durante séculos as pessoas do Ocidente olhavam para esse vasto país com divertimento ou suspeita. Os chineses agiam do seu próprio jeito; o país deles parecia ser misterioso e imutável.

Agora sabemos que a China sempre foi um país dinâmico e que sua ciência também estava em constante mudança. Mas uma questão permaneceu inalterada ao longo dos séculos: a escrita. A escrita chinesa é composta de ideogramas, pequenas imagens que representam objetos, os quais têm uma aparência esquisita para usuários de alfabetos como nós. Porém, se você sabe interpretar as figurinhas, significa que consegue ler textos chineses antigos – antiquíssimos – com a mesma facilidade com que lê publicações mais recentes. Na verdade, temos que agradecer à China pela invenção do papel, que facilitou em muito a escrita. O exemplo mais antigo conhecido é de aproximadamente 150 d.C.

Governar a China nunca foi fácil, mas a ciência podia ajudar. Talvez o maior projeto de engenharia de todos os tempos, a Grande Muralha da China teve início no século V a.C. durante a dinastia Zhou oriental. (A história chinesa é dividida em dinastias, associadas a poderosos governantes e suas cortes.) A muralha servia para manter os bárbaros do norte do lado de fora, bem como para manter os chineses do lado de dentro! Sua conclusão levou séculos, sendo continuamente ampliada ou reparada, e agora se estende por 8.850 km. (Durante alguns anos, as pessoas acreditaram que a muralha poderia ser vista do espaço, mas não é verdade: um astronauta da própria China não conseguiu avistar a estrutura.) Outro feito notável de engenharia, o Grande Canal foi iniciado sob a Dinastia Sui no século V. Aproveitando algumas hidrovias naturais no caminho, o canal de 1.600 km conectava a grande cidade continental de Pequim, ao norte, com Hangzhou, na costa sul, e a partir daí com o mundo exterior. Esses monumentos são lembretes poderosos da habilidade dos agrimensores e engenheiros chineses, mas também do tremendo valor do trabalho humano pesado exigido por tais construções. Os chineses inventaram o carrinho de mão, mas os trabalhadores ainda tinham que cavar, empurrar e construir.

Os chineses viam o universo como um tipo de organismo vivo, no qual forças conectavam tudo. A força ou energia fundamental era chamada de *Qi* (pronuncia-se "tchi"). Duas outras forças básicas eram *yin* e *yang*: yin, o princípio feminino, era associado às trevas, nuvens e umidade; yang, o princípio masculino, a ideias de luz solar, calor e ternura. As coisas nunca são inteiramente yin ou yang – as duas forças sempre se combinam em vários graus. De acordo com a filosofia chinesa, cada um de nós tem um pouco de yin e um pouco de yang, e a combinação exata afeta quem somos e a maneira como nos comportamos.

Os chineses acreditavam que o universo era composto de cinco elementos: água, metal, madeira, fogo e terra. Esses elementos não eram apenas a água ou o fogo comuns que vemos ao nosso redor, mas princípios que se uniam para compor o mundo e o firmamento. Cada um tinha características diferentes, é evidente, mas também poderes entrelaçados, como os bonecos Transformers. Por exemplo, a madeira pode dominar a terra (uma pá de madeira pode escavá-la); o metal pode esculpir a madeira; o fogo pode derreter o metal; a água pode apagar o fogo e a terra pode represar a água.

(Pense no jogo Pedra, Papel e Tesoura, que, aliás, foi inventado na China.) Esses elementos, combinados com as forças de yin e yang, produzem os ritmos cíclicos do tempo e da natureza, as estações, os ciclos de nascimento e morte, os movimentos do Sol, das estrelas e dos planetas.

Uma vez que tudo é composto desses elementos e dessas forças, tudo está, em algum sentido, vivo e unificado. Por isso, a noção do "átomo" como uma unidade básica de matéria nunca se desenvolveu na China. Nem os filósofos naturais chineses acreditavam que deviam expressar tudo com números para que fosse "científico". A aritmética era bastante prática: fazer cálculos ao comprar e vender, pesar mercadorias, e assim por diante. O ábaco, um dispositivo com contas deslizantes em fios no qual você talvez saiba contar, foi mencionado por escrito no final dos anos 1500. Provavelmente foi inventado antes. Um ábaco acelera a contagem, bem como adição, subtração, multiplicação e divisão.

Os números também eram usados para calcular a duração dos dias e dos anos. Desde 1400 a.C., os chineses sabem que o ano tem duração de 365 e $^1/_4$ e, como a maioria das civilizações antigas, usavam a Lua para calcular os meses. Como ocorria com todos os povos antigos, os chineses mediam o ano de acordo com o tempo necessário para o Sol voltar a seu ponto inicial no céu. Os ciclos nos movimentos de planetas como Júpiter e das estrelas encaixam-se com perfeição na ideia de que tudo na natureza é cíclico. A "Grande Origem Suprema Definitiva" era um cálculo imenso para descobrir quanto tempo levaria para que o universo inteiro fizesse um ciclo completo: 23.639.040 anos. Isso queria dizer que o universo era bem antigo (embora saibamos agora que ele é muito mais antigo). Os chineses também pensaram em como o universo está estruturado. Alguns dos primeiros mapas estelares chineses mostram que entendiam como representar, em um mapa bidimensional, elementos que existem em um espaço curvo. Xuan Le, que viveu na posterior dinastia Han (25-220), acreditava que o Sol, a Lua e as estrelas flutuavam no espaço vazio, impulsionados pelos ventos. Isso era bastante distinto da antiga crença grega de que esses corpos celestes estavam fixos em esferas sólidas e é muito mais semelhante a como entendemos o espaço atualmente. Os observadores de estrelas na China registravam eventos incomuns com muita atenção, por isso seus registros, já que se estendem a datas antigas, ainda são úteis para astrônomos modernos.

Como os chineses acreditavam que a Terra era muito antiga, não tinham dificuldade em reconhecer fósseis como os restos endurecidos de vegetais e animais que já estiveram vivos. As pedras eram agrupadas de acordo com critérios como dureza e cor. O jade tinha uma valorização especial, e os artesãos criavam lindas estátuas a partir de pedaços dessa pedra. Os terremotos são comuns na China e, embora ninguém soubesse explicar por que ocorrem, no século II um homem muito culto, chamado Zhang Heng, usou um peso pendente que oscilava quando a Terra tremia para registrar os tremores terrestres. Essa é uma versão precoce do que chamamos de sismógrafo, uma máquina que desenha uma linha reta até que a Terra se mova, fazendo com que oscile.

O magnetismo era entendido para fins práticos. Os chineses aprenderam a magnetizar o ferro aquecendo-o a uma temperatura alta e deixando-o resfriar enquanto estava apontado na direção norte-sul. A China tinha bússolas muito antes de serem conhecidas no Ocidente, as quais eram usadas para navegação e previsão da sorte. Na maioria das vezes, eram "molhadas": apenas uma agulha magnetizada flutuando em uma tigela de água. Estamos acostumados a dizer que as agulhas da bússola apontam para o norte, mas para os chineses elas indicavam o sul. (É claro que nossas bússolas também apontam para o sul – só que com a extremidade oposta da agulha. Não importa a direção escolhida, contanto que todos estejam de acordo.)

Os chineses eram químicos talentosos. Muitos dos melhores eram taoistas, membros de um grupo religioso que seguia Lau Tsu, que viveu entre os séculos VI e IV a.C. (*Tao* significa "caminho".) Outros eram seguidores de Confúcio ou de Buda. As filosofias desses líderes religiosos influenciavam as atitudes de seus seguidores em relação ao estudo do universo. A religião sempre influenciou a maneira como as pessoas enxergam o ambiente.

A química que os chineses praticavam era bastante sofisticada para a época. Por exemplo, eles sabiam destilar álcool e outras substâncias, além de extrair cobre de soluções. Ao misturar carvão, enxofre e nitrato de potássio, criaram a pólvora, que foi o primeiro explosivo químico e o ponto de partida para a invenção dos fogos de artifício e das armas. Pode-se dizer que a pólvora demonstrou o yin e yang do mundo químico: explodia lindamente em exibições espetaculares de fogos de artifício na corte e, ao mesmo tempo, era usada para disparar armas em campos de batalha orientais desde o século X. Não se sabe bem ao certo como a receita e as instruções para fazer essa poderosa substância chegaram à Europa, mas existe por lá uma descrição na década de 1280. Aos poucos, tornou mais letais as guerras em todos os lugares.

Os chineses também tinham alquimistas, que buscavam o "elixir da vida": uma substância que prolongaria o tempo de vida ou, quem sabe, até nos tornaria imortais. (O Capítulo 9 fala mais sobre a alquimia.) Não a encontraram e, na realidade, diversos imperadores teriam vivido mais tempo se *não* tivessem ingerido essas "curas" experimentais e venenosas. Porém, a busca por essa substância mágica revelou muitas drogas que puderam ser usadas para tratar doenças comuns. Assim como na Europa, os médicos chineses usavam extratos de plantas para tratar doenças, mas também criavam compostos a partir de enxofre, mercúrio e outras substâncias. A planta artemísia era usada para tratar a febre. Era transformada em extrato e aplicada na pele em pontos específicos para auxiliar o fluxo dos "sucos vitais". A receita e o método foram descobertos há pouco em um livro sobre drogas escrito há cerca de 1.800 anos. Testado em laboratório moderno, constatou-se ser eficiente contra a malária, uma das principais causas de morte atualmente em países tropicais. Um dos sintomas da malária é febre alta.

Os livros médicos começaram a ser escritos na China já no século II a.C., e a medicina antiga chinesa continua a existir em todo o mundo moderno. A acupuntura, que envolve a inserção de agulhas em certas áreas da pele, é amplamente praticada para ajudar a curar doenças, lidar com o estresse e aliviar a dor. Ela é baseada na ideia de que o corpo possui uma série de canais pelos quais flui a energia *Qi* e, portanto, o acupunturista usa as agulhas para estimular ou desbloquear esses canais. Por vezes, são realizadas operações com pouco mais do que agulhas inseridas no corpo do paciente para bloquear a dor. Cientistas chineses modernos trabalham como seus colegas ocidentais, mas a medicina chinesa tradicional (MCT) ainda tem muitos seguidores por todo o mundo.

O mesmo é válido para a medicina indiana tradicional. Ela é chamada de *Ayurveda* e baseia-se em obras conhecidas por esse nome, escritas no idioma antigo sânscrito, entre cerca de 200 a.C. e 600 d.C. A Ayurveda ensina que há fluidos no corpo, chamados *doshas*. Há três deles: *vata* é seco, frio e luz; *pitta* é quente, amargo e pungente; *kapha* é frio, pesado e doce. Esses doshas são necessários para o funcionamento adequado de nossos corpos, e quando há um excesso ou escassez de um ou mais deles, ou quando estão no local errado, o resultado são doenças. A inspeção da pele do paciente e a medição do pulso também eram muito importantes para o médico indiano tentar decidir qual era a doença. Drogas, massagem e dietas especiais podiam corrigir o desequilíbrio. Médicos indianos usavam o suco da papoula, que produz o ópio, para acalmar os pacientes e aliviar a dor.

Outra antiga obra médica indiana, o *Susruta*, concentrava-se na cirurgia. Algumas das operações descritas são incrivelmente delicadas para aquele período primitivo. Por exemplo, quando um paciente sofria de catarata (uma turvação no cristalino do olho que dificulta a visão), o cirurgião enfiava com suavidade uma agulha no globo ocular e empurrava a catarata para um lado. Os cirurgiões indianos também usavam pedaços da própria pele do paciente para reparar narizes danificados, o que talvez seja o primeiro exemplo do que chamamos de cirurgia plástica.

Essa medicina ayurvédica estava associada a profissionais hindus. Quando também se estabeleceram na Índia em torno de 1590, os muçulmanos levaram suas ideias médicas, baseadas na antiga medicina grega interpretada pelos primeiros médicos islâmicos. Essa medicina, chamada *Yunani* (que significa "grego"), desenvolveu-se lado a lado com o sistema ayurvédico. Ambas continuam a ser usadas na Índia hoje em dia, junto com a medicina com a qual estamos familiarizados – a medicina ocidental.

A Índia tinha suas próprias tradições científicas. Os observadores de estrelas na Índia conferiam sentido ao firmamento, às estrelas, ao Sol e à Lua inspirando-se na obra do astrônomo grego Ptolomeu e em alguns trabalhos científicos da China que foram levados por missionários budistas indianos. Havia um observatório em Ujjain, e um dos primeiros cientistas indianos cujo nome é conhecido, Varahamihira (*c.* 505), trabalhava lá. Ele colecionava antigas obras astronômicas e acrescentava as próprias observações. Bem mais tarde, no século XVI, foram construídos observatórios em Deli e Jaipur. O calendário indiano era bastante preciso e, assim como os chineses, os indianos acreditavam que a Terra era muito antiga. Um de seus ciclos astronômicos tinha duração de 4.320.000 anos. Os indianos compartilhavam a busca de um elixir que traria vida longa. Também buscavam uma forma de criar ouro a partir de metais comuns. No entanto, a contribuição mais importante feita pela ciência indiana foi a matemática.

Foi da Índia, através do Oriente Médio, que vieram os números chamados de "arábicos": os populares 1, 2, 3, e assim por diante. A ideia do "zero" também veio pela primeira vez da Índia. Junto com os números que ainda se usam, os matemáticos indianos também tiveram a ideia básica da "marcação de lugar". Considere um número como 170. O "1" equivale a 100, marcando o lugar da "centena"; o "7" representa 70, que marca a posição da "dezena"; e o "0" marca o lugar das "unidades". É algo tão natural para nós que nem pensamos nisso, mas, se não tivéssemos a marcação de lugar, a escrita de números grandes seria muito mais complicada. O mais famoso entre os matemáticos indianos antigos, Brahmagupta, que viveu no século VII, descobriu uma maneira de calcular os volumes de prismas e de outras figuras. Ele foi a primeira pessoa a mencionar o número "0" e sabia que qualquer coisa multiplicada por zero é zero. Foram precisos quase quinhentos anos até que outro matemático indiano, Bhaskara (nascido em 1115), chamasse atenção para o fato de que qualquer coisa *dividida* por zero seria igual a infinito. Modernas explicações matemáticas do mundo seriam impossíveis sem esses conceitos.

Embora sistemas médicos tradicionais na Índia e na China ainda sejam concorrentes da medicina ocidental, na ciência é diferente. Cientistas indianos e chineses trabalham com as mesmas ideias, ferramentas e metas que seus colegas em qualquer outra parte do mundo. Seja na Ásia ou em outro lugar, a ciência agora é uma ciência universal, que se desenvolveu no Ocidente.

Mas não se esqueça de que recebemos os números da Índia, e o papel, da China. Escreva a tabela dos nove e estará usando dons que são antiquíssimos, com origem no Oriente.

CAPÍTULO 3

Átomos e o vazio

Em torno de 454 a.C., o historiador grego Heródoto (*c.* 485-425 a.C.) visitou o Egito. Assim como nós, ficou impressionado com as pirâmides e as estátuas gigantescas – dezoito metros de altura – em Tebas, subindo o Nilo. Não conseguia acreditar em como tudo era tão antigo. A glória do Egito havia passado, e há muito já fora invadido pelos persas. Heródoto vivia em uma sociedade muito mais jovem e vigorosa, que ainda estava no auge e que conquistaria o Egito um século mais tarde, sob o comando de Alexandre, o Grande (356-323 a.C.).

Na época de Heródoto, as pessoas que pensavam e escreviam em grego dominavam uma parte crescente do Mediterrâneo oriental. Elas escreveram as obras de Homero, o poeta cego, como a história de como os gregos derrotaram os troianos construindo um cavalo gigante e escondendo-se dentro dele, bem como a fantástica jornada de volta à casa do soldado grego Odisseu, que fora o mentor da Guerra de

Troia. Os gregos eram ótimos construtores de navios, comerciantes e pensadores.

Um dos primeiros desses pensadores foi Tales (*c.* 625-545 a.C.), um mercador, astrônomo e matemático de Mileto, na costa do que hoje é a Turquia. Nada do que escreveu sobreviveu diretamente, mas autores posteriores o citam e contam anedotas que ilustram como ele era. Uma deles diz que, certa vez, ele estava tão ocupado olhando para as estrelas que se esqueceu de ver onde estava pisando e caiu em um poço. Em outra história, Tales se sai por cima: como era inteligente, conseguiu perceber que haveria uma colheita enorme de azeitonas. Contratou todas as prensas de azeite de oliva bem antes da colheita, quando ninguém precisava delas, e, quando chegou a hora, pôde alugá-las e obter um bom lucro. Tales não foi o primeiro professor distraído – conheceremos outros mais adiante – nem o único a ganhar dinheiro aplicando ciência.

Diz-se que Tales visitou o Egito e levou matemáticos egípcios para os gregos. Talvez seja apenas outra história, como aquela em que prevê um eclipse total do Sol com precisão (ele não sabia astronomia o bastante para fazê-lo). O mais provável, porém, era a forma como tentava explicar muitos eventos naturais, como a fertilização da terra pela inundação do Nilo e como os terremotos eram causados pelo superaquecimento da água no interior da crosta terrestre. Para ele, a água era o elemento principal, e ele imaginava a Terra como um disco flutuando em um oceano enorme. Pode parecer engraçado para nós, mas a questão é que Tales realmente queria explicar as coisas em termos naturais, em vez de sobrenaturais. Os egípcios acreditavam que o Nilo inundava por causa dos deuses.

Divergindo de Tales, Anaximandro (*c.* 611-547 a.C.), também de Mileto, acreditava que o fogo era a substância mais importante do universo. Empédocles (*c.* 500-430 a.C.), da Sicília, propôs a ideia da existência de quatro elementos: ar, terra, fogo e água. Essa ideia soa familiar para nós porque se tornou o modo padrão de pensadores por quase dois mil anos, até o fim da Idade Média.

Ser o modo padrão não significa, de modo algum, que todos aceitavam o esquema dos quatro elementos como palavra definitiva. Também na Grécia e, mais tarde, em Roma, um grupo de filósofos, conhecidos como atomistas, acreditava que o mundo é, de fato, composto de partículas minúsculas chamadas átomos. O mais famoso dos primeiros atomistas foi Demócrito, que viveu em torno de 420 a.C. O que sabemos de suas ideias origina-se de alguns fragmentos de seu pensamento citados por outros autores. Demócrito pensava que, no universo, havia muitos átomos e que eles sempre existiram. Os átomos não podiam ser divididos nem destruídos. Embora fossem pequenos demais para serem vistos, ele acreditava que deviam ter diferentes formatos e tamanhos, o que explicaria por que as coisas compostas de átomos têm gostos, texturas e cores distintos. Contudo, essas coisas maiores só existem porque nós, humanos, temos paladar, tato e visão. Na realidade, Demócrito insistia, não há nada além de "átomos e o vazio", o que chamamos de matéria e espaço.

O atomismo não era tão popular, sobretudo a visão de Demócrito e de seus seguidores de como as coisas vivas "evoluíam" por um tipo de tentativa e erro. Uma versão engraçada sugeria que, certa vez, houve um grande número das várias partes de vegetais e animais com o potencial de se agrupar em qualquer tipo de combinação – a tromba de um elefante podia prender-se a um peixe, uma pétala de rosa a uma batata etc. – antes de finalmente se encaixarem nas formas que vemos agora. A ideia era que, se a pata de um cão sofresse uma combinação acidental com um gato, esse animal não sobreviveria, por isso não existiam gatos com patas de cachorro. Após um tempo, portanto, todas as patas de cães iam parar nos cachorros e – ainda bem – todas as pernas humanas acabavam parando nos humanos. (Outra versão da evolução dos gregos antigos parece mais realista, mesmo que um pouco repulsiva: supunha-se que todas as coisas vivas passaram a existir, de forma gradual, a partir de um lodo muito antigo.)

Uma vez que não vê propósito final ou grande projeto do universo, com as coisas simplesmente acontecendo por sorte e necessidade, a maioria das pessoas não gostava do atomismo. Era uma visão bastante desoladora, e a maior parte dos filósofos gregos buscava propósito, verdade e beleza. Os gregos que viveram na mesma época de Demócrito e seus colegas atomistas teriam escutado seus argumentos completos; o que sabemos deles é apenas por meio de citações e discussões de filósofos posteriores. Um atomista que viveu em tempos romanos, Lucrécio (*c.* 100-*c.* 55 a.C), escreveu um belo poema científico, *De rerum natura* ("Da natureza das coisas"). Nesse poema, descreveu o firmamento, a Terra e tudo contido nela, inclusive a evolução das sociedades humanas, em termos do atomismo.

Sabemos os nomes e algumas das contribuições de dezenas de antigos cientistas e matemáticos gregos por um período de quase mil anos. Aristóteles foi um dos melhores. Sua visão da natureza era tão poderosa que manteve a preponderância muito tempo após sua morte (voltaremos a ele no Capítulo 5). Contudo, três pessoas que viveram depois de Aristóteles fizeram contribuições bastante significativas para o desenvolvimento contínuo da ciência.

Euclides (*c.* 330-*c.* 260 a.C.) não foi a primeira pessoa a pensar sobre geometria (os babilônios eram muito bons nisso), mas foi o primeiro a agrupar, em uma espécie de livro-texto, as pressuposições, as regras e os procedimentos básicos do assunto. A geometria é um tipo bastante prático de matemática que lida com o espaço: pontos, linhas, superfícies, volumes. Euclides descreveu ideias geométricas, como, por exemplo, a forma como linhas paralelas nunca se encontram e como os ângulos de um triângulo somam 180 graus. Sua grande obra, *Elementos de geometria*, era admirada e estudada em toda a Europa. Talvez um dia você também estude a "geometria plana" proposta por ele. Espero que admire sua beleza clara e organizada.

O segundo dos "três grandes", Eratóstenes (*c.* 284-*c.* 192 a.C.), mediu a circunferência da Terra de modo bastante simples, porém inteligente: usando geometria. Ele sabia que no solstício de verão, o dia mais longo do ano, o Sol ficava diretamente sobre um lugar chamado Siena. Então, mediu o ângulo do Sol naquele dia em Alexandria (onde era bibliotecário de um museu e de uma biblioteca famosos), que ficava em torno de cinco mil estádios ao norte de Siena. (Um "estádio" era uma medida grega de distância, cerca de um décimo da milha moderna.) A partir dessas medições, usou geometria para calcular que a Terra tem cerca de 250 mil estádios de circunferência. Afinal, ele chegou perto? A previsão de Eratóstenes de quarenta mil quilômetros não está muito longe do valor real de 40.075 quilômetros (em torno do Equador) que conhecemos hoje. Observe que Eratóstenes achava que a Terra era redonda. Nem sempre se acreditou na ideia de que a Terra era uma grande superfície plana e que as pessoas podiam navegar até cair na borda, apesar das histórias contadas sobre Cristóvão Colombo e sua viagem à América.

O último dos "três grandes" também trabalhou em Alexandria, a cidade no norte do Egito fundada por Alexandre, o Grande. Cláudio Ptolomeu (*c.* 100-*c.* 178), como muitos cientistas do mundo antigo, tinha interesses bastante amplos. Escreveu sobre música, geografia e a natureza e o comportamento da luz. Porém, a obra que lhe concedeu fama duradoura foi o *Almagesto*, com o título dado pelos árabes. Nesse livro, Ptolomeu agrupou e ampliou as observações de muitos astrônomos gregos, inclusive mapas das estrelas, cálculos dos movimentos dos planetas, da Lua, do Sol e das estrelas, bem como a estrutura do universo. Ele presumia, como todos naquele tempo, que a Terra está no centro de tudo e que o Sol, a Lua, os planetas e as estrelas giram em torno dela de modo circular. Ptolomeu era um ótimo matemático e descobriu isso introduzindo algumas correções que conseguiu calcular para os movimentos dos planetas que ele, e muitos outros antes dele, haviam percebido.

É bem difícil explicar o Sol girando em torno da Terra quando, na verdade, é o oposto que ocorre. A obra de Ptolomeu era leitura essencial para astrônomos nas terras islâmicas e na Idade Média europeia. Foi um dos primeiros livros a serem traduzidos para o árabe e depois novamente para o latim, de tanto que era admirado. De fato, Ptolomeu era considerado equivalente a Hipócrates, Aristóteles e Galeno por muitos, embora, para nós, esses três mereçam seus próprios capítulos.

CAPÍTULO 4

O pai da medicina: Hipócrates

Na próxima vez em que você tiver uma consulta, pergunte a seu médico se ele fez o juramento de Hipócrates na cerimônia de graduação. Nem todas as faculdades de medicina modernas exigem que os alunos o recitem, mas algumas sim, e esse juramento, escrito há mais de dois mil anos, ainda tem algo a nos dizer. Trataremos disso em breve.

Embora o nome de Hipócrates esteja associado a esse famoso juramento, é provável que ele não o tenha escrito. Na verdade, ele escreveu apenas alguns dos cerca de sessenta tratados (livros curtos sobre tópicos específicos) que levam seu nome. Sabemos apenas um pouco sobre Hipócrates, o homem. Nasceu em torno de 460 a.C., na ilha de Cós, perto da atual Turquia. Trabalhou como médico, lecionou medicina (sendo pago) e deve ter tido dois filhos e um genro que também eram médicos. Há um longo histórico de a medicina ser uma tradição familiar.

O Corpus Hipocrático (*corpus* é um grupo de escritos) na verdade foi escrito por muitos indivíduos, ao longo de um período, talvez com duração de até 250 anos. Os vários tratados nele contidos argumentam pontos de vista diferentes e lidam com os mais variados assuntos. Entre eles estão o diagnóstico e o tratamento de doenças, como tratar ossos quebrados e articulações deslocadas, epidemias, como se manter saudável, o que comer e como o ambiente pode influenciar a saúde. Os tratados também ajudam os médicos a saberem como se comportar, tanto com os pacientes quanto com outros médicos. Em resumo, os escritos hipocráticos abrangem a totalidade da medicina conforme era praticada na época.

Além da variedade de assuntos abordados, a época em que os tratados foram escritos também é digna de nota. Hipócrates viveu antes de Sócrates, Platão e Aristóteles, e em Cós, uma pequena ilha remota. É incrível que um texto escrito há tanto tempo tenha sobrevivido. Não havia gráficas, e as palavras tinham que ser arduamente copiadas à mão em pergaminhos, papiros, argila e outras superfícies para depois serem passadas de pessoa para pessoa. A tinta desbota, guerras levam à destruição, insetos e intempéries cobram o seu preço. Normalmente temos apenas cópias desses escritos, feitas muito mais tarde por gerações de pessoas interessadas. Quanto mais cópias forem feitas, maior a chance de que algumas sobrevivam.

Os tratados hipocráticos assentaram as bases da medicina ocidental e, portanto, Hipócrates ainda ocupa uma posição especial. Três princípios amplos orientam a prática médica há séculos. O primeiro ainda serve de base para a nossa medicina e ciência médica: a crença firme de que as pessoas adoecem devido a causas "naturais" que têm explicações racionais. Antes dos hipocráticos, na Grécia e nas terras adjacentes, presumia-se que a doença tinha uma dimensão sobrenatural. Ficamos doentes porque ofendemos os deuses ou porque alguém com poderes sobrenaturais lançou-nos um feitiço ou está descontente conosco. E se bruxas, magos e deuses causavam doenças, era melhor deixar que padres e magos descobrissem o motivo da doença e a melhor forma de curá-la. Muitas pessoas ainda hoje usam remédios mágicos, e os curandeiros ainda estão em nosso meio.

Os hipocráticos não eram padres-curandeiros; eram médicos que acreditavam que a doença era um evento natural e normal. Um tratado, *Da doença sagrada*, explicita isso com clareza. Essa obra curta é sobre epilepsia, um distúrbio tão comum agora quanto naquela época: acredita-se que Alexandre, o Grande, e Júlio César sofriam dessa condição. Portadores de epilepsia têm ataques, durante os quais podem ficar inconscientes e sofrer espasmos musculares, e seus corpos se contorcem. Às vezes, urinam em si mesmos. Aos poucos, o ataque diminui os indivíduos e recuperam o controle do corpo e das funções mentais. Os epilépticos hoje a consideram um episódio "normal", mesmo que inconveniente. No entanto, ver alguém durante um ataque epiléptico pode ser um tanto perturbador, e tão dramáticas e misteriosas eram as convulsões que os gregos antigos presumiram que essa condição tinha uma causa divina. Por isso, chamaram-na de "doença sagrada".

O autor hipocrático do tratado não aceitou nada disso. Sua célebre frase de abertura afirma de modo contundente: "Não acredito que a 'doença sagrada' seja mais divina ou sagrada do que qualquer outra doença;

ao contrário, ela tem características específicas e uma causa definida. Entretanto, por ser inteiramente diferente de outras doenças, é considerada uma punição divina por aqueles que, sendo apenas humanos, a veem com ignorância e espanto". A teoria do autor era de que a epilepsia é causada por um bloqueio da fleuma no cérebro. Assim como a maior parte das teorias em ciência e medicina, outras melhores a substituíram. Contudo, pode-se dizer que o enunciado sólido – que não se pode afirmar que uma doença tenha causa sobrenatural só porque é incomum ou misteriosa ou difícil de explicar – representa o princípio norteador da ciência ao longo dos tempos. Talvez não seja compreendida agora, mas com paciência e trabalho árduo conseguiremos desvendá-la. Esse argumento é um dos mais duradouros que os hipocráticos nos transmitiram.

O segundo princípio hipocrático era o de que tanto a saúde quanto as doenças são causadas pelos "humores" do corpo. (Uma expressão antiga é dizer que alguém está de bom ou mau humor, querendo dizer animado ou desanimado.) Essa ideia está exposta com mais clareza no tratado *Da natureza do homem*, que pode ter sido escrito pelo genro de Hipócrates. Diversas obras hipocráticas mencionam dois humores – fleuma e bile amarela – como causas de doenças. *Da natureza do homem* adicionou mais dois: sangue e bile negra. O autor argumentou que esses quatro humores exercem funções essenciais em nossa saúde e, quando estão fora de equilíbrio (quando há excesso ou deficiência de uma ou outra), então ocorre a doença. Você já deve ter visto seus próprios fluidos corporais quando esteve doente. Quando estamos com febre, suamos bastante; quando temos um resfriado ou uma infecção respiratória, o nariz escorre e expelimos muco. Quando estamos com dor de barriga, vomitamos, e a diarreia expele fluidos pela outra extremidade. Um arranhão ou corte pode causar sangramento na pele. Menos comum hoje é a icterícia, quando a pele fica amarela. A icterícia pode ser causada por muitas doenças que afetam os órgãos que compõem os fluidos corporais, inclusive malária, comum na Grécia antiga.

Os hipocráticos associaram cada um desses humores a um órgão do corpo: sangue com o coração, bile amarela com o fígado, bile negra com o baço e fleuma com o cérebro. O autor de *Da doença sagrada* acreditava que a epilepsia era causada pela fleuma bloqueada no cérebro. Outras doenças – não só resfriados ou diarreia, com suas alterações evidentes nos fluidos – eram associadas a mudanças nos humores. Cada humor tinha suas propriedades: sangue é quente e úmido; fleuma é fria e úmida; bile amarela é quente e seca; bile negra é fria e seca. Esses tipos de sintomas podem, de fato, ser vistos em pessoas doentes: quando está inflamada com sangue, uma ferida fica quente; quando temos um resfriado, sentimos frio e tremores. (Galeno, que desenvolveu ideias hipocráticas cerca de seiscentos anos atrás, também atribui essas mesmas características de quente, frio, úmido e seco aos alimentos que ingerimos ou às drogas que podemos tomar.)

A cura de todas as doenças era restaurar o equilíbrio de humores que fosse melhor para cada paciente. Isso significava que, na prática, a medicina hipocrática era mais complicada do que simplesmente seguir instruções para retornar cada humor a seu estado "natural". Cada indivíduo tinha o próprio equilíbrio saudável dos humores, então o médico precisava saber tudo sobre seu paciente: onde vivia, o que comia, como ganhava a vida. Era preciso conhecer bem o paciente para afirmar a probabilidade de algo acontecer, ou seja, dar um *prognóstico*. Quando estamos doentes, a maioria de nós quer saber o que esperar e como melhorar. Os médicos hipocráticos davam muita importância em conseguir prever o que aconteceria. Se a previsão estivesse correta, sua reputação aumentava e eles ganhavam mais pacientes.

A medicina que os hipocráticos aprendiam e depois ensinavam aos discípulos (geralmente seus filhos ou genros) baseava-se na observação atenta de doenças e do curso que tomavam. Anotavam suas experiências, muitas vezes na forma de resumos breves chamados de "aforismos". Os *aforismos* são uma das obras hipocráticas mais usadas por médicos de gerações posteriores.

A terceira abordagem mais importante dos hipocráticos à saúde e à doença foi resumida pela expressão latina *vis medicatrix naturae*, que significa "o poder curativo da natureza". Hipócrates e seus seguidores interpretavam os movimentos dos humores durante a doença como sinais da tentativa do corpo de se curar. Assim, suor, muco, vômitos e pus de abscessos eram vistos como o corpo expelindo – ou "cozinhando" (metáforas de culinária eram bastante usadas) – os humores. O corpo fazia isso para se livrar de excessos ou para modificar ou purificar maus humores alterados pela doença. O trabalho do médico, portanto, era auxiliar a natureza no processo natural de cura. O médico era servidor da natureza, não seu mestre, e os processos da doença deveriam ser aprendidos pela observação atenta do que realmente ocorria durante a doença. Muito mais tarde, um médico cunhou o termo "doença autolimitada" para descrever essa tendência, e todos sabem que muitas doenças melhoram por conta própria. Entre os médicos, conta-se a piada de que, se tratarem uma doença, ela desaparecerá em uma semana; porém, se não a tratarem, levará sete dias. Os hipocráticos concordariam com isso.

Além das muitas obras sobre medicina e cirurgia, higiene e epidemia, os hipocráticos legaram-nos o Juramento, ainda uma fonte de inspiração para os médicos de hoje. Parte desse breve documento discute as relações entre o jovem estudante e seu mestre, assim como entre os médicos. A maior parte, porém, discorre sobre o comportamento apropriado que os médicos devem adotar em relação ao paciente. Nunca devem tirar proveito dos pacientes, espalhar fofocas sobre segredos que venham a ouvir do enfermo nem administrar algum tipo de veneno. Todas essas questões ainda são cruciais na ética médica moderna, mas um enunciado hipocrático do Juramento soa particularmente eterno: *Aplicarei os regimes para o bem do doente segundo o meu poder e entendimento, nunca para causar dano ou mal a alguém.* "Não causar dano ao doente" ainda deve ser o objetivo de todo médico.

CAPÍTULO 5

"O mestre dos que sabem": Aristóteles

"TODOS OS HOMENS, POR NATUREZA, desejam saber", disse Aristóteles. Você já deve ter conhecido alguém assim, sempre disposto a aprender mais. Talvez já tenha encontrado vários sabe-tudo que perderam a curiosidade que sempre permaneceu importante para Aristóteles. A visão esperançosa dele era de que as pessoas aspiram ao conhecimento sobre si mesmas e sobre o mundo. Infelizmente, sabemos que nem sempre é assim.

Aristóteles passou a vida inteira aprendendo e ensinando. Nasceu em 384 a.C., em Estagira, Trácia (hoje Calcídica, na Grécia). Era filho de um médico, mas desde os dez anos de idade foi criado e educado por Proxeno, seu tutor. Quando tinha mais ou menos dezessete anos, Aristóteles foi a Atenas para estudar na famosa Academia de Platão. Lá, ficou por vinte anos. Embora a abordagem de Aristóteles ao mundo natural fosse inteiramente distinta da de Platão, tinha alto apreço pelo professor e escreveu sobre a obra dele com carinho após sua morte, em 347 a.C. Alguns dizem que a história da filosofia ocidental é uma série de notas de rodapé para Platão; o que isso quer dizer é que Platão suscitou muitas das perguntas sobre as quais os filósofos ainda se debruçam. Qual é a natureza da beleza? O que é a verdade ou o conhecimento? Como podemos ser bons? Qual é a melhor maneira de organizar nossas sociedades? Quem faz as regras pelas quais vivemos? O que nossa experiência das coisas do mundo nos diz sobre o que "realmente" são?

Aristóteles também estava intrigado por muitas dessas questões filosóficas, mas tendia a respondê-las de uma forma que se pode chamar de "científica". Assim como Platão, ele era um filósofo, mas um filósofo *natural*, o que estamos chamando de "cientista". O ramo da filosofia que mais o empolgava era a lógica – como se pensar com mais clareza. Estava sempre ocupado com o mundo a seu redor, no solo e no firmamento, e com o modo como as coisas naturais mudam.

Boa parte dos escritos de Aristóteles se perdeu, mas temos sorte de ter algumas de suas notas de aula. Ele saiu de Atenas após a morte de Platão, provavelmente porque se sentia inseguro sendo um estrangeiro lá. Passou alguns anos na cidade de Assos (agora na Turquia), onde criou uma escola, casou-se com a filha do governante local e, depois da morte dela, viveu com uma escrava, com quem teve um filho, Nicômaco. Foi lá que Aristóteles começou suas investigações biológicas, continuadas na ilha de Lesbos. Em 343 a.C., aceitou um emprego muito importante: ser tutor de Alexandre, o Grande, na Macedônia (agora um país separado, ao norte da Grécia). Ele esperava transformar o pupilo em um governante sensível à filosofia; não teve êxito, mas Alexandre veio a governar grande parte do mundo conhecido, inclusive Atenas, por isso Aristóteles pôde retornar em segurança para aquela cidade. Em vez de voltar à Academia de Platão, Aristóteles fundou uma nova escola nos arredores de Atenas. Havia um passeio público (*peripatos* em grego), razão pela qual os seguidores de Aristóteles ficaram conhecidos como peripatéticos ou aqueles que estão em constante movimento: um nome apropriado, considerando quanto o próprio Aristóteles movia-se de um lugar para o outro. Após a morte de Alexandre, Aristóteles perdeu apoio em Atenas e, por isso, mudou-se uma última vez, para Cálcis, na Grécia, onde morreu logo depois.

Aristóteles teria se intrigado ao ser descrito como cientista; ele era apenas um filósofo no sentido literal da palavra: um amante da sabedoria. Contudo, passou a vida tentando encontrar sentido no mundo e de maneiras que hoje seriam descritas como científicas. Sua visão da Terra, das criaturas e do firmamento influenciou nosso entendimento por mais de 1.500 anos. Junto com Galeno, elevou-se sobre todos os outros pensadores antigos. Desenvolveu o que veio antes, é evidente, mas não era um filósofo de poltrona. Na verdade, envolveu-se com o mundo material enquanto tentava entendê-lo.

Podemos separar sua ciência em três partes: o mundo vivo (vegetais e animais, inclusive os seres humanos); a natureza da mudança, ou movimento, que está contida, em grande parte, em uma obra intitulada *Física*; e a estrutura do firmamento ou a relação entre a Terra e o Sol, a Lua, as estrelas e outros corpos celestes.

Aristóteles dedicou muito tempo ao estudo de como vegetais e animais estão agrupados e como eles funcionam. Queria saber como se desenvolviam antes de nascer, chocar ou germinar e, depois disso, como cresciam. Não havia microscópio, mas sem dúvida sua vista era boa. Descreveu brilhantemente o modo como os pintinhos se desenvolvem dentro do ovo. Depois que os ovos eram postos, ele quebrava um por dia. O primeiro sinal de vida que viu foi uma nódoa de sangue pulsando no que se tornaria o coração do pinto. Isso o convenceu de que o coração era o principal órgão nos animais. Acreditava que o coração era o centro da emoção e do que chamaríamos de vida mental. Platão (e os hipocráticos) localizaram essas funções psicológicas no cérebro e estavam certos. No entanto, quando se está com medo, nervoso ou apaixonado, o coração bate mais rápido, por isso a teoria de Aristóteles não era simplória. Ele atribuiu as funções de animais superiores, como os seres humanos, às atividades de uma "alma", que tem diversas faculdades ou funções. Nos humanos, havia seis faculdades principais da alma: nutrição e reprodução, sensação, desejo, movimento, imaginação e razão.

Todos os serem vivos têm algumas dessas capacidades. As plantas, por exemplo, podem crescer e reproduzir-se; os insetos, como as formigas, também podem mover-se e sentir. Outros animais maiores e mais inteligentes adquirem mais funções, porém Aristóteles acreditava que só os seres humanos podiam raciocinar, ou seja, conseguiam pensar, analisar e decidir sobre um curso de ação. Portanto, os seres humanos estavam no topo da *scala naturae* ("escala de natureza" ou "cadeia de seres") de Aristóteles. Tratava-se de um tipo de escada na qual todas as coisas vivas podiam ser dispostas, começando com plantas simples e continuando de forma crescente. Essa ideia foi adotada repetidas vezes por diferentes naturalistas, pessoas que estudam a natureza, sobretudo vegetais e animais. Fique atento a ela nos próximos capítulos.

Aristóteles encontrou uma boa maneira de descobrir o que é feito pelas diversas partes de um vegetal ou de um animal, como folhas, asas, estômago ou rins. Presumiu que a estrutura de cada parte era projetada tendo em mente uma função específica. Dessa forma, as asas eram projetadas para o voo; o estômago, para a digestão do alimento; os rins, para o processamento da urina. Esse tipo de raciocínio é chamado de *teleológico*: um *telos* é uma causa final, e essa maneira de pensar concentra-se em como as coisas são ou no que fazem. Pense em uma xícara ou em um par de sapatos. Ambos têm determinada forma porque a pessoa que os criou tinha um objetivo específico: conter líquidos para beber e proteger os pés ao caminhar. O raciocínio teleológico aparecerá mais tarde no livro, não só para explicar por que vegetais ou animais têm as várias partes que os compõem, mas também no mundo físico mais amplo.

As plantas germinam e os animais nascem, crescem e, então, morrem. As estações vêm e vão com regularidade. Se você solta um objeto, ele cai no chão. Aristóteles queria explicar mudanças como essas. Duas ideias eram muito importantes para ele: "potencialidade" e "atualidade". Seus professores ou pais podem dizer-lhe para atingir seu potencial: isso geralmente quer dizer algo como obter as melhores notas possíveis em um exame ou correr o máximo que consegue em uma corrida. Isso é parte da ideia de Aristóteles, mas ele via um tipo diferente de potencial nas coisas. Na visão dele, uma pilha de tijolos tem o potencial de se tornar uma casa, enquanto um bloco de pedra tem o potencial de ser uma estátua. A construção e a escultura transformam esses objetos inanimados de um tipo de potencial para um tipo de coisa acabada ou "atualidade". A atualidade é uma extremidade da potencialidade, quando as coisas com potencialidade encontram seu "estado natural".

Por exemplo, quando as coisas caem, como maçãs de uma macieira, Aristóteles acreditava que elas buscavam seu estado "natural", que é estar na terra. Uma maçã não criará asas nem voará de repente, porque ela e todas as outras coisas em nosso mundo procuram a terra, e uma maçã voadora seria bastante não natural. Essa maçã caída pode continuar a mudar – apodrecerá se ninguém a colher e comê-la, porque isso também é parte do ciclo de crescimento e deterioração de uma maçã. Contudo, só por cair, já atingiu um tipo de atualidade. Até os pássaros retornam à terra depois de voarem pelo céu.

Se o local de descanso "natural" é em terra firme, o que dizer da Lua, do Sol, dos planetas e das estrelas? Eles podem estar lá em cima, como uma maçã pendurada em uma árvore, ou uma rocha na beira de uma montanha, mas nunca colidem com a Terra. Ainda bem. A resposta de Aristóteles era simples. Da Lua para baixo, a mudança está sempre acontecendo; isso ocorre porque o mundo é composto de quatro elementos: fogo, ar, terra e água (e suas propriedades: fogo quente e seco; ar quente e úmido; terra fria e úmida; água fria e úmida). Porém, acima da Lua, as coisas são feitas de um quinto elemento imutável: a *quintessência* ("quinta essência"). Os corpos celestes movem-se para sempre em perfeito movimento circular. O universo de Aristóteles preenchia um espaço fixo, mas não um tempo fixo. O Sol, a Lua e as estrelas movem-se por toda a eternidade em torno da Terra, que flutua no centro de tudo. Há um adorável paradoxo aqui, pois a Terra, o centro, também é a única parte do universo em que podem ocorrer mudança e deterioração.

Em primeiro lugar, o que causou todo esse movimento em torno da Terra? Aristóteles estava bastante preocupado com a *causa* e desenvolveu um esquema para tentar explicar as causas dividindo-as em quatro tipos. Eram chamadas de causas materiais, formais, eficientes e finais, e ele pensava que as atividades humanas, bem como o que acontece no mundo, podiam ser assim divididas e compreendidas. Pense em criar uma estátua a partir de um bloco de pedra. A pedra em si é a causa *material*, a matéria da qual é feita. A pessoa que faz a estátua dispõe as coisas de determinada maneira *formal*, para que a estátua assuma uma forma. A causa *eficiente* é o ato de esculpir a pedra para criar a forma. A causa *final* é a ideia que o escultor tinha em mente – a forma, digamos, de um cão ou de um cavalo –, que era o plano de toda a atividade.

A ciência sempre lidou com causas. Os cientistas querem saber o que acontece e por quê. O que faz com que uma célula comece a se dividir sem cessar, resultando no desenvolvimento de câncer em uma pessoa? O que deixa as folhas marrons, amarelas e vermelhas no outono, uma vez que estavam verdes o verão inteiro? Por que o pão cresce quando se coloca fermento nele? Essas e muitas perguntas semelhantes podem ser respondidas em termos de várias "causas". Por vezes, as respostas são bastante simples; em outras, bastante complexas. Na maior parte, os cientistas lidam com o que Aristóteles chamou de causas eficientes, mas o material e as causas formais também são importantes. As causas finais suscitam um conjunto distinto de questões. Em experimentos científicos modernos, os cientistas se satisfazem em explicar os processos, em vez de buscar uma explicação mais ampla ou causa final, que tem mais a ver com religião ou filosofia.

Contudo, no século IV a.C., Aristóteles acreditava que essas causas finais eram parte do quadro geral. Analisando o universo como um todo, argumentou que deveria haver alguma causa final que tivesse começado o processo todo do movimento. A isso deu o nome de “motor imóvel” e, mais tarde, muitas religiões (cristianismo, judaísmo e islamismo, por exemplo) identificaram essa força com seu deus. Essa foi uma das razões pelas quais Aristóteles continuou a ser celebrado como um pensador tão influente. Ele criou uma visão de mundo que dominou a ciência por quase dois mil anos.

CAPÍTULO 6

O médico do imperador: Galeno

Galeno (129-c. 210) era muito inteligente e não tinha medo de afirmá-lo. Estava sempre rabiscando, e seus escritos são repletos de opiniões e feitos próprios. Mais palavras suas sobrevivem do que as de qualquer outro autor do tempo antigo, o que comprova que as pessoas tinham alto apreço pelas obras de Galeno. Há vinte volumes espessos à disposição para ler, e na verdade ele escreveu muito mais. Então, sabemos mais sobre Galeno do que sobre a maioria dos outros pensadores antigos. É bem verdade que ele também adorava escrever sobre si mesmo.

Galeno nasceu em Pérgamo, hoje parte da Turquia, mas que na época ficava na periferia do Império Romano. Seu pai era um próspero arquiteto devotado ao filho talentoso, garantindo-lhe uma educação sólida (em grego) que incluía filosofia e matemática. Quem sabe o que teria acontecido se o pai dele não tivesse tido um sonho vívido, dizendo a ele que o filho deveria se tornar médico? Galeno trocou os estudos para medicina. Após a morte do pai, que o deixou bem de vida, passou vários anos viajando e aprendendo, passando tempo na biblioteca e no museu famosos de Alexandria, no Egito.

De volta a Pérgamo, Galeno tornou-se médico dos gladiadores – os homens escolhidos para entreter cidadãos abastados lutando entre si ou enfrentando leões e outras feras na arena. O cuidado deles era um trabalho importante, uma vez que os pobres precisavam ser remendados entre as apresentações para que pudessem seguir lutando. Segundo ele próprio, Galeno teve um enorme sucesso. Adquiriu uma vasta experiência no tratamento cirúrgico de ferimentos. Também conquistou uma reputação considerável entre os ricos e, em torno do ano 160, dirigiu-se a Roma, a capital do Império Romano. Começou a escrever sobre anatomia (o estudo das estruturas corporais de humanos e animais) e fisiologia (o estudo do que essas estruturas fazem). Ele também acompanhou o imperador Marco Aurélio em uma campanha militar. O imperador era o autor de uma série famosa de *Meditações*, e os dois discutiam filosofia durante a longa campanha. Marco Aurélio estimava Galeno, e este se beneficiava do apoio do imperador. Um fluxo constante de pacientes importantes era enviado a ele, os quais, caso os relatos de Galeno sejam verdadeiros, sempre eram curados, se possível.

O herói médico de Galeno era Hipócrates, embora já estivesse morto há mais de quinhentos anos. Galeno se via como alguém que completaria e ampliaria o legado do mestre e, de muitas formas, foi exatamente isso que fez. Produziu comentários sobre muitas obras de Hipócrates e presumiu que aquelas mais semelhantes às suas ideias haviam sido escritas mesmo por Hipócrates. Seus comentários sobre Hipócrates ainda são preciosos, sobretudo porque Galeno era um linguista especializado com um ótimo olho para a alteração de significado das palavras. O que é mais importante é que ele expressou a doutrina hipocrática dos humores na maneira como foi utilizada por mais de mil anos. Imagine tamanha influência!

A ideia do equilíbrio e desequilíbrio dos humores era crucial à prática médica de Galeno. Assim como Hipócrates, ele acreditava que os quatro humores – sangue, bile amarela, bile negra e fleuma – eram, de formas especiais, quentes ou frios, úmidos ou secos. Para tratar uma enfermidade, escolhia-se um remédio "oposto", mas também com a mesma intensidade. Assim, doenças que eram quentes e úmidas no terceiro grau, por exemplo, seriam tratadas com um remédio frio e seco no terceiro grau. Por exemplo, se o paciente tivesse coriza e sentisse calafrios, seriam usados medicamentos e alimentos secos e quentes. Restabelecendo o equilíbrio dos humores, seria possível restaurar um estado "natural" saudável. Isso tudo era muito lógico e simples, mas na verdade as coisas eram mais complicadas. Os médicos ainda precisavam obter muitas informações sobre os pacientes e administrar os remédios com cuidado. Galeno não demorava em assinalar quando outros médicos erravam (o que ocorria com frequência) para que todos soubessem que seus diagnósticos e terapias eram melhores. Ele era um médico perspicaz e muito requisitado que prestava bastante atenção aos aspectos mentais e físicos da saúde e da doença. Certa vez, diagnosticou um caso de "doença do amor", em que uma jovem ficava fraca e nervosa sempre que um dançarino belo se apresentava na cidade.

Galeno propôs a prática de sentir o pulso do paciente – algo que os médicos fazem até hoje. Ele escreveu um tratado sobre como o pulso – lento ou rápido, forte ou fraco, regular ou irregular – podia ser útil no diagnóstico da doença, mesmo que não tivesse nenhuma ideia sobre a circulação do sangue.

Galeno estava mais interessado em anatomia do que os hipocráticos. Ele abria os corpos de animais mortos e examinava esqueletos humanos sempre que tinha oportunidade. A dissecação de cadáveres não era bem-vista nas sociedades antigas, por isso Galeno não podia realizá-la, mas acreditamos que alguns dos primeiros médicos recebiam permissão para examinar os corpos de criminosos condenados enquanto ainda estavam vivos. Galeno aprendeu sobre anatomia humana a partir de dissecações de animais, como porcos e macacos, e por lances de sorte – a descoberta de um cadáver em decomposição ou ferimentos graves que mostravam a estrutura da pele, dos músculos e dos ossos. Os cientistas ainda usam animais nas pesquisas, embora devam tomar cuidado em esclarecer de onde obtiveram as informações. Galeno geralmente se esquecia de mencionar de onde tinha obtido seus achados, o que podia ser confuso.

A anatomia, para Galeno, era um assunto importante por direito próprio, mas também essencial ao entendimento do que realmente faziam os órgãos do corpo. Um de seus tratados mais influentes foi intitulado *Dos usos das partes*, analisando as estruturas das "partes", ou órgãos, e a função que exerciam no funcionamento de todo o corpo humano. Galeno presumiu, como você o faria, que cada parte faz algo, do contrário não estaria ali. (Duvido que ele tenha visto o apêndice humano. É provável que essa parte minúscula de nossos órgãos digestivos há muitíssimo tempo tenha nos ajudado a digerir plantas, mas não tem mais função alguma.)

No centro de toda a função corporal estava uma substância que os gregos chamavam de *pneuma*. "Pneuma" não é de fácil tradução: usaremos "espírito", mas essa palavra também transmite a ideia de "ar"; ela deu origem a vários termos médicos de nosso tempo, como "pneumonia". Para Galeno, o corpo continha três tipos de *pneuma*, e entender o que cada um fazia era essencial à compreensão de como o corpo funciona. O tipo mais básico de *pneuma* era associado ao fígado e tinha a ver com a nutrição. O fígado, acreditava Galeno, era capaz de obter material do estômago depois de ter sido ingerido e digerido, transformá-lo em sangue e, a seguir, infundi-lo com espírito "natural". Esse sangue do fígado percorria as veias por todo o corpo para nutrir os músculos e outros órgãos.

Parte desse sangue passava do fígado através de uma veia grande, a *vena cava*, para o coração, onde era novamente refinado por outro espírito, o "vital". O coração e os pulmões trabalhavam em conjunto nesse processo, parte do sangue passando pela artéria pulmonar (vindo do lado direito do coração) e indo para os pulmões. Ali, nutria os pulmões e também se misturava com o ar que respiramos pelos pulmões. Enquanto isso, parte do sangue no coração passava da direita para a esquerda através da porção mediana do coração (o septo). Esse sangue era vermelho vivo porque, segundo Galeno, continha o espírito vital infundido nele. (Galeno reconheceu que o sangue nas artérias tem uma cor diferente do sangue nas veias.) Do lado esquerdo do coração, o sangue saía pela aorta, a artéria grande que recebe sangue da câmara (ou ventrículo) esquerda do coração para aquecer o corpo. Apesar de reconhecer a importância do sangue na vida de um indivíduo, Galeno não tinha ideia de que ele *circula*, como William Harvey viria a descobrir quase 1.500 anos depois.

No esquema de Galeno, parte do sangue do coração também ia para o cérebro, onde era misturado com o terceiro tipo de *pneuma*, o espírito "animal". Esse era o tipo mais refinado de espírito. Dava ao cérebro funções especiais próprias e fluía pelos nervos, permitindo a movimentação usando os músculos e a experiência do mundo externo através dos sentidos.

O sistema de espíritos em três partes de Galeno, cada qual associada a órgãos importantes (fígado, coração e cérebro), foi aceito por mais de mil anos. Vale lembrar que Galeno utilizou esse sistema basicamente para explicar como o corpo funciona quando está saudável. Quando cuidava de pacientes doentes, ele continuava a se basear no sistema de humores desenvolvido pelos hipocráticos.

Galeno também escreveu sobre a maior parte dos aspectos da medicina, como as drogas e suas propriedades, as doenças dos órgãos especiais, como os pulmões, a higiene ou sobre como preservar a saúde e a relação entre mente e corpo. Seu pensamento era bastante sofisticado. De fato, acreditava que um médico deveria ser filósofo e investigador: pensador e pesquisador. Argumentava que a medicina deveria, acima de tudo, ser uma ciência racional e prestou muita atenção às melhores formas de se obter conhecimento de qualidade e confiável. Médicos posteriores, que também se viam como homens sábios de ciência, gostavam da mistura de conselhos práticos (baseados em sua vasta experiência) e pensamento amplo de Galeno. Nenhum médico ocidental em toda a história exerceu tamanha influência por tanto tempo.

Há diversos motivos para explicar a longa sombra de Galeno. Primeiro, ele tinha elevada consideração por Aristóteles, tanto que era comum mencionar ambos juntos. Assim como Aristóteles, Galeno era um pensador profundo e investigador enérgico do mundo. Ambos acreditavam que este mundo fora projetado e glorificavam o Criador. Galeno não era cristão, mas acreditava em um único Deus, e tornou-se fácil para os antigos comentaristas cristãos incluí-lo na congregação cristã. Sua confiança significava que tinha uma resposta para tudo. Como a maioria dos que escrevem muitos livros por um longo período, nem sempre foi consistente, mas manteve-se firme em suas opiniões. Era comum ser referido posteriormente como "o divino Galeno", um rótulo do qual teria se orgulhado.

CAPÍTULO 7

Ciência no Islã

Galeno não viveu para ver o declínio do Império Romano, que por volta do ano 307 havia se dividido em dois. O novo imperador, Constantino (280-337), transferiu o centro de poder para o leste – para Constantinopla, hoje Istambul, na Turquia moderna. Lá, estaria mais próximo à parte ocidental do Império, terras que agora chamamos de Oriente Médio. A aprendizagem e a sabedoria contidas nos manuscritos gregos e latinos, assim como os eruditos que eram capazes de estudá-los, começaram a se mover para o leste.

Surgiu uma nova religião no Oriente Médio: o islamismo, que seguia os ensinamentos do grande profeta Maomé (570-632). O islamismo viria a dominar a maior parte do Oriente Médio e da África do Norte, chegando até a Espanha e a Ásia Ocidental; porém, nos dois séculos após a morte de Maomé, a nova religião estava, em grande medida, confinada a Bagdá e a outras povoações na área. Todos os eruditos muçulmanos estudavam o Alcorão, o texto religioso central do islamismo, embora muitos deles também estivessem interessados nos vários manuscritos que chegaram de Roma depois de ser atacada em 455. Uma "Casa da Sabedoria" foi estabelecida em Bagdá, incentivando jovens ambiciosos a participarem da tradução e do estudo desses antigos manuscritos.

Muitos deles ainda estavam em grego ou latim original, mas outros já haviam sido traduzidos para os idiomas do Oriente Médio. As obras de Aristóteles, Euclides, Galeno e de outros pensadores da Grécia antiga estavam todas traduzidas – algo ótimo, pois algumas das versões originais desapareceram. Sem os eruditos islâmicos, não teríamos a metade do conhecimento atual sobre nossos ancestrais científicos. E isso não é tudo: foram suas traduções que formaram a base da ciência e da filosofia europeias em torno do ano 1100.

A ciência islâmica transpôs Ocidente e Oriente, assim como o fizeram as terras muçulmanas. Aristóteles e Galeno eram tão admirados em terras islâmicas quanto na Europa; Aristóteles logrou chegar à filosofia islâmica, e Galeno tornou-se o mestre da teoria e prática médicas. Enquanto isso, ideias da Índia e da China eram introduzidas no Ocidente. O papel da China facilitou em muito a produção de manuscritos, embora ainda tivessem que ser copiados à mão e erros fossem comuns. Da Índia vieram os numerais de um a nove, a ideia do zero e a marcação de lugar, todos inventados por matemáticos indianos. Os europeus sabiam fazer cálculos usando numerais romanos, como I, II e III, mas era difícil, mesmo que estivessem acostumados. É mais simples usar 4 x 12 do que IV x XII, não é mesmo? Quando traduziam obras islâmicas para o latim, os europeus chamavam esses algarismos de "arábicos" – estritamente falando, deveriam ter dito "indo-arábicos", mas que palavra difícil de pronunciar! Na verdade, a palavra "álgebra" vem do termo *al-jabr*, título de um livro bastante traduzido de um matemático árabe do século IX. O Capítulo 14 traz mais informações sobre álgebra.

Os eruditos islâmicos fizeram descobertas e observações consideráveis. Se você já escalou uma montanha ou visitou um país que fica acima do nível do mar, talvez saiba que é mais difícil respirar porque o ar fica mais rarefeito. Mas a que altura seria preciso ir até não ser mais possível respirar? Em outras palavras, qual é a altura da atmosfera, a faixa de ar respirável que circunda o globo? Ibn Mu'adh, no século XI, encontrou uma maneira inteligente de descobrir. Ele raciocinou que o crepúsculo, ou seja, quando o Sol se põe, mas ainda há luz no céu, acontece porque os raios derradeiros do Sol estão sendo refletidos pelo vapor d'água no alto da atmosfera. (Muitos eruditos islâmicos estavam interessados nesses truques da luz.) Observando a velocidade com que o Sol desaparecia do céu ao anoitecer, calculou que o Sol no crepúsculo estava dezenove graus abaixo do horizonte. A partir daí, calculou que a altura da atmosfera era de 84 quilômetros – não muito distante da altura de cem quilômetros que hoje se acredita ser a correta. Simples, porém muito impressionante.

Outros estudiosos islâmicos investigaram o reflexo da luz em um espelho ou o estranho efeito da luz passando pela água. (Coloque um lápis dentro de meio copo d'água: parece que fica dobrado, não é?) A maioria dos filósofos gregos presumia que a visão de algo envolvia a luz que saía dos olhos, atingia o objeto que estava sendo visto e voltava. Em grande medida, os cientistas islâmicos favoreciam a visão mais moderna de que o olho recebe luz das coisas que vê, as quais são, então, interpretadas pelo cérebro. Caso contrário, conforme salientavam, como é que não conseguimos enxergar no escuro?

Muitos no Oriente Médio enxergavam no escuro: os astrônomos olhavam as estrelas, e seus gráficos e tabelas do céu noturno eram melhores do que os dos astrônomos ocidentais. Ainda pensavam que a Terra estava no centro do universo, mas dois astrônomos islâmicos, Al-Tusi na Pérsia e Ibn al-Shatir na Síria, produziram diagramas e alguns cálculos que foram importantes ao astrônomo polonês Copérnico trezentos anos mais tarde.

A medicina, mais do que qualquer outra ciência islâmica, teve o maior impacto no pensamento europeu. Hipócrates, Galeno e os outros médicos gregos foram traduzidos e comentados com intensidade, mas diversos médicos islâmicos também fizeram seu nome. Rhazes (*c.* 854-*c.* 925), como é conhecido no Ocidente, escreveu obras importantes sobre vários assuntos além da medicina; também deixou uma descrição precisa da varíola, doença muito temida que normalmente matava as vítimas e deixava cicatrizes nos sobreviventes. Rhazes distinguiu a varíola do sarampo, doença que ainda é contraída por crianças e alguns adultos. Assim como a varíola, o sarampo produz erupção cutânea e febre. Felizmente, a varíola agora está extinta, resultado de uma campanha internacional para proteger as pessoas por vacinação, conduzida pela Organização Mundial de Saúde (OMS). O último caso ocorreu em 1977: Rhazes teria ficado satisfeito.

Avicenna (980-1037) foi o médico islâmico mais influente. Assim como muitos outros eruditos islâmicos, ele se ocupava de diversos campos: não só medicina, mas também de filosofia, matemática e física. Como cientista, Avicenna desenvolveu ideias de Aristóteles sobre a luz e corrigiu Galeno em vários pontos. Seu *Cânone da medicina* foi um dos primeiros livros em árabe traduzidos para o latim, sendo utilizado como livro-texto em escolas de medicina europeias por quase quatrocentos anos. Ainda é usado em alguns países islâmicos modernos, o que é lamentável, porque infelizmente está desatualizado.

Durante mais de trezentos anos, a mais importante obra científica e filosófica teve origem em países islâmicos. Enquanto a Europa dormia, o Oriente Médio (e a Espanha islâmica) estava ocupado. Os lugares mais importantes eram Bagdá, Damasco, Cairo e Córdoba (na Espanha). Essas cidades compartilhavam uma característica: governantes esclarecidos que valorizavam e até financiavam pesquisas, mostrando tolerância com estudiosos de todas as fés. Dessa forma, cristãos e judeus, bem como muçulmanos, contribuíram para esse movimento. Nem todos os governantes islâmicos estavam contentes com o conhecimento a ser obtido de qualquer fonte; alguns afirmavam que o Alcorão continha tudo o que alguém precisava saber. Essa tensão continua até hoje. A ciência sempre foi mais forte em culturas abertas ao novo, já que descobertas sobre o mundo podem causar surpresas.

CAPÍTULO 8

Saindo das trevas

Espera-se que os cientistas tentem descobrir coisas novas e que a ciência esteja em constante mudança. Mas como seria a ciência se acreditássemos que tudo já foi descoberto? Ser um cientista de qualidade poderia, então, envolver apenas a leitura sobre as descobertas de outras pessoas.

Na Europa, essa visão retrógrada tornou-se norma após o declínio do Império Romano, em 476. Naquela época, o cristianismo havia se tornado a religião oficial do Império (Constantino foi o primeiro imperador a se converter para o cristianismo) e só um livro importava: a Bíblia. Santo Agostinho (354-430), um dos mais influentes entre os primeiros pensadores cristãos, expressou tal fato da seguinte maneira: "A verdade está mais no que Deus revela do que nas conjecturas de homens que andam às escuras". Não havia espaço para esses cientistas que "andavam às escuras" em busca de conhecimento; os antigos já tinham descoberto tudo o que valia a pena conhecer em ciência e medicina. Além disso, era bem mais importante esforçar-se em atingir o paraíso e evitar o inferno. Ser "cientista" poderia significar apenas o estudo de Aristóteles e Galeno. Durante quinhentos anos, de aproximadamente 500 a 1000, até isso era difícil, já que pouquíssimos textos gregos e latinos do mundo clássico estavam disponíveis. E muitas pessoas não sabiam ler.

Porém, as tribos germânicas que saquearam Roma em 455 levaram consigo algumas práticas úteis. O uso de calças, em vez de togas, foi uma delas (embora as mulheres tivessem que esperar um pouco mais). Outro exemplo foram grãos, como cevada e centeio, e a substituição do azeite de oliva pela manteiga. Também houve inovações tecnológicas naquele meio milênio das "trevas": testemunharam-se novas formas de cultivar e arar a terra. A construção de igrejas e catedrais incentivou artesãos e arquitetos a experimentar novos estilos e encontrar melhores maneiras de dividir o grande peso da pedra e da madeira. Isso queria dizer que podiam construir catedrais cada vez maiores e grandiosas, e algumas dessas primeiras construções ainda são de tirar o fôlego. São lembretes de que a assim-chamada "Idade das Trevas" não era desprovida de luz.

No entanto, com a vinda do segundo milênio da era cristã, o ritmo da descoberta acelerou-se. São Tomás de Aquino (*c.* 1225-1274) foi o maior teólogo medieval. Profundo admirador de Aristóteles, combinou o pensamento cristão com a ciência e a filosofia cristãs. Aristóteles, junto com Galeno, Ptolomeu e Euclides, modelou a mente medieval. Seus escritos precisavam ser traduzidos, editados e comentados. Originalmente, boa parte dessa atividade acontecia em monastérios, mas, aos poucos, foi passando para as universidades, que foram introduzidas pela primeira vez nesse período.

Os gregos tiveram escolas: Aristóteles estudou na Academia do professor Platão e, por sua vez, criou sua própria escola. A Escola da Sabedoria em Bagdá também era um local onde as pessoas reuniam-se para estudar e aprender. Contudo, as novas universidades da Europa eram diferentes, e a maioria delas sobrevive até hoje. Muitas foram criadas pela Igreja, mas o orgulho comunitário e apoiadores ricos ajudaram algumas cidades e municípios a iniciarem sua própria universidade. O papa autorizou a fundação de diversas universidades no sul da Itália. A Universidade de Bolonha (fundada em torno de 1180) foi a primeira a abrir as portas; porém, dentro de mais ou menos cem anos, havia universidades em Pádua, Montpellier, Paris, Colônia, Oxford e Cambridge. O nome "universidade" vem do latim e significa "o todo", sendo que essas instituições pretendiam abranger todo o conhecimento humano. Normalmente, contavam com quatro escolas ou "faculdades": teologia, evidentemente (Aquino chamava a teologia de "a rainha das ciências"), direito, medicina e artes. No início, as faculdades médicas se baseavam mais em Galeno e Avicenna. Os estudantes de medicina também estudavam astrologia, devido à crença disseminada no poder das estrelas sobre os humanos, para melhor ou para pior. Matemática e astronomia – que diríamos ser bastante científicas – costumavam ser ensinadas na faculdade de artes. A vasta obra de Aristóteles era estudada em todas as faculdades.

Muitos "cientistas" da Idade Média eram médicos ou sacerdotes, e a maioria trabalhava nas novas universidades. As faculdades de medicina concediam os títulos de graduação – doutor de medicina (MD, na sigla em inglês) ou bacharel em medicina (MB, na sigla em inglês) – e isso, por sua vez, separava esses médicos dos cirurgiões, apotecários (farmacêuticos) e outros profissionais médicos que aprendiam o ofício de outras formas. A educação universitária não necessariamente produzia médicos mais interessados em fazer novas descobertas (preferiam confiar em Galeno, Avicenna e Hipócrates). Porém, desde aproximadamente 1300, professores de anatomia começaram a dissecar corpos para mostrar os órgãos internos aos alunos e, às vezes, eram realizadas autópsias na realeza ou quando a morte era suspeita (ou ambos). Nada disso necessariamente tornava os médicos mais aptos a tratar doenças, sobretudo as que devastavam comunidades.

O que hoje chamamos de peste negra, um tipo de praga, entrou na Europa pela primeira vez na década de 1340. É provável que tenha vindo da Ásia, junto com as rotas de comércio, e dizimou um terço da população europeia nos três anos em que esteve em atividade. Como se isso não bastasse, retornou dez anos mais tarde e, depois disso, com regularidade decrescente pelos próximos quatrocentos anos. Algumas comunidades estabeleceram hospitais especiais para quem sofria com a peste (hospitais, assim como universidades, são um presente medieval para nós), e foram criados conselhos de saúde em alguns lugares. A peste também levou ao uso de quarentena em casos de doenças consideradas contagiosas. "Quarentena" vem do número quarenta (em vêneto, *quaranta*), que era o número de dias em que o doente ou suspeito permanecia em isolamento. Caso se recuperasse nesse período ou não apresentasse sinais da doença, o indivíduo poderia ser liberado. O dramaturgo William Shakespeare nasceu em Stratford-upon-Avon em um ano de peste na Inglaterra (1564), e sua carreira foi interrompida diversas vezes quando a epidemia de peste forçava o fechamento dos teatros. Shakespeare, através de Mercúcio, em *Romeu e Julieta*, diz "Que a peste caia em suas casas!" para condenar as duas famílias rivais. Seu público teria entendido o que quis dizer. A maioria dos médicos acreditava que a peste era uma nova doença ou, pelo menos, uma doença sobre a qual Galeno não escrevera, e por isso tiveram que enfrentá-la sem o seu conselho: os remédios incluíam sangria e drogas que faziam o paciente vomitar ou suar, curas populares para outras doenças da época. No fim das contas, Galeno não sabia tudo.

E, ao que parece, nem Aristóteles. Suas ideias sobre por que algo se move pelo ar foram amplamente discutidas por Roger Bacon (*c.* 1214-1294) na Universidade de Oxford, por Jean Buridan (*c.* 1295-*c.* 1358) na Universidade de Paris, entre vários outros. Isso era chamado de "problema do *impetus*" e precisava ser resolvido. Considere o exemplo de um arco e flecha. A flecha voa porque a corda do arco é puxada e rapidamente liberada, empurrando a flecha pelo ar. Aplicou-se uma força e ela ganhou *momento* (um conceito que será discutido mais adiante). Bacon e Buridan chamaram isso de *impetus* e perceberam que Aristóteles não tinha uma explicação correta para o fato de que, quanto mais a corda é esticada, maior é a distância atingida pela flecha. Aristóteles dizia que uma maçã cai na terra porque esse é seu local de descanso "natural". A flecha também acabará voltando à terra, mas Aristóteles disse que ela só se movia porque havia uma força por trás dela. Portanto, se havia uma força quando a flecha saía do arco, por que essa força parecia se esgotar?

Esses e outros problemas semelhantes fizeram algumas pessoas pensar que Aristóteles não tinha acertado tudo. Nicolas Oresme (*c.* 1320-1382), um clérigo que trabalhava em Paris, Rouen e por toda a França, ficou mais uma vez intrigado com o dia e a noite. Em vez de o Sol girar em torno da Terra a cada 24 horas, talvez, pensou ele, a própria Terra gire em torno do seu eixo no decorrer de um dia. Oresme não desafiou a crença de Aristóteles de que a Terra está no centro do universo, nem de que o Sol e os planetas giram em torno da Terra. Mas pode ser que essa jornada seja lentíssima (talvez o Sol leve um ano para dar a volta!), enquanto a Terra, no centro do universo, está girando como um pião.

Essas ideias eram novas, mas há setecentos anos as pessoas não necessariamente pensavam que novas ideias sempre eram boas. Ao contrário, gostavam de sistemas elegantes, organizados e completos. Esse é um dos motivos pelos quais muitos eruditos escreveram o que hoje chamamos de "enciclopédias": grandes obras que agrupavam os trabalhos de Aristóteles e de outros mestres antigos, sintetizando-os em conjuntos gigantescos. "Um lugar para tudo e tudo em seu lugar": esse poderia ser o lema daquele período. No entanto, tentar encontrar esse lugar para tudo levou alguns a perceberem que ainda havia quebra-cabeças que precisavam de solução.

CAPÍTULO 9

Em busca da pedra filosofal

SE VOCÊ PUDESSE, TRANSFORMARIA UMA lata de Coca-Cola de alumínio em ouro? É provável que sim, mas, se todos pudessem fazê-lo, não seria tão incrível, já que o ouro se tornaria comum e não valeria muito. O antigo mito grego do rei Midas, cujo pedido para que tudo o que tocasse fosse transformado em ouro foi atendido, lembra-nos de que ele não estava sendo muito esperto. Não podia nem tomar café da manhã, pois o pão virava ouro assim que ele o tocava!

O rei Midas não estava sozinho ao pensar que o ouro é especial. Os humanos sempre o valorizaram, em parte devido à sensação e cor maravilhosas, em parte porque é escasso, e apenas reis e outras pessoas ricas o possuíam. Se alguém descobrisse como fazer ouro a partir de substâncias mais comuns – ferro ou chumbo, por exemplo, ou mesmo prata –, sua fama e fortuna estariam garantidas.

Fazer ouro assim era um dos objetivos de um tipo de ciência primitiva chamada de alquimia. Tire o "al" de alquimia e terá uma versão de "química"; de fato, as duas estão relacionadas, embora hoje em dia não chamaríamos a alquimia – com suas conexões sombrias com a magia e a crença religiosa – de ciência. Porém, no passado era uma atividade inteiramente respeitável. No tempo livre, Isaac Newton (Capítulo 16) envolvia-se com a alquimia, comprando várias balanças, artigos de vidro com formas esquisitas e outros equipamentos. Em outras palavras, montou um laboratório de química.

Talvez você conheça algum laboratório ou, no mínimo, já tenha visto um em imagens ou filmes; o nome quer dizer apenas o local onde você "labora" ou trabalha. Há muito tempo, os laboratórios eram onde os alquimistas trabalhavam. A alquimia tem uma longa história, estendendo-se até o antigo Egito, China e Pérsia. A meta dos alquimistas nem sempre era simplesmente transformar metais menos valiosos ("de base") em ouro: também era exercer poder sobre a natureza, conseguir controlar o que nos cerca. Muitas vezes, a alquimia incluía o uso de magia: conjurar feitiços ou assegurar que as coisas fossem feitas exatamente na ordem correta. O alquimista fazia experimentos com substâncias para ver o que acontecia quando duas eram misturadas ou aquecidas. Os alquimistas gostavam de trabalhar com substâncias que geravam reações violentas, como o fósforo ou o mercúrio. Podia ser perigoso, mas imagine as recompensas se alguém conseguisse encontrar a combinação perfeita de ingredientes para criar a "pedra filosofal". Essa "pedra" (na verdade, seria um tipo de substância química especial) transformaria chumbo ou estanho em ouro ou o ajudaria a viver para sempre, como em Harry Potter.

As aventuras de Harry Potter são divertidas, mas ocorrem no mundo da imaginação. Os tipos de poderes sonhados por magos e alquimistas reais também não estão disponíveis na vida cotidiana – mesmo na vida do alquimista, e vários deles eram charlatães, fingindo fazer coisas que não sabiam. No entanto, muitos outros eram trabalhadores honestos que viviam em um mundo em que tudo parecia possível. No decorrer dos estudos, fizeram muitas descobertas sobre o que hoje chamamos de química. Aprenderam sobre destilação, por exemplo, a arte de aquecer uma mistura e coletar as substâncias deixadas para trás em diferentes intervalos. Bebidas alcoólicas fortes, como conhaque e gim, são produzidas por destilação, que concentra o álcool. São chamadas de "espíritos", uma palavra também usada para fantasmas e para nós mesmos, quando estamos animados, ou "espirituosos". É uma palavra que vem do latim *spiritus*, querendo dizer "respiração", bem como "espírito". Em parte, também tem origem na alquimia.

A maioria das pessoas acreditava em magia (e algumas ainda acreditam). Muitos estudiosos famosos do passado também usavam seus estudos dos segredos da natureza para revelar forças mágicas. Um homem notável achava que tinha o poder de mudar toda a prática da ciência e da medicina. Seu nome completo é complicado: Theophrastus Philippus Aureolus Bombastus von Hohenheim. Tente dizer esse nome bem rápido e talvez entenda por que ele quis mudá-lo para aquele pelo qual ficou conhecido: Paracelso.

Paracelso (*c.* 1493-1541) nasceu em Einsiedeln, um pequeno vilarejo nos Alpes suíços. Seu pai era médico e lhe ensinou sobre o mundo natural, mineração e minérios, botânica e medicina. Foi criado como católico romano, mas cresceu no tempo de Lutero e da Reforma Protestante, tendo muitos amigos e apoiadores protestantes, além de católicos. Também fez muitos inimigos. Paracelso estudou com diversos clérigos importantes e, embora sempre fosse profundamente religioso, sua fé, como tudo o mais sobre ele, era única, pois se baseava em química.

Paracelso estudou medicina na Itália e sempre foi inquieto, mudando-se de um lugar para outro. Viajou por toda a Europa, talvez tenha ido à Inglaterra e, sem dúvida, esteve na África do Norte. Trabalhou como cirurgião e médico comum, tratou muitos pacientes ricos e poderosos e, pelo que parece, foi bem-sucedido. No entanto, nunca aparentou ter dinheiro algum e estava sempre malvestido. Gostava de beber em bares com pessoas simples, em vez de esnobes, e seus inimigos diziam que ele era viciado em álcool.

Paracelso teve apenas um trabalho formal, na Universidade de Basileia, na Suíça, seu país natal. Insistia em dar aulas em alemão, em vez de em latim, como faziam todos os outros professores, e uma das primeiras atitudes que teve foi queimar as obras de Galeno no mercado público. Não precisava de Galeno, Hipócrates ou Aristóteles. O que ele queria era começar de novo. Estava certo de que sua visão do universo era a correta, sendo diferente de tudo o que viera antes.

Logo após a fogueira, foi forçado a sair da cidade para continuar suas andanças, permanecendo alguns meses aqui, talvez um ano acolá, mas sempre inquieto e pronto a juntar o pouco que tinha e partir para outro lugar. Levava manuscritos e aparelhos químicos, e talvez um pouco mais. A viagem sempre era lenta, a pé, a cavalo ou de carruagem, em estradas que normalmente eram lamacentas e perigosas. Considerando seu modo de vida, é incrível que tenha realizado algum feito. Na verdade, enquanto tratava muitos pacientes, também escreveu inúmeros livros, analisou o mundo a seu redor e estava sempre fazendo experimentos químicos.

Química era a sua paixão. Quando disse que não precisava das obras dos antigos para orientar seus próprios estudos, estava falando sério. Não tinha tempo para os quatro elementos: ar, terra, fogo e água. Em vez disso, para ele, havia três "princípios" básicos – sal, enxofre e mercúrio – em que, em última análise, tudo podia ser separado. O sal dá forma, ou consistência, às coisas; o enxofre é o motivo pelo qual as coisas podem ser queimadas; o mercúrio é responsável pelo estado fumegante ou fluido de algo. Paracelso interpretava os experimentos laboratoriais de acordo com esses três princípios. Estava interessado em como os ácidos podem dissolver as coisas e em como o álcool pode ser congelado. Queimava substâncias e examinava com atenção o que restava. Destilava muitos líquidos e coletava o que resultava do processo, além de anotar o que restava. Em resumo, passava um bom tempo no laboratório, tentando dominar a natureza.

Paracelso acreditava que seus experimentos químicos o ajudariam a entender como o mundo funciona e que a química seria a fonte de muitos novos tratamentos para doenças. Antes dele, a maior parte das drogas utilizadas pelos médicos vinha das plantas e, embora por vezes usasse remédios herbais em sua própria prática médica, preferia administrar aos pacientes medicamentos que havia estudado no laboratório. O mercúrio era um de seus preferidos. Na verdade, o mercúrio é muito venenoso, mas Paracelso o usava como pomada para doenças da pele e acreditava ser o melhor remédio para uma doença que se tornara comum em toda a Europa. Era a sífilis, uma doença geralmente transmitida por contato sexual que causa erupções horríveis na pele, destrói o nariz das pessoas e, em muitos casos, leva à morte. Houve uma epidemia de sífilis na Itália na década de 1490, por volta do nascimento de Paracelso, matando muita gente. Quando era médico, a sífilis era tão disseminada que quase todos os médicos trataram pacientes que a contraíram (e não foram poucos os médicos que também sofreram com ela). Paracelso escreveu sobre essa nova doença, descrevendo muitos dos sintomas e recomendando mercúrio para tratá-la. Embora pudesse causar a queda dos dentes e deixar um hálito pavoroso, o mercúrio eliminava a erupção, por isso os médicos o usaram durante muitos anos para tratar sífilis e outras doenças que causavam erupções.

Paracelso descreveu inúmeras outras doenças. Escreveu sobre as lesões e enfermidades que acometiam os trabalhadores das minas, sobretudo doenças dos pulmões causadas pelas terríveis condições e horas excessivas de trabalho. A preocupação de Paracelso com humildes mineiros refletia a vida que passou entre as pessoas comuns.

Hipócrates, Galeno e outros médicos antes de Paracelso acreditavam que a doença era o resultado de um desequilíbrio no corpo. Para Paracelso, porém, a doença resultava de uma força externa ao corpo. Essa "coisa" (ele a chamava de *ens*, uma palavra latina que significa um "ser" ou uma "substância") ataca o corpo, então nos faz ficar doentes e cria o tipo de alteração que os médicos procuram como pista para entender o que é a doença. O *ens* podia ser uma espinha, um abscesso ou uma pedra no rim. A importante inovação de Paracelso foi a separação entre o paciente e a doença. Esse modo de pensar entrou em voga muito mais tarde, com a descoberta dos germes.

Paracelso queria iniciar a ciência e a medicina sobre a nova base fornecida por ele. Repetidas vezes disse que as pessoas não deviam ler livros, mas sim ver coisas e fazer experimentos. É evidente que queria que os outros lessem os livros escritos por ele, sendo que alguns só foram publicados após a sua morte. Sua verdadeira mensagem era: "Não perca tempo lendo Galeno, leia Paracelso". Seu mundo era repleto de forças mágicas, que ele acreditava entender e dominar a serviço da ciência e da medicina. Seu próprio sonho alquímico não era apenas transformar metais de base em ouro; em vez disso, almejava dominar *todas* as forças mágicas e misteriosas da natureza.

Teve alguns seguidores ao longo da vida, e muitos outros depois de morto. Eles se autodenominavam paracelsianos e continuavam a tentar mudar a medicina e a ciência, assim como ele havia feito. Realizavam experimentos no laboratório e utilizavam remédios químicos na prática médica. Tentaram, como Paracelso, controlar as forças da natureza por meio da magia natural.

Os paracelsianos sempre permaneceram fora da corrente predominante. A maioria dos médicos e cientistas não estava disposta a rejeitar em absoluto o legado dos antigos. Apesar disso, a mensagem de Paracelso foi cada vez mais captada. As pessoas começaram a analisar o mundo por si mesmas. Em 1543, dois anos após sua morte, foram publicadas duas obras, uma sobre anatomia, outra sobre astronomia, que também desafiavam a autoridade dos antigos. O universo estava sendo mais uma vez investigado.

CAPÍTULO 10

Descoberta do corpo humano

Se você quer entender de verdade como um objeto é feito, uma boa ideia é desmontá-lo, peça a peça. Para alguns, como relógios e carros, também ajuda se você souber colocar tudo de volta no lugar. Se o que deseja entender é um corpo humano ou de algum animal, é preciso que esteja morto antes de começar, porém o objetivo é o mesmo.

Galeno, como sabemos, dissecou – desmontou – muitos animais, porque não podia dissecar nenhum humano. Presumiu que a anatomia de porcos ou macacos era bem semelhante à de seres humanos e, de certa forma, estava certo, mas também havia diferenças. A dissecação de corpos humanos começou a ser feita de modo ocasional em torno de 1300, quando as escolas de medicina passaram a ensinar anatomia. No início, quando percebiam alguma diferença entre o que viam no corpo humano e o que Galeno havia dito, as pessoas presumiam que os seres humanos haviam simplesmente mudado, e não que Galeno estava equivocado!

Porém, conforme começaram a analisar com maior atenção, os anatomistas descobriram cada vez mais diferenças pequenas. Ficou claro que havia mais a ser revelado sobre o corpo humano.

O homem que fez a descoberta foi um anatomista e cirurgião conhecido por nós como Andreas Vesalius (1514-1564). Seu nome completo era Andreas Wytinck van Wesel. Nasceu em Bruxelas, na moderna Bélgica, onde seu pai era um médico contratado pelo imperador alemão Carlos V. Criança inteligente, foi enviado à Universidade de Louvain para estudar temas artísticos, mas optou por medicina. Nitidamente ambicioso, seguiu para Paris, onde estavam alguns dos melhores professores. Todos eram seguidores de Galeno e, durante os três anos que permaneceu lá, impressionou a todos. Também demonstrou habilidades em grego e latim, além do fascínio com a dissecação. Uma guerra entre o Império Alemão e a França forçou-o a deixar Paris, mas reintroduziu a dissecação humana na faculdade de medicina em Louvain antes de viajar, em 1537, para a melhor escola de medicina do mundo naquela época: a Universidade de Pádua, na Itália. Prestou exames, passou com louvor e, no dia seguinte, foi nomeado professor de cirurgia e anatomia. Em Pádua, sabiam quando tinham algo de bom nas mãos: Vesalius ensinou anatomia por meio de suas próprias dissecações, os estudantes o adoravam, e apenas um ano depois publicou uma série de belas ilustrações anatômicas de partes do corpo humano. Essas imagens eram tão boas que médicos de toda a Europa passaram a copiá-las para uso próprio, o que causou grande irritação em Vesalius, uma vez que, na verdade, estavam roubando seu trabalho.

O corte de um cadáver não é das coisas mais agradáveis de se fazer. Após a morte, o corpo começa a se decompor em ritmo acelerado e a cheirar mal e, na época de Vesalius, não havia maneira de impedi-lo de apodrecer. Isso queria dizer que a dissecação precisava ser feita com rapidez e de modo a possibilitar a conclusão antes que o cheiro se tornasse insuportável. Começava-se pela barriga, já que os intestinos são os primeiros a se decompor. Logo a seguir, vinham a cabeça e o cérebro, depois o coração, os pulmões e outros órgãos da cavidade torácica. Os braços e as pernas ficavam para o fim: eram os que duravam mais. O processo todo tinha que ser feito em dois ou três dias, e a anatomia normalmente era ensinada no inverno, quando o clima mais frio pelo menos atrasava a deterioração, dando um pouco mais de tempo aos médicos.

Foram descobertos meios de preservação de corpos no século XVIII, facilitando a dissecação e o exame mais demorados do corpo inteiro. Quando eu era estudante de medicina, levei oito meses para dissecar um corpo e, nos dias da dissecação, minhas roupas e unhas não cheiravam a corpo em deterioração, mas ao conservante químico. Trabalhei no corpo de um idoso e me familiarizei bastante com ele durante esses meses. A ordem em que procedíamos era basicamente a mesma da época de Vesalius, exceto que o cérebro era deixado para o final, por ser um órgão complexo e porque àquela altura já teríamos mais cuidado ao cortar e expor as diferentes partes do corpo. O idoso havia doado seu corpo para a ciência. Sem dúvida, aprendi muito com ele.

Apesar da velocidade necessária e dos odores que precisava suportar, a dissecação foi a grande paixão da vida de Vesalius. Não é possível saber quantos corpos ele abriu meticulosamente, mas devem ter sido muitos, pois veio a conhecer mais sobre as partes do corpo humano do que qualquer outra pessoa viva na época.

Os cinco anos e meio entre o tempo em que Vesalius começou a lecionar em Pádua e a publicação de sua grande obra, em 1543, foram muito agitados. O livro de Vesalius é enorme, medindo quarenta centímetros de altura e pesando quase dois quilos – longe de ser aquele livrinho de bolso para ler nas férias. O título era *De humani coporis fabrica* ("Da estrutura do corpo humano") e ainda é conhecido como *De fabrica*. As ilustrações que continha eram belas e intricadas. Vesalius viajou para a Basileia, na Suíça, a fim de supervisionar a impressão do texto e a confecção das ilustrações.

Vivemos em um mundo onde há ilustrações em todo lugar. As câmeras digitais facilitam o envio de fotos para nossos amigos, enquanto revistas e jornais contêm fotografias em todas as páginas. Não era assim nos dias de Vesalius. A prensa móvel fora inventada menos de cem anos antes, e as imagens tinham que ser cuidadosamente feitas com blocos de madeira esculpidos, que eram copiados de um desenho. Assim como o carimbo de borracha, esses blocos recebiam tinta e eram comprimidos sobre um pedaço de papel.

As imagens do livro de Vesalius são desconcertantes: nunca antes o corpo humano havia sido representado de modo tão preciso ou em tamanho detalhe. Até a página de rosto nos diz que algo de especial está acontecendo. Ela representa a dissecação de uma mulher, em público, com centenas de pessoas ao redor. Vesalius está no centro, ao lado do corpo da mulher, e é a única pessoa que está olhando para o leitor. O restante do público está fascinado com a dissecação ou tecendo comentários entre si. À esquerda da imagem há um macaco e, à direita, um cão, lembretes de que Galeno teve que utilizar animais em seu trabalho anatômico. Nesse livro, Vesalius está falando sobre anatomia humana, usando corpos humanos e executando a dissecação por conta própria. Era algo de extrema ousadia para um jovem com menos de trinta anos.

Mas, enfim, Vesalius tinha todos os motivos para se sentir confiante. Sabia que havia visto o corpo humano de modo mais profundo do que qualquer outra pessoa. Entre as magníficas imagens de sua obra estão aquelas que mostram os músculos do corpo, partes posterior e anterior, com os músculos mais próximos da superfície afastados para expor os mais profundos. Esses "homens-músculo" estão posicionados com paisagens em segundo plano, e os prédios, árvores, rochas e encostas nas imagens auxiliam na composição. Um dos homens-músculo de Vesalius está pendurado pelo pescoço, um lembrete de que ele costumava usar criminosos nas dissecações. De fato, certa vez encontrou um criminoso enforcado cujo corpo fora totalmente bicado por pássaros, restando apenas seu esqueleto. Vesalius levou os ossos às escondidas um a um para o quarto a fim de estudá-los em particular.

Vesalius trabalhava com um artista muito talentoso, embora não seja possível afirmar seu nome com toda a certeza. A ciência tinha uma íntima relação com a arte durante aquele período, que chamamos de Renascença ou Renascimento. Muitos artistas da Renascença – Leonardo da Vinci (1452-1519), Michelangelo (1475-1564) e outros – dissecavam corpos para aprender a pintá-los melhor. Os médicos não eram os únicos que queriam saber sobre a estrutura do corpo humano.

Vesalius era fascinado pela estrutura (anatomia) do corpo, mas os cadáveres, diferentemente dos seres vivos, não realizam funções (fisiologia) como respirar, digerir e caminhar. Por isso, a longa parte escrita da obra de Vesalius era uma mistura de ideias novas e antigas. Com frequência, indicou como Galeno havia descrito algum órgão ou músculo de modo incorreto e o corrigiu. Por exemplo, ao descrever o fígado, Galeno estava falando do fígado suíno, que tem cinco "lobos" (ou seções) distintos. O fígado humano tem quatro, que não são definidos com nitidez. Diversos músculos nas mãos e nos pés humanos diferem até dos de macacos e símios, que são nossos parentes próximos. A teoria de Galeno sobre como o sangue circula exigia que parte dele passasse do lado direito do coração para o esquerdo; segundo ele, o sangue infiltrava-se pelos poros minúsculos da parede entre as duas câmaras grandes (ventrículos) do coração. Vesalius dissecou muitos corações humanos e não conseguiu encontrar esses poros. Seu conhecimento seria muito importante algumas décadas mais tarde, quando William Harvey começou a pensar em maior detalhe sobre o que fazem o coração e o sangue. Apesar disso, a discussão de Vesalius sobre como funciona o corpo vivo ainda usava muitas das ideias de Galeno. Talvez seja por isso que as imagens de Vesalius tenham sido bem mais valorizadas do que os escritos: as imagens eram logo copiadas e utilizadas por toda a Europa, tornando Vesalius famoso (mesmo que não lhe rendessem muito dinheiro).

Embora tenha vivido vinte anos mais, a publicação de sua grande obra foi o destaque da carreira de Vesalius. Uma segunda edição do livro chegou a ser produzida, com algumas correções; porém, logo após a publicação da primeira edição, ele passou a trabalhar como médico da corte. Dedicou seu tempo a tratar dos ricos e poderosos. Talvez tenha pensado que já dissera tudo o que tinha a dizer.

Fez e disse o bastante para assegurar que seria lembrado. *De fabrica* ainda é um dos maiores livros de todos os tempos: uma combinação de arte, anatomia e impressão que continua a ser admirada até hoje. E, com ele, Vesalius legou-nos dois presentes permanentes. Em primeiro lugar, incentivou outros médicos a continuar com as descrições detalhadas da estrutura do corpo humano. Mais tarde, os anatomistas descobriram outras partes do corpo que passaram despercebidas por Vesalius ou corrigiram erros cometidos por ele. A mistura de apresentação artística e dissecação meticulosa iniciada por ele incentivou outras pessoas a produzirem livros que ilustrassem o corpo na página. A obra de Vesalius foi a primeira em que as imagens eram mais importantes do que a escrita, mas não foi a última. Era preciso ensinar os médicos a ver o que estava diante deles, e as ilustrações eram fundamentais para ajudá-los a aprender.

Em segundo lugar, Vesalius enfrentou Galeno. Não foi grosseiro com ele, como Paracelso, mas demonstrou sem alarde que era possível saber mais do que Galeno. Mostrou que o conhecimento pode crescer de uma geração para outra e ajudou a começar um debate que durou mais de cem anos. A pergunta era simples: é possível saber mais do que os antigos? Nos mil anos antes de Vesalius, a resposta fora "não". Depois de Vesalius, a resposta começar a mudar aos poucos. As pessoas passaram a pensar: "Se tudo o que vale a pena saber já foi descoberto, para que se dar ao trabalho? Contudo, se eu procurar por mim mesmo, talvez veja algo que ninguém mais viu". Vesalius incentivou médicos e cientistas a se darem ao trabalho.

CAPÍTULO 11

Onde fica o centro do universo?

A CADA MANHÃ, O SOL nasce no leste e, todas as noites, põe-se no oeste. Podemos vê-lo se mover com lentidão durante o dia, com nossa sombra comprida ou curta, na frente ou atrás, dependendo de onde está o Sol. Faça o experimento ao meio-dia e veja sua sombra se esconder sob você. Nada pode ser mais óbvio e, como acontece todos os dias, se você perder o espetáculo de hoje, pode pegar o de amanhã.

É claro que o Sol não gira ao redor da Terra a cada dia. Você pode entender como seria difícil convencer as pessoas de que aquilo que parece tão evidente, na verdade, não é o que está acontecendo. Podemos expressá-lo da seguinte forma: a Terra está no centro de nosso universo, porque é onde estamos ao olhar para o Sol, a Lua e as estrelas. É o nosso centro, mas não o centro.

Todos os observadores de estrelas do mundo antigo colocaram a Terra no centro. Lembra-se de Aristóteles? Depois dele, o astrônomo mais influente, Ptolomeu, baseou-se na observação atenta da posição das estrelas noite após noite, estação após estação, ano após ano. Olhar para as estrelas em uma noite clara é uma experiência mágica e conseguir identificar os grupos, ou "constelações", de estrelas é uma grande diversão. É fácil localizar os cinturões de Ursa Maior e de Órion no céu quando não há nuvens. A partir da Ursa Maior, é possível encontrar a Estrela Polar, o que ajudou marinheiros à noite a continuarem a navegar na direção correta.

Havia problemas com um modelo do universo em que a Terra está no centro e os corpos celestes movem-se em torno dela em círculos perfeitos. Considere as estrelas, por exemplo. Elas trocam de posição de maneira gradual, à medida que a noite avança. O equinócio da primavera – quando o Sol está diretamente acima do equador, fazendo com que o dia e a noite tenham a mesma duração – sempre foi importante para astrônomos e, na realidade, para todos. Ele ocorre em 20 ou 21 de março, e 21 é o primeiro dia oficial da primavera. O problema é que as estrelas estão em posições um pouco diferentes a cada primeiro dia da primavera, o que não ocorreria se estivessem movendo-se em círculos perfeitos em torno da Terra.

Os astrônomos chamavam isso de "precessão dos equinócios", e era preciso realizar cálculos complexos para explicar por que acontece.

O movimento dos planetas também era um enigma. Quando você olha para o céu noturno apenas a olho nu, os planetas aparecem como estrelas brilhantes. Os astrônomos antigos pensavam que havia sete planetas: Mercúrio, Vênus, Marte, Júpiter e Saturno, além do Sol e da Lua, que também eram chamados de planetas. Nitidamente estavam mais próximos da Terra do que o que chamavam de "estrelas fixas", hoje conhecidas como a Via Láctea. A observação dos planetas criava mais problemas do que as estrelas fixas, uma vez que não se movem como se estivessem circundando a Terra. Em primeiro lugar, seu movimento não parece ser constante e, às vezes, os planetas aparentam voltar sobre si mesmos. Para resolver esse problema, os astrônomos disseram que, na verdade, o ponto sobre o qual os planetas estavam girando não estava no centro da Terra. Esse ponto foi chamado de "equante", e esse e outros cálculos ajudaram os observadores de estrelas a explicar o que conseguiam ver no céu à noite sem precisar descartar o modelo por completo. Significava que ainda podiam presumir que a Terra estava no centro e que outros corpos celestes giravam em torno dela.

O que aconteceria se, em vez de posicionar a Terra no centro, o Sol fosse colocado lá e se presumisse que os planetas (agora incluindo a Terra como um deles) girassem em torno dele? Estamos tão acostumados com essa visão que é difícil perceber que seria uma mudança radical. Isso ia contra o que vemos todos os dias, ia contra os ensinamentos de Aristóteles e (ainda mais importante) da Igreja, pois a Bíblia conta que Josué pediu a Deus para que ordenasse o Sol em movimento a ficar parado. Porém, colocar o Sol no centro das coisas foi exatamente o que um padre polonês chamado Copérnico teve a audácia de fazer.

Nicolau Copérnico (1473-1543) nasceu e morreu na Polônia, mas estudou direito e medicina na Itália. Seu pai morreu quando Nicolau tinha dez anos, por isso o irmão de sua mãe encarregou-se de educar o inteligente jovem na Universidade de Cracóvia, na Polônia. Quando seu tio foi nomeado bispo de Frauenburg, também na Polônia, Copérnico conseguiu um emprego na catedral. Com isso, garantiu uma renda segura, a possibilidade de estudar na Itália e, ao retornar, pôde continuar sua paixão: o estudo do firmamento. Construiu uma torre sem telhado, onde podia utilizar seus instrumentos astronômicos. Como ainda não havia telescópios, esses instrumentos apenas possibilitavam a medição dos ângulos entre vários corpos celestes e o horizonte e das fases da Lua. Também tinha bastante interesse nos eclipses, que ocorrem quando o Sol, a Lua ou um dos planetas passa na frente de outro planeta e fica parcial ou totalmente encoberto.

Não se sabe exatamente quando Copérnico decidiu que seu modelo do firmamento e do Sistema Solar (como é chamado hoje) era melhor para explicar as observações que as pessoas vinham fazendo há milhares de anos. Porém, em 1514, escreveu um manuscrito curto e o mostrou a alguns amigos de confiança. Não ousou publicá-lo. Nele, afirmava com bastante clareza que "o centro da Terra não é o centro do universo" e que "giramos em torno do Sol, assim como qualquer outro planeta". Essas conclusões eram definitivas e, durante as três décadas seguintes, Copérnico trabalhou em silêncio na teoria de que o Sol, e não a Terra, está no centro do universo. Embora tenha passado muitas horas observando o céu, o que fazia de melhor era pensar no que outros astrônomos haviam visto e em como as dificuldades deles poderiam ser solucionadas com o posicionamento do Sol no centro e a pressuposição de que os planetas giravam em torno dele. Muitos enigmas, como os eclipses ou o estranho movimento para frente e para trás dos planetas, eram esclarecidos. Além disso, o Sol exerce uma função tão importante na vida humana, fornecendo calor e luz, que torná-lo central era uma maneira de reconhecer que, sem ele, a vida na Terra seria impossível.

O modelo de Copérnico tinha outra consequência de extrema importância: significava que as estrelas estavam muito mais distantes da Terra do que Aristóteles e outros pensadores antigos haviam presumido. Para Aristóteles, o tempo era infinito, mas o espaço era fixo. A Igreja ensinou que o tempo era fixo (em alguns milhares de anos, quando Deus criou tudo), assim como o espaço, exceto, talvez, o próprio paraíso. Copérnico aceitava as ideias da Igreja sobre tempo e criação, porém as medidas que fez lhe disseram que a Terra estava muito mais próxima do Sol do que o Sol estaria das outras estrelas. Também calculou as distâncias aproximadas do Sol aos planetas, e entre a Lua e a Terra. O universo era muito maior do que as pessoas pensavam.

Copérnico sabia que sua pesquisa chocaria as pessoas, mas, conforme foi envelhecendo, decidiu que deveria publicar suas ideias. Em 1542, concluiu sua grande obra, *De revolutionibus orbium coelestium* ("Das revoluções dos corpos celestes"). Nessa época, Copérnico estava velho e doente. Por isso, confiou a impressão a um amigo, também padre, chamado Rheticus, que sabia sobre suas ideias. Rheticus começou o trabalho, mas depois teve de ir trabalhar em uma universidade da Alemanha, e a tarefa foi entregue aos cuidados de outro padre, Andreas Osiander. Osiander acreditava que as ideias de Copérnico eram perigosas, então acrescentou sua própria introdução a esse grande livro, que finalmente foi impresso em 1543. Nela, escreveu que as ideias de Copérnico não eram, de fato, verdadeiras, mas apenas uma maneira possível de solucionar parte das dificuldades que os astrônomos há muito haviam identificado na ideia de universo centrada na Terra. Osiander tinha direito a expressar a própria opinião, mas fez algo bastante desonesto: publicou esse prefácio como se tivesse sido escrito por Copérnico. Uma vez que não era assinado por ninguém, as pessoas presumiram que era isso o que Copérnico queria dizer sobre suas ideias, porém Copérnico já estava perto da morte e incapaz de fazer algo para corrigir a falsa impressão dada pelo prefácio. Por consequência, durante quase cem anos, leitores desse livro maravilhoso presumiram que Copérnico estava meramente brincando com formas de explicar o que se via no céu à noite, mas que não estava realmente dizendo que a Terra girava em torno do Sol.

Em razão desse prefácio, tornou-se fácil ignorar a mensagem revolucionária na obra de Copérnico. Contudo, muitas pessoas o leram, e seus comentários e cálculos influenciaram a astronomia nas décadas posteriores à sua morte. Dois astrônomos de especial importância levaram esse trabalho ainda mais adiante. Um deles, Tycho Brahe (1546-1601), foi inspirado pela insistência de Copérnico de que o universo deve ser muito grande, tão distante que estavam as estrelas. Sua imaginação foi inflamada pela observação de um eclipse solar em 1560 e, embora a sua nobre família dinamarquesa quisesse que estudasse direito, a única atividade que realmente o satisfazia era o estudo do firmamento. Em 1572, percebeu uma estrela nova e muito brilhante no céu noturno. Escreveu sobre essa *nova stella* ("estrela nova") e argumentou que ela demonstrava que o céu não era completamente perfeito e imutável. Construiu um observatório elaborado em uma ilha perto da costa da Dinamarca e equipou-o com as ferramentas mais avançadas. (Infelizmente, os telescópios ainda não haviam sido inventados.) Em 1577, acompanhou o trajeto de um cometa, que geralmente era visto como um mau presságio. No entanto, para Tycho, o trajeto do cometa significava apenas que os corpos celestes não eram fixos em suas próprias esferas, pois o cometa os atravessava.

Tycho fez muitas descobertas importantes sobre as posições e os movimentos das estrelas e dos planetas, embora, com o tempo, tenha fechado o observatório e então se mudado para Praga, onde, em 1597, estabeleceu um novo observatório astronômico. Três anos mais tarde, chamou Johannes Kepler (1571-1630) para ser seu assistente. Embora Tycho nunca tivesse aceitado o modelo de Copérnico do Sol no centro das coisas, Kepler tinha uma percepção diferente do universo, e Tycho deixou para ele todas as suas anotações e manuscritos quando morreu, em 1601. Kepler mostrou respeito à memória de Tycho e editou parte de seu trabalho para publicação, mas também conduziu a astronomia para um rumo totalmente novo.

Kepler teve uma vida tempestuosa e caótica. Sua esposa e jovem filha morreram, enquanto sua mãe foi julgada por bruxaria. Ele próprio era um protestante fortemente religioso nos primórdios da Reforma, quando a maioria das autoridades era católica, então era preciso ficar atento. Acreditava que a ordem do firmamento confirmava seu próprio reconhecimento místico da criação divina. Por tudo isso, sua contribuição duradoura para a astronomia foi bastante concreta e precisa. Em meio a seus escritos, que muitas vezes são de difícil compreensão, desenvolveu três conceitos que ainda são conhecidos como as Leis de Kepler. Elas são de extrema importância.

As duas primeiras leis apresentam uma ligação estreita, e a descoberta delas foi auxiliada pela observação atenta dos movimentos do planeta Marte, deixadas para ele por Tycho. Kepler estudou-as por um longo período até perceber que os planetas nem sempre se movem na mesma velocidade; em vez disso, movem-se com mais rapidez quando estão mais próximos do Sol e são mais lentos quando estão afastados dele. Constatou que, se for traçada uma linha reta do Sol (no centro do universo) ao planeta, é a curva do arco feito à medida que o planeta se move que é constante, e não a velocidade do planeta. Essa era a segunda lei, e sua consequência era a primeira lei: que os planetas não se movem em círculos perfeitos, mas em elipses, um tipo de círculo achatado. Embora a gravidade ainda não tivesse sido proposta, Kepler sabia que algum tipo de força estava atuando sobre os movimentos dos planetas. E percebeu que a elipse é o trajeto natural de algo que gira em torno de um ponto central, como fazem os planetas em órbita do Sol. As duas leis de Kepler demonstraram que a ideia antiga do movimento circular perfeito no céu estava errada.

A terceira lei era mais prática: ele demonstrou que existe uma relação especial entre o tempo que um planeta leva para dar uma volta completa em torno do Sol e a distância média do Sol. Com isso, os astrônomos puderam calcular as distâncias entre os planetas e o Sol e ter uma noção do tamanho de nosso Sistema Solar, mas também de como somos pequenos em comparação com as enormes distâncias entre nós e as estrelas. Felizmente, por volta da mesma época foi inventado um instrumento científico para nos ajudar a enxergar ainda mais longe. O homem que transformou o telescópio em uma ferramenta de imenso poder foi o mais famoso astrônomo de todos: Galileu Galilei.

CAPÍTULO 12

Torres inclinadas e telescópios: Galileu

Um dos prédios mais estranhos do mundo deve ser o campanário de 850 anos da catedral da cidade de Pisa, na Itália. Talvez você o conheça como a torre inclinada de Pisa. É divertido tirar fotos de um amigo na frente dela fingindo evitar a queda da torre. Também há histórias sobre como Galileu usou a torre para realizar seus próprios experimentos – soltar duas bolas de peso diferente do topo para ver qual chegaria primeiro ao solo. Na realidade, Galileu não usou a torre, mas conduziu outros experimentos demonstrando qual seria o resultado e constatou que uma bola de cinco quilos e outra de meio quilo atingiriam o solo ao mesmo tempo. Assim como o Sol, que não se move em torno da Terra a cada dia, esse experimento parecia ir contra nossa experiência cotidiana. Afinal de contas, uma pena e uma bola lançadas da torre não caem com a mesma velocidade. Por que as bolas com peso diferente cairiam na terra juntas?

Galileu Galilei (1564-1642) nasceu em Pisa. (Galilei era o sobrenome, mas nosso herói sempre foi conhecido pelo primeiro nome.) Seu pai era músico, e Galileu cresceu na cidade próxima de Florença. Voltou à Universidade de Pisa quando jovem, começando a estudar medicina, mas sempre se interessou mais por matemática, deixando a universidade com uma reputação de inteligência e raciocínio rápido. Em 1592, foi para Pádua lecionar matemática e o que viria a ser conhecido como física. Estava lá quando William Harvey, que conheceremos em breve, era estudante, e é uma pena que os dois talvez nunca tenham se encontrado.

Galileu gerou polêmicas durante toda a vida. Suas ideias sempre pareceram desafiar os pontos de vista aceitos, sobretudo a física e a astronomia de Aristóteles e dos outros antigos. Era um bom católico, mas também acreditava que a religião tem a ver com moralidade e fé, enquanto a ciência lida com o mundo observável e físico. Segundo ele próprio, a Bíblia ensina a ir para o céu, mas não explica como opera o firmamento. Isso fez com que entrasse em conflito com a Igreja Católica, que estava defendendo-se de modo enérgico contra todos aqueles que ousassem desafiar suas ideias ou sua autoridade. A Igreja também passou a policiar o número crescente de livros que eram produzidos pelas prensas móveis, inserindo os inaceitáveis em uma lista chamada de *Index Librorum Prohibitorum* – a "lista de livros proibidos". Galileu, que tinha muitos amigos em posições de prestígio (inclusive príncipes, bispos, cardeais e até papas), teve o apoio de muitos clérigos, mas outros estavam determinados a não permitir que suas ideias prejudicassem os ensinamentos da Igreja, que já existiam há séculos.

A obra inicial de Galileu era sobre as forças aplicadas para mover objetos. Desde o início, foi alguém que quis, ele próprio, observar e medir as coisas e, se possível, expressar os resultados em termos matemáticos. Em um de seus experimentos mais famosos, rolou uma bola com cuidado sobre uma superfície inclinada e mediu o tempo que levava para atingir certas distâncias. Como se pode imaginar, a velocidade da bola aumentava conforme avançava pelo plano inclinado (diríamos que ela acelera). Galileu viu que havia uma relação especial entre a velocidade da bola e o tempo decorrido desde que começou a se mover. A velocidade estava relacionada ao quadrado (um valor multiplicado por ele mesmo, como 3 x 3) do tempo decorrido. Assim, após dois segundos, Galileu descobriu que a bola deslocava-se quatro vezes mais rápido. (O quadrado do tempo decorrido também aparece na obra de cientistas posteriores, então fique de olho. Parece que a natureza gosta de coisas quadradas.)

Em todos esses, e em muitos outros experimentos, Galileu demonstrou ser um cientista bastante moderno, pois sabia que as medições reais nem sempre eram exatamente iguais; às vezes, piscamos na hora errada ou leva algum tempo para registrar o que vemos ou o equipamento não está perfeito. No entanto, esse é o tipo de observação que se pode fazer sobre o mundo real, e Galileu sempre esteve mais interessado no mundo como o vemos, e não em algum mundo abstrato onde tudo é sempre perfeito e exato.

A obra inicial de Galileu sobre objetos em movimento mostrou como ele via o mundo de forma bem distinta em comparação a Aristóteles e centenas de pensadores que vieram depois dele, apesar da importância contínua de Aristóteles nas universidades, que eram governadas por grupos religiosos. Em 1609, Galileu conheceu um novo instrumento que desafiaria o modo antigo de pensar de uma maneira ainda mais contundente. Esse instrumento logo passou a se chamar "telescópio", uma palavra que significa "ver longe", assim como "telefone" quer dizer "falar longe" e "microscópio" equivale a "ver pequeno". Tanto o telescópio quanto o microscópio foram muitos importantes na história da ciência.

O primeiro telescópio construído por Galileu oferecia uma ampliação pequena, mas ele ficou bastante impressionado. Em pouco tempo, aperfeiçoou-o combinando duas lentes, de sorte que pudesse obter o tipo de poder de ampliação esperado de um binóculo comum atual, cerca de quinze vezes. Não parece muito, mas provocou grande impressão. Utilizando-o, é possível avistar navios que chegam do mar bem antes de serem visíveis a olho nu. O mais importante é que Galileu voltou o telescópio para o céu e maravilhou-se com o que encontrou lá.

Quando analisou a Lua, percebeu que não era a bola perfeita, lisa e circular que as pessoas haviam suposto. Ela tinha montanhas e crateras. Ao voltar o telescópio para os planetas, observou os movimentos mais de perto e descobriu que um planeta, Júpiter, tinha "luas", assim como a Terra tinha a sua. Outro planeta, Saturno, tinha manchas grandes que não se pareciam com luas e que hoje chamamos de "anéis". Ele pôde ver os movimentos de Vênus e Marte com muito mais nitidez e concordou que mudavam de direção e velocidade de maneira regular e previsível. O Sol tinha áreas ou pontos escuros, que se moviam um pouco a cada dia em padrões regulares. (Ele aprendeu a examiná-lo indiretamente, para proteger os olhos, e você deve fazer o mesmo.) O telescópio de Galileu revelou que a Via Láctea, a qual aparece como um maravilhoso e indistinto borrão de luz quando vista a olho nu em uma noite limpa, era, na realidade, composta de milhares e milhares de estrelas individuais, muito distante da Terra.

Com seu telescópio, Galileu fez essas e várias outras observações importantes. Escreveu sobre elas em um livro intitulado *O mensageiro das estrelas* (1610), que provocou comoção. Cada revelação questionava o que as pessoas pensavam sobre o firmamento. Alguns acreditavam que as ideias de Galileu baseavam-se em truques criados com seu novo "tubo", como muitas vezes era chamado o telescópio, porque o que não se podia ver a olho nu talvez não existisse. Galileu precisou convencer as pessoas de que o que era mostrado pelo telescópio era real.

O que era ainda mais complicado e perigoso é que as observações de Galileu eram uma forte evidência de que Copérnico estava certo sobre a Lua girar em torno da Terra, e sobre a Terra, a Lua e outros planetas, todos em órbita ao redor do Sol. Naquela época, o livro de Copérnico já estava em circulação havia quase setenta anos, e ele tinha uma série de seguidores, tanto protestantes quanto católicos. A posição oficial da Igreja Católica era de que as ideias de Copérnico eram úteis para desvendar os movimentos dos planetas, mas que não eram literalmente verdadeiras. Se o fossem, muitas passagens da Bíblia ficariam confusas e teriam que ser discutidas novamente.

No entanto, Galileu queria contar às pessoas sobre suas descobertas astronômicas. Foi a Roma em 1615 na esperança de obter a permissão da Igreja para ensinar o que havia aprendido. Muitas pessoas – até mesmo o papa – concordavam com ele, mas ainda assim era proibido de escrever sobre ou ensinar o sistema de Copérnico. Não desistiu por completo, indo a Roma mais uma vez em 1624 e 1630 para tentar algo novo, apesar de estar envelhecido e doente. Convenceu-se de que, contanto que tomasse cuidado ao apresentar o sistema copernicano apenas como possibilidade, então estaria seguro. Seu trabalho sobre astronomia, *Diálogo sobre os dois principais sistemas do mundo*, foi escrito como uma conversa entre três pessoas: uma representando Aristóteles, outra fazendo o papel de Copérnico e uma terceira atuando como mediadora. Dessa forma, Galileu pôde discutir os prós e contras de ideias antigas e novas sobre o universo sem precisar dizer quais estavam certas ou erradas.

É uma obra maravilhosa, repleta de anedotas e, como a maioria dos livros de Galileu, escrita em italiano, seu idioma nativo. (Eruditos de toda a Europa ainda costumavam escrever livros em latim.) Desde o início, ficou bastante evidente de qual lado Galileu estava. Em primeiro lugar, a personagem aristotélica era chamada de Simplício. Havia realmente um antigo comentarista sobre Aristóteles com esse nome, mas, assim como em português, em italiano ele soa como "simplório", e essa personagem não é nada brilhante. O copernicano (chamado Salviati, um nome que sugere "sábio" e "seguro") apresenta, de longe, as melhores falas e os melhores argumentos.

Galileu esforçou-se bastante para obter a aprovação oficial da Igreja para esse livro. O censor de Roma, que controlava quais livros podiam ser publicados, foi solidário a Galileu, mas sabia que haveria problemas e, portanto, adiou a decisão. Galileu foi adiante e imprimiu o livro em Florença. Quando o alto clérigo de Roma o leu, seus membros não ficaram satisfeitos e intimaram o idoso a ir a Roma.

Alguém apresentou uma cópia do antigo banimento que o proibia de ensinar o sistema copernicano e, após um "julgamento" em 1633 que se prolongou por três meses, Galileu foi forçado a dizer que sua obra fora um erro e produto de sua vaidade. A Terra, ele disse em uma confissão assinada, não se move e está no centro do universo. Reza a lenda que, logo após ser condenado, Galileu murmurou "*Eppur si muove*" ("E, no entanto, ela se move"). Se o disse ou não em voz alta, é certo que pensou nisso, pois a Igreja não poderia forçá-lo a mudar as crenças que tinha sobre a natureza do mundo.

A Igreja tinha o poder de jogar Galileu na prisão e até de torturá-lo, mas o júri reconheceu que ele era um homem bastante insólito e colocou-o em prisão domiciliar. Sua primeira "prisão domiciliar" na cidade de Siena não foi tão rígida assim – ele animava muitos jantares festivos –, então a Igreja insistiu que retornasse à sua residência fora de Florença, onde as visitas eram monitoradas de perto. Uma das filhas de Galileu (uma freira) morreu logo depois, e seus últimos anos foram solitários. Mesmo assim, continuou a trabalhar, voltando aos problemas da queda de objetos e das forças que produzem os tipos de movimento que vemos ao nosso redor todos os dias. Sua maior obra, *Duas novas ciências* (1638), é uma das bases da física moderna. Mais uma vez, debruçou-se sobre a aceleração de corpos em queda livre e aplicou matemática para demonstrar que a aceleração poderia ser medida de tal forma que prenunciou o célebre trabalho posterior de Isaac Newton sobre a gravidade. Também ofereceu uma nova maneira de pensar sobre o trajeto de objetos atirados ao ar, como bolas de canhão, demonstrando como era possível prever onde cairiam. Com esse trabalho, o conceito de "força" – o que influencia algo a se mover de uma forma específica – tomou seu lugar no estudo da física.

Se você já ouviu a expressão "rebelde sem causa", então Galileu era um rebelde *com* causa. O objeto de sua luta era a ciência como conhecimento que pode explicar como o mundo funciona em seus próprios termos. Parte de suas ideias rebeldes foi abandonada mais tarde, porque estavam erradas ou porque não explicavam os fenômenos por completo. Mas é assim que a ciência sempre funciona, e nenhuma de suas áreas é um livro fechado contendo todas as respostas. Assim como todo cientista moderno deveria, Galileu sabia disso.

CAPÍTULO 13

Em círculos: Harvey

As palavras "ciclo" e "circulação" têm origem na palavra em latim para "círculo". Passar por um ciclo, ou circular, significa que você continua se movendo e, por fim, volta ao ponto de onde começou, sem necessariamente perceber que retornou ao começo. Não existem muitos círculos perfeitos na natureza, mas há muita circulação. A Terra circula em torno do Sol. A água circula evaporando da terra e caindo novamente na forma de chuva. Muitos pássaros migram para distâncias longas todo ano, depois voltam à mesma área para procriar e iniciar o ciclo anual mais uma vez. De fato, todo o processo natural de nascimento, crescimento e morte, seguido pela repetição do ciclo em uma nova geração, é um tipo de circulação.

Há vários tipos de ciclos, ou circulações, dentro de nossos corpos. Um dos mais importantes envolve o coração e o sangue. Cada gota de sangue circula através do corpo cerca de cinquenta vezes por hora durante a vida. Isso varia, é claro, de acordo com o que estamos fazendo: se estamos correndo, e o coração precisa bater mais rápido, o tempo de circulação é reduzido; quando estamos dormindo, o batimento cardíaco desacelera e leva mais tempo para uma gota de sangue voltar ao coração. Hoje em dia, aprendemos isso tudo na escola, mas nem sempre foi tão bem definido. O homem que descobriu que o sangue circula foi um médico inglês chamado William Harvey (1578-1657).

O pai de Harvey era um fazendeiro que se tornou um comerciante bem-sucedido, uma ocupação que cinco dos seis irmãos de Harvey também adotaram. No entanto, William Harvey escolheu medicina como carreira e, após concluir os estudos médicos na Universidade de Cambridge em 1600, foi para a Universidade de Pádua, onde Vesalius havia trabalhado alguns anos antes e onde Galileu estava investigando astronomia e física.

Um dos professores de medicina de Harvey em Pádua era Fabrizi de Acquapendente (1537-1619). Fabrizi estava continuando a tradição em pesquisa iniciada há muito por Aristóteles, o que inspirou Harvey. Professor e pupilo absorveram duas lições importantes de Aristóteles. Em primeiro lugar, que nas criaturas vivas, inclusive nos seres humanos, os órgãos do corpo têm determinada forma, ou estrutura, de acordo com a função que precisam desempenhar. Os ossos e os músculos, por exemplo, são assim agrupados para que se possa correr ou pegar coisas e, a menos que haja algo de errado conosco, nem percebemos seu funcionamento da forma para a qual parecem ser projetados. Aristóteles também acreditava que tudo dentro dos vegetais e animais tem um objetivo (ou função) específico, porque o Criador não projetaria nenhuma parte sem utilidade alguma. Os olhos são assim construídos para que se possa ver; o mesmo vale para as outras partes do corpo: estômago, fígado, pulmões e coração. Cada órgão tem uma estrutura especial a fim de realizar sua própria função específica. Essa abordagem para entender o modo como nosso corpo funciona era chamada de "anatomia viva", sendo particularmente útil para descobrir a "lógica" de como o corpo opera. Para os médicos, estava claro que os ossos eram duros e mantinham a forma porque tinham que sustentar o corpo ao caminhar ou correr. Os músculos são mais macios e flexíveis porque a contração e o relaxamento que fazem ajudam na movimentação. Porém, não era tão evidente que o coração, e sua relação com o sangue e os vasos sanguíneos, pudesse ser entendido usando a mesma lógica. Talvez devêssemos dizer que o coração agora se encaixa nesse tipo de raciocínio sobre nossas funções corporais porque temos Harvey para nos orientar.

Em segundo lugar, Aristóteles insistiu na função central que o coração e o sangue exercem em nossa vida depois de observar o minúsculo coração batendo, que era o primeiro sinal de vida em um pintinho dentro do ovo. Aristóteles convenceu Harvey de que o coração está no centro da vida. E o coração e a circulação tornaram-se o centro da carreira médica de Harvey.

O próprio professor de Harvey, Fabrizi, também descobriu algo que acabou sendo fundamental para Harvey: que muitas veias grandes contêm válvulas dentro de si. Essas válvulas estão sempre situadas de forma que o sangue só possa ir em uma direção: rumo ao coração. Fabrizi acreditava que a função delas era evitar que o sangue se acumulasse nas pernas ou que descesse do cérebro com força exagerada. Harvey usou todas essas lições quando voltou à Inglaterra após terminar os estudos em Pádua.

A carreira de Harvey progrediu de sucesso em sucesso. Montou sua prática médica em Londres, arranjou um emprego no Hospital São Bartolomeu e logo foi convidado a lecionar para cirurgiões sobre anatomia e fisiologia. Foi o médico de dois reis da Inglaterra, Jaime I e, depois, de seu filho, Carlos I. Estar associado a Carlos I não ajudou Harvey durante esse período, sobretudo depois que o rei foi destituído do trono por um grupo de protestantes chamados de puritanos. Em uma ocasião, a residência de Harvey foi atacada e incendiada e, com isso, perderam-se muitos manuscritos de livros que ele esperava publicar. Foi uma perda enorme para a ciência, já que Harvey estava investigando muitas questões, inclusive a respiração, os músculos e como os animais se formam a partir de ovos fertilizados. O rei Carlos chegou inclusive a permitir que Harvey utilizasse parte dos animais reais em experimentos.

Harvey sempre foi fascinado por sangue. Acreditava que o sangue era realmente a parte essencial do que significa estar vivo. Ele também abriu alguns ovos e viu que o primeiro sinal de vida era uma nódoa de sangue, pulsando de modo rítmico. O mesmo se aplicava a outros animais que examinava quando ainda eram embriões (ainda em desenvolvimento no ovo ou no útero). O coração, que há muito é associado ao sangue, também era fascinante para Harvey. Todos sabiam que, quando o coração cessa de bater, a pessoa ou o animal morre. Assim, embora o sangue fosse fundamental para o início da vida, esta terminava quando o coração cessava de bater.

Na maior parte do tempo, o coração bate sem que seja preciso pensar duas vezes nisso. Contudo, às vezes, sentimos mesmo o coração batendo – por exemplo, quando se está nervoso ou assustado ou após fazer exercícios, quando é possível sentir o coração pulsando na cavidade torácica: tum-tum, tum-tum, tum-tum. Harvey queria entender os "movimentos" do coração, ou seja, o que realmente acontece em cada batimento cardíaco. A cada batida, o coração se contrai (um processo conhecido como "sístole") e, a seguir, relaxa ("diástole"). Ele dissecou muitos animais vivos para observar o batimento cardíaco, sobretudo cobras e outros animais de sangue frio (aqueles que não conseguem regular a temperatura corporal). O coração deles bate de modo muito mais lento do que o nosso, por isso ele pôde ver o batimento com mais facilidade. Viu como as válvulas dentro do coração abrem e fecham, a cada batimento, em uma sequência regular de eventos. Durante a contração, as válvulas entre as câmaras do coração se fecham, e as que conectam o coração aos vasos sanguíneos se abrem. Conforme o coração relaxa, ocorre o contrário, ou seja, as válvulas internas se abrem, enquanto as que estão entre o coração e os vasos sanguíneos (a artéria pulmonar e a aorta) se fecham. Harvey percebeu que essas válvulas agem tal como as válvulas das veias que seu professor Fabrizi havia descoberto e que sua função parecia manter o sangue fluindo em uma direção constante.

Harvey realizou diversos experimentos para ajudar os outros a verem o que estava pensando. Um deles era bem simples. Enrolava-se uma atadura (chamada de torniquete) em volta do braço: se estivesse apertada demais, de forma que o sangue não conseguisse chegar ao braço, a mão ficava bastante pálida; se afrouxasse um pouco, o sangue podia circular, mas não voltava ao coração, e a mão ficava bem vermelha. Isso demonstrava que o sangue entra no braço com determinada pressão, sendo totalmente bloqueado pelo torniquete apertado. Ao afrouxar a atadura, o sangue entra através das artérias, mas não sai do braço pelas veias.

Depois de analisar muitos corações e de refletir em profundidade, Harvey fez um avanço importante em nosso entendimento do que eles fazem. Concluiu que, em um breve espaço de tempo, passa pelo coração mais sangue do que estava contido em todo o corpo. E era impossível fazer uma quantidade suficiente de sangue para cada novo batimento cardíaco bombear sangue novo, quanto mais um corpo humano contê-lo todo. Portanto, o sangue deve sair do coração a cada batimento, percorrer as artérias, entrar nas veias e retornar para começar um novo ciclo de "circulação".

"Passei a considerar intimamente que o sangue tinha um movimento, por assim dizer, em um círculo". Essas palavras foram escritas (em latim) em 1628, em um livro curto intitulado *De motu cordis* ("Do movimento do coração"). É como se tivesse começado a escrever algo sobre a contração e o relaxamento do coração e acabou descobrindo a função que esses processos realizam. Concluiu que o sangue é bombeado para os pulmões (da câmara direita do coração) e também para a maior artéria, a aorta, vindo da esquerda. Da aorta, o sangue entra nas artérias menores que a ramificam e, a seguir, transfere-se para as veias, onde as válvulas asseguram o fluxo na direção correta, e volta ao lado direito do coração através da veia maior, a *veia cava*.

Assim como Vesalius, Harvey sempre insistiu que desejava aprender sobre as estruturas e funções do corpo a partir de suas próprias investigações, e não só de livros escritos pelos outros. À diferença de Vesalius, trabalhou, na maior parte das vezes, com animais vivos, e não com cadáveres humanos. Ele não planejava desafiar dois mil anos de ensinamento médico sobre o coração e o sangue, mas sabia que suas descobertas seriam controversas, porque mostravam que a teoria de Galeno sobre o coração e o sangue estava equivocada. Defendeu suas ideias contra críticas de algumas pessoas, na maioria seguidores de Galeno, que consideravam que as ideias de Harvey eram extremas demais. Porém, havia uma importante lacuna em sua teoria: ele não conseguiu responder à questão essencial sobre como o sangue flui das artérias menores para as veias menores para começar a viagem de retorno ao coração.

Essa parte do quebra-cabeça foi resolvida por volta da época da morte de Harvey por um de seus discípulos italianos, Marcello Malpighi (1628-1694), especialista na utilização de um novo instrumento chamado microscópio, que já existia desde a década de 1590, mas que foi aprimorado no tempo de Malpighi. Ele conseguiu analisar mais de perto do que qualquer pessoa antes dele as estruturas delicadas do pulmão, os rins e outros órgãos, e descobriu os minúsculos canais que conectam as menores artérias e veias: as capilares. O "círculo" de Harvey estava completo.

Por meio de sua obra revolucionária, Harvey demonstrou o que a experimentação cuidadosa poderia revelar e, à medida que suas ideias tornavam-se cada vez mais aceitas, as pessoas o reconheceram como o fundador da experimentação na biologia e na medicina. Isso incentivou outras pessoas a procurar e investigar outras funções corporais, como o que ocorre nos pulmões quando respiramos, ou no estômago quando digerimos o alimento. E, assim como Vesalius e Galileu antes dele, Harvey ajudou as pessoas a perceber que o conhecimento científico pode aumentar e que é possível saber mais sobre a natureza do que pessoas igualmente inteligentes que viveram mil (ou até cinquenta) anos antes de nós.

CAPÍTULO 14

Conhecimento é poder: Bacon e Descartes

No século entre Copérnico e Galileu, a ciência virou o mundo de cabeça para baixo. A Terra não estava mais no centro do universo, enquanto novas descobertas em anatomia, fisiologia, química e física lembravam as pessoas de que, no final das contas, os antigos não sabiam de tudo. Ainda havia muita coisa a ser descoberta.

As pessoas também começaram a pensar sobre a ciência em si. Qual era a melhor forma de fazê-la? Como se poderia ter certeza de que novas descobertas eram necessárias? E como se poderia usar a ciência para melhorar o conforto, a saúde e a felicidade? Dois indivíduos em particular pensaram a fundo sobre a ciência: um era advogado e político inglês; o outro, um filósofo francês.

O inglês era Francis Bacon (1561-1626). Seu pai, Nicholas Bacon, veio de uma família humilde para se tornar um alto funcionário da rainha Elizabeth I. Nicholas sabia como a educação é importante, por isso enviou o filho à Universidade de Cambridge. Francis também serviu a Elizabeth, bem como ao rei Jaime I, após a morte dela. Ele era especialista em direito inglês, participou de diversos julgamentos importantes e, depois de se tornar lorde chanceler, foi uma das principais figuras jurídicas da época. Também foi um membro ativo do parlamento.

Bacon era um entusiasta da ciência. Passava um bom tempo realizando experimentos de química e observando todo tipo de curiosidade na natureza, de vegetais e animais a clima e magnetismo. Mais importante do que qualquer descoberta feita foram seus argumentos elegantes e persuasivos sobre por que valia a pena fazer ciência e como devia ser feita. Bacon instava as pessoas a valorizar a ciência. "Conhecimento é poder" foi uma de suas célebres frases, e a ciência é a melhor forma de atingir esse conhecimento. Por isso, incentivou Elizabeth e Jaime a utilizarem dinheiro público para construir laboratórios e oferecer lugares para que os cientistas pudessem trabalhar. Os cientistas, acreditava ele, devem formar sociedades ou academias para que possam encontrar-se e trocar ideias ou observações. Disse que a ciência oferece aos humanos o meio de entender a natureza e, com essa compreensão, a possibilidade de controlá-la.

Bacon escreveu com clareza sobre a melhor maneira de trazer progresso à ciência. Os cientistas precisavam assegurar que as palavras usadas eram exatas e facilmente entendidas pelos outros. Tinham que abordar as investigações com a mente aberta, em vez de tentar provar o que pensavam já saber. Acima de tudo, deviam repetir os experimentos e as observações, de modo a ter certeza dos resultados. Esse é o método da *indução*. Por exemplo, ao contar, pesar ou misturar substâncias químicas várias e várias vezes, o químico pode adquirir a confiança necessária sobre o que está acontecendo. Conforme coletam cada vez mais observações ou induções, os cientistas tornam-se cada vez mais seguros sobre o que ocorrerá. Essas induções podem ser utilizadas para formar generalizações, que, por sua vez, demonstram as leis que governam como a natureza funciona. As ideias de Bacon continuaram a inspirar cientistas por muitas gerações. E ainda os inspiram até hoje.

O mesmo ocorreu, porém de maneira diferente, com as ideias do francês René Descartes (1596-1650). Ele analisou a obra de Harvey e Galileu em profundidade. Assim como Galileu, era um católico que, apesar disso, acreditava intensamente que a religião não deveria interferir no estudo do mundo natural. Assim como Harvey, examinou corpos de humanos e de animais e explicou como funcionavam indo muito além do que Galeno havia ensinado. Na realidade, ainda mais do que Harvey ou Galileu, Descartes tentou estabelecer tanto a ciência quanto a filosofia em bases inteiramente novas. Embora hoje seja lembrado mais como filósofo, foi um cientista muito mais praticante do que Bacon.

Descartes nasceu em La Haye, em Touraine, França. Garoto inteligente, frequentou uma escola famosa, a La Flèche, na região do Loire, onde são produzidos vinhos excelentes. Em La Flèche, aprendeu sobre as descobertas de Galileu com seu telescópio, o posicionamento do Sol no centro do universo de Copérnico e o que havia de mais recente em matemática. Formou-se em direito na Universidade de Poitiers e, depois disso, fez algo surpreendente: apresentou-se em um exército de protestantes. A guerra assolou a Europa durante toda a vida adulta de Descartes (a Guerra dos

Trinta Anos) e, por quase nove anos, ele foi parte dela. Descartes nunca chegou a lutar, embora seu conhecimento de matemática prática e de onde as bolas de canhão poderiam cair possa ter ajudado os soldados. Esteve conectado aos exércitos protestantes e católicos durante esses anos e parecia sempre estar onde estavam ocorrendo importantes eventos políticos ou militares. Não sabemos o que ele estava fazendo, nem como conseguiu dinheiro para viajar tanto. Talvez tenha sido um espião. Se for o caso, é provável que para os católicos, a quem sempre permaneceu fiel.

No começo de suas aventuras, em 10 de novembro de 1619, em um quarto aquecido e iluminado por um fogão, meio adormecido, meio acordado, chegou a duas conclusões. Primeiro, se quisesse atingir o verdadeiro conhecimento, era preciso fazê-lo por si próprio. Os ensinamentos de Aristóteles e de outras autoridades não seriam o bastante. Era preciso começar de novo. Segundo, concluiu que a única maneira de começar de novo era simplesmente duvidando de tudo! Mais tarde na mesma noite, teve três sonhos, os quais interpretou como incentivos a essa ideia. Não publicou nada na época e, de qualquer forma, suas aventuras militares tinham acabado de começar. Contudo, esse dia (e essa noite) decisivo fez com que trilhasse o caminho para explicar o universo e tudo contido nele, bem como as regras que poderiam ajudar os outros a obter o conhecimento científico com confiança.

Duvidar de tudo significava não aceitar nada como verdade absoluta e, a partir daí, pouco a pouco, seguir a própria intuição, aceitando apenas as questões sobre as quais se podia ter certeza. Mas, afinal, do que ele poderia estar certo? Em primeiro lugar, apenas de uma coisa: que estava planejando esse projeto científico e filosófico. Ele estava pensando em como atingir determinado conhecimento, mas, de modo mais simples, estava pensando. "*Cogito, ergo sum*", ele escreveu em latim: "Penso, logo existo". Existo porque estou tendo esses pensamentos.

Essa afirmativa simples era o ponto de partida de Descartes. Até aí tudo bem, poderíamos dizer, mas e depois? Para Descartes, havia uma consequência imediata e de longo alcance: existo porque estou pensando, mas posso imaginar que poderia pensar sem ter um corpo. No entanto, se eu tivesse um corpo e não conseguisse pensar, não o saberia. Portanto, meu corpo e a parte pensante (minha mente ou alma) devem ser separados e distintos. Essa era a base do *dualismo*, a noção de que o universo é composto de dois tipos de coisas inteiramente distintas: *matéria* (por exemplo, corpos humanos, mas também cadeiras, pedras, planetas, cães e gatos) e *espírito* (a alma ou mente humana). Assim, Descartes insistia que nossas mentes – como sabemos que existimos – têm um lugar muito especial no universo.

Ora, as pessoas antes e muito após Descartes reconheceram que os seres humanos são um tipo especial de animal. Temos a capacidade de praticar ações que nenhum outro animal consegue: ler e escrever, decifrar as complexidades do mundo, construir aviões a jato e bombas atômicas. Ser especial não era a parte incomum da separação de Descartes entre mente e corpo. O incrível passo foi o que fez com o restante do mundo, a parte material. O mundo é composto de mente e matéria, ele disse, e a matéria é o objeto da ciência. Isso quer dizer que as partes materiais e não pensantes de como funcionamos podem ser entendidas em termos físicos simples. Significa que todos os vegetais e os outros animais, nenhum deles com alma, também podem ser reduzidos por completo à matéria desempenhando seu papel. Junto com árvores e flores, peixes e elefantes não passam de máquinas mais ou menos complicadas. Segundo Descartes, são coisas que podem ser totalmente compreendidas.

Descartes sabia sobre os *autômatos*, figuras mecânicas de aparência natural, feitos especialmente para mover e realizar determinadas ações. Nós os chamaríamos de robôs. Por exemplo, vários relógios de praça do século XVII tinham pequenas figuras mecânicas, geralmente um homem que saía nas horas cheias para tocar o gongo, os quais eram a última moda nos dias de Descartes (e alguns funcionam até hoje). As pessoas tinham se perguntado se – já que seres humanos podiam fazer figuras tão delicadas, capazes de se mover e imitar humanos ou animais – talvez um mecânico melhor não poderia ir um passo além e fazer um cachorro que pudesse comer e latir, além de se mover. Descartes não desejava fazer tais brinquedos, mas, em seu raciocínio, vegetais e animais eram apenas autômatos extremamente complexos, sem sentimentos reais e dotados apenas com a capacidade de responder ao que estava acontecendo ao seu redor. Essas máquinas eram matéria, que podia ser interpretada por cientistas em termos de princípios mecânicos e químicos. Descartes leu a obra de William Harvey sobre as ações "mecânicas" do coração e a circulação do sangue, e acreditava que isso fornecia uma evidência de seu sistema. (Sua própria explicação do que acontece quando o sangue chega ao coração, e sobre por que ele circula, foi esquecida.) Descartes alimentava grandes esperanças de que tais ideias pudessem dar muitas explicações sobre saúde e doença e, por fim, oferecer aos seres humanos o conhecimento sobre como viver, se não para sempre, pelo menos por um tempo bastante longo.

Depois de demonstrar, para sua satisfação, que o universo é composto de dois tipos separados de coisas, matéria e mente, Descartes tratou de decifrar a verdadeira associação entre a mente e o corpo humano. Perguntou-se como *poderiam* estar conectados, se a matéria tem substância e ocupa espaço, e a mente é o contrário, localizada em lugar algum e sem nenhuma base material. Já era comum, desde a época de Hipócrates, associar o poder de raciocinar com o cérebro. Uma pancada na cabeça podia nocautear uma pessoa, e muitos médicos observaram que lesões e doenças do cérebro levavam a alterações nas funções mentais. Em determinado ponto, Descartes pareceu pensar que a alma humana está localizada em uma glândula, no centro do cérebro, mas sabia que, de acordo com a lógica do sistema que ele mesmo criou, matéria e mente nunca poderiam interagir de modo físico. Mais tarde, as pessoas chamaram esse modelo de seres humanos de "o fantasma na máquina", querendo dizer que nosso corpo semelhante a uma máquina era, de certa forma, movido por uma mente, ou alma, semelhante a um fantasma. O problema, então, era explicar como muitos cães, chimpanzés, cavalos e outros animais compartilham nossas capacidades mentais sem possuir os próprios "fantasmas". Cães e gatos podem demonstrar medo ou raiva, e os cães, no mínimo, parecem ser capazes de expressar amor pelo dono. (Os gatos são um caso à parte.)

A mente curiosa de Descartes estava intrigada com várias outras questões: nada surpreendente para alguém que escreveu um livro com o singelo título *Le Monde* ("O mundo"). Ele aceitou as ideias de Copérnico sobre a relação entre a Terra e o Sol, mas teve mais cuidado do que Galileu ao apresentar suas ideias, de modo a não ofender as autoridades eclesiásticas. Também escreveu sobre movimento, objetos em queda e outros problemas que atraíam Galileu. Infelizmente, apesar de ter alguns seguidores no seu tempo, as ideias de Descartes sobre como o universo funciona não podiam competir com as de gigantes como Galileu e Isaac Newton, e hoje poucos recordam a física de Descartes.

Se ele perdeu para homens inteligentes na aula de física, quer você saiba ou não, segue os passos de Descartes sempre que soluciona problemas de álgebra ou geometria. Ele teve a brilhante ideia de usar a, b e c em problemas de álgebra para representar o conhecido e x, y e z para o desconhecido. Assim, quando precisa resolver uma equação como $x = a + b^2$, você está dando sequência à prática que Descartes iniciou. E, quando você representa algo em um gráfico, com eixos horizontal e vertical, também está usando uma invenção dele. O próprio Descartes solucionou vários problemas de álgebra e geometria no livro que escreveu sobre esses assuntos, publicado junto com aquele sobre o mundo.

Ao propor uma clara distinção entre corpo e mente, os mundos material e mental, Descartes enfatizou a importância do mundo material para a ciência. Astronomia, física e química lidam com a matéria. Assim como a biologia, e se a ideia dele do animal-máquina parece um pouco forçada, biólogos e médicos ainda tentam entender como vegetais e animais funcionam em termos de suas partes materiais. Foi lamentável para Descartes que sua ideia de que a medicina logo mostraria às pessoas como viver por mais tempo estava um pouco à frente de seu tempo. Ele próprio estava bastante saudável até aceitar um convite para ir à Suécia ensinar filosofia e conhecimento do mundo para a rainha sueca. Ela acordava cedo e insistia em receber as lições bem cedo. Descartes odiava o frio. Não sobreviveu nem ao primeiro inverno na Suécia. Depois de contrair um tipo de infecção, morreu em fevereiro de 1650, sete semanas antes de completar 54 anos. Foi um triste fim para alguém que acreditava que viveria, no mínimo, cem anos.

Bacon e Descartes tinham ideais elevados para a ciência. Diferiam nas ideias sobre como a ciência poderia progredir, mas estavam convictos de que isso deveria ocorrer. Bacon entendia a ciência como uma empreitada compartilhada e financiada pelo Estado. Descartes obtinha mais satisfação ao fazer descobertas por si próprio. Ambos queriam que outras pessoas adotassem e desenvolvessem suas ideias. Os dois homens também acreditavam que a ciência é uma atividade especial, superior à monotonia do cotidiano. A ciência merecia ser assim destacada, porque acrescenta ao nosso estoque de conhecimento e à nossa capacidade de compreender a natureza. Tal compreensão pode melhorar nossa vida e o bem público.

CAPÍTULO 15

A "Nova Química"

SE VOCÊ TEM UM KIT de química, então talvez já conheça o papel de tornassol. Essas pequenas tiras de papel especial podem dizer se uma solução é ácida ou alcalina. Se você misturar um pouco de vinagre na água (tornando-a ácida) e mergulhar o papel azul, ele ficará vermelho. Se tentar com água sanitária (que é alcalina), o papel vermelho ficará azul. Na próxima vez em que usar um pedaço de papel de tornassol, pense em Robert Boyle, pois foi ele quem criou o teste há mais de trezentos anos.

Boyle (1627-1691) nasceu em uma família aristocrática da Irlanda. Ele era o caçula e nunca precisou se preocupar com dinheiro. À diferença de muitas pessoas ricas, sempre foi generoso com sua fortuna, fazendo muitas doações para caridade. Pagou para que a Bíblia fosse traduzida em um idioma indígena americano. Religião e ciência exerciam funções igualmente importantes em sua vida.

Passou alguns anos em Eton, a escola inglesa da elite, e depois viajou pela Europa, onde teve uma série de professores particulares. Boyle retornou à Inglaterra, onde a Guerra Civil estava a pleno vapor; parte de sua família tomou partido do rei Carlos I, e outra, dos parlamentaristas, que tentavam destituir o rei e estabelecer uma república. Sua irmã o convenceu a se juntar aos parlamentaristas, e, por meio dela, conheceu um entusiasmado reformista social, político e científico chamado Samuel Hartlib. Assim como Francis Bacon, Hartlib acreditava que a ciência tinha o poder de melhorar a vida dos seres humanos, convencendo o jovem Boyle de que o estudo da agricultura e da medicina poderia gerar tais melhorias. Boyle começou com a medicina e analisou as curas de várias doenças, obtendo, ao longo do caminho, uma fascinação vitalícia pela química.

Alguns religiosos temem expor a si próprios ou a seus filhos a novas ideias, porque acreditam que as ideias podem minar a fé. Robert Boyle não era um deles: sua crença religiosa era tão segura que ele leu tudo o que havia de relacionado a seu vasto interesse científico. Descartes e Galileu eram figuras polêmicas durante a juventude de Boyle, mas ele estudou ambos de modo meticuloso – leu *O mensageiro das estrelas*, de Galileu, em 1642 em Florença, no mesmo ano e lugar em que Galileu morreu – e usou as observações deles em seu próprio trabalho. Boyle também estava interessado nos atomistas dos tempos antigos (Capítulo 3), embora não estivesse totalmente convencido da crença de que o universo não consiste de nada além de "átomos e o vazio". Porém, sabia que havia algumas unidades básicas de matéria no universo, que chamou de "corpúsculos", mas podia continuar seu trabalho sem as associações ímpias (ateístas) do antigo atomismo grego.

Boyle estava igualmente insatisfeito com a teoria de Aristóteles dos quatro elementos – ar, terra, fogo e água – e demonstrou com experimentos que ela estava incorreta. Queimou um graveto de madeira virgem e mostrou que a fumaça expelida não era ar. Nem o fluido que gotejava da extremidade da madeira em chamas era água comum. A chama variava de acordo com o que era queimado, então isso não era fogo puro, e a cinza que restava não era terra. Por meio de uma análise atenta dos resultados desses experimentos simples, Boyle fez o suficiente para demonstrar algo tão comum quanto o fato de que a madeira não era composta de ar, terra, fogo e água. Também destacou que não era possível subdividir algumas substâncias, como o ouro. Quando aquecido, o ouro derretia, mas não se alterava como a madeira quando era queimada: quando esfriava, o ouro voltava à forma original. Boyle reconheceu que as coisas que nos circundam na vida diária, como mesas e cadeiras de madeira, vestidos e chapéus de lã, eram compostas por uma série de componentes, mas estes não poderiam ser reduzidos aos quatro elementos gregos nem aos três elementos de Paracelso. Alguns creem que Boyle criou a definição moderna de elemento químico. Sem dúvida, aproximou-se ao descrever o elemento como algo "não sendo constituído por outros corpos, ou um do outro", mas não levou isso adiante, nem o utilizou nos próprios experimentos químicos.

Em vez disso, a noção de Boyle do "corpúsculo" como unidade de matéria adequou-se muito bem a seus propósitos experimentais. Ele era um experimentador incansável, passando horas em seu laboratório privado sozinho ou com amigos, anotando os experimentos de forma pormenorizada em livros. Em parte, é a tamanha atenção ao detalhe que torna Boyle tão especial na história da ciência. Ele e seus amigos queriam que a ciência fosse aberta e pública, que os outros pudessem usar o conhecimento adquirido por eles. Não bastava mais alegar que se havia descoberto algum segredo profundo da natureza, como fora feito por Paracelso. Um cientista precisava ser capaz de demonstrar esse segredo profundo para os outros, fosse pessoalmente, fosse por meio de descrições escritas.

Essa insistência com a abertura foi uma das regras norteadoras nos ambientes científicos em que Boyle circulava. O primeiro deles foi um grupo informal em Oxford, onde ele viveu na década de 1650; quando a maior parte do grupo mudou-se para Londres, juntaram-se a outros para estabelecer o que se tornou, em 1662, a Sociedade Real de Londres, ainda hoje uma das principais sociedades científicas do mundo. Sabiam estar fazendo algo exigido por Francis Bacon meio século antes. Boyle era uma luz condutora nesse clube dedicado a expandir o conhecimento. Desde o início, os *fellows* – como eram chamados os membros da Sociedade Real – desejavam muito que o novo conhecimento revelado e discutido nos encontros pudesse ser útil.

Um dos colaboradores preferidos de Boyle era outro Robert, alguns anos mais jovem do que ele: Robert Hooke (1635-1702). Hooke era ainda mais inteligente do que Boyle, mas, à diferença deste, vinha de uma família pobre. Sempre teve que ganhar a vida usando suas faculdades mentais. Hooke foi contratado pela Sociedade Real para desempenhar experimentos a cada encontro. Adquiriu uma grande habilidade para inventar e manusear todo tipo de equipamento científico. Hooke projetou muitos experimentos: por exemplo, para medir a velocidade do som ou para examinar o que acontece quando é feita uma transfusão de sangue de um cão para outro. Em alguns casos, o cão que havia recebido o sangue novo parecia ficar mais enérgico, e os homens foram incentivados a realizar experimentos com humanos. Foi feita a transfusão de sangue de um cordeiro para um ser humano, mas não deu certo; em Paris, uma pessoa que recebeu a transfusão morreu, por isso esses experimentos foram abandonados. A tarefa de Hooke nos encontros semanais da Sociedade Real era preparar dois ou três experimentos menos fatais para entreter e estimular os *fellows*.

Hooke foi um dos primeiros "sábios" a fazer bom uso do microscópio. (Um "sábio" literalmente significa "aquele que sabe", e o termo era muitas vezes usado para descrever o que hoje chamaríamos de cientistas.) Ele usava o microscópio para revelar um novo mundo de coisas invisíveis a olho nu, descobrindo estruturas em vegetais, animais e outros objetos que jamais poderiam ser vistas sem utilizá-lo. Os *fellows* adoravam espiar pelo microscópio nos encontros e, além das demonstrações de Hooke, também recebiam muitos comunicados de outro célebre microscopista, um holandês chamado Antonie van Leeuwenhoek (1632-1723). Leeuwenhoek trabalhava como mercador de tecidos, mas no tempo livre triturava e polia lentes pequeníssimas que podiam ampliar os objetos mais de duzentas vezes. Precisava fazer uma lente nova para cada observação e fabricou centenas delas durante sua longa vida. Posicionava cada lente em um suporte de metal, com o objeto pequeno que queria observar por trás do suporte. Descobriu organismos minúsculos em poças de tanques, bactérias na raspagem dos dentes e muitas outras coisas admiráveis. Hooke também acreditava que o microscópio poderia aproximar o observador da natureza, e as ilustrações em seu livro, *Micrographia*, publicado em 1665 (o mesmo ano da peste de Londres), causaram comoção. Muitas dessas ilustrações nos parecem estranhas, pois mostram insetos enormes ampliados, como moscas ou piolhos, e essas imagens se tornaram bastante famosas. Porém, ele também recheou seu livro com observações e especulações sobre as estruturas e funções de outras coisas que conseguia ver pelo microscópio. Ele mostrava uma imagem de um corte fino de cortiça, retirada do sobreiro – o material usado para fechar garrafas de vinho. Chamou as pequenas estruturas meio quadradas que enxergou lá de "células". Na realidade, não eram o que hoje chamamos de células, mas o nome pegou.

Tanto Boyle quanto Hooke tinham um mecanismo mecânico de preferência: a versão deles da bomba de ar. A bomba de ar de Hooke e Boyle funcionava tal como as bombas que usamos para encher pneus de bicicleta ou bolas de futebol. Havia uma cavidade central grande, com um encaixe justo que podia ser aberto em cima, e outra abertura embaixo, onde havia uma válvula através da qual era possível extrair ou inserir gases. Pode não parecer muito emocionante, mas ajudou a resolver um dos maiores enigmas da ciência durante aquele período: a possibilidade de existir vácuo, ou seja, espaço completamente vazio, sem conter nem mesmo ar. Descartes havia insistido que o vácuo era impossível ("A natureza tem horror ao vácuo" era a expressão comum que representava essa ideia). No entanto, se, conforme Boyle argumentou, a matéria era, em última análise, composta de corpúsculos separados, em diferentes formas, deveria haver algum espaço entre eles. Se algo como a água for aquecido, de modo a evaporar e transformar-se em gás, os mesmos corpúsculos ainda estariam lá, disse Boyle, mas o gás ocupa mais espaço do que o líquido. Após vários experimentos aquecendo líquidos até se transformarem em gases, viu que todos os gases comportavam-se praticamente da mesma maneira quando estavam na bomba de ar. Boyle e Hooke chegaram a uma conclusão que ainda é conhecida como lei de Boyle. A uma temperatura constante, o volume que qualquer gás ocupa tem uma relação matemática especial com a pressão sob a qual se encontra. Diz-se que o volume sofre influência direta da pressão em torno dele. Logo, se a pressão for aumentada diminuindo o espaço que ocupa, o gás se comprime no espaço disponível. (Se você aumentar a temperatura, o gás se expande, e uma nova pressão entra em ação, mas é o mesmo princípio básico.) No futuro, a lei de Boyle ajudaria no desenvolvimento do motor a vapor, por isso lembre-se dele quando chegarmos lá.

Boyle e Hooke utilizaram a bomba de ar para examinar as características de muitos gases, inclusive o "ar" que respiramos. Recordando, o ar era um dos elementos dos antigos, mas estava ficando claro a muitas pessoas do século XVII que o ar que nos circunda e mantém vivos não é uma substância simples. Era evidente que estava envolvido na respiração, pois retiramos ar dos pulmões ao respirar. Mas o que mais ele fazia? Boyle e Hooke, tanto individualmente quanto em conjunto, estavam muito interessados no que acontece quando um pedaço de madeira ou carvão é queimado. Também se questionavam por que o sangue era vermelho-escuro antes de entrar nos pulmões e vermelho-vivo ao sair deles. Hooke combinou essas duas perguntas e sugeriu que o que ocorre nos pulmões é um tipo especial de combustão, sendo que o "ar" é a substância que associa a respiração e a queima. Hooke deixou a situação assim, mas os problemas envolvendo a composição e a natureza do "ar", bem como o que acontece durante a respiração e a combustão, continuaram a intrigar cientistas por mais de um século depois de Boyle e Hooke, conforme outras pessoas repetiam e desenvolviam os experimentos deles.

Quase não havia área da ciência sobre a qual Robert Hooke não tivesse pensado. Ele inventou um relógio movido por um conjunto de molas (um enorme aprimoramento na marcação do tempo), intrigou-se com a origem dos fósseis e investigou a natureza da luz. Também tinha afirmações brilhantes a fazer sobre um problema que já encontramos antes, mas que analisaremos em maior detalhe no capítulo seguinte: a física do movimento e da força. Hooke estava investigando esses assuntos ao mesmo tempo em que Isaac Newton. Como veremos, o próprio Newton é um dos motivos pelos quais todos ouviram falar de Sir Isaac, mas poucos conhecem o sr. Hooke.

CAPÍTULO 16

Tudo o que sobe...: Newton

DUVIDO QUE VOCÊ JÁ TENHA conhecido alguém tão inteligente quanto Isaac Newton – eu jamais conheci. Talvez tenha encontrado pessoas tão desagradáveis quanto ele. Ele não gostava da maioria das pessoas, tinha acessos de raiva e achava que quase todo mundo o estava perseguindo. Era reservado, vaidoso e esquecia-se de fazer as refeições. Tinha muitas outras características desagradáveis, mas era *inteligente*, e é da inteligência que lembramos hoje, mesmo que seja bem difícil entender o que ele pensou e escreveu.

Isaac Newton (1642-1727) poderia ter sido desagradável sem considerar o que havia acontecido a ele, mas sua infância foi horrível. Seu pai morreu antes de ele nascer, e sua mãe, que não esperava que ele sobrevivesse, deixou-o com os pais dela depois de casar novamente e ter outra família. Ele odiava o padrasto, tinha aversão ao avô e não morria de amores pela mãe nem pela avó. Na realidade, desde muito jovem, começou a não gostar de gente. Preferia ficar sozinho, quando criança e depois de idoso. Porém, não havia dúvida de que era inteligentíssimo, e foi enviado à escola de gramática em Grantham, próximo a onde morava, em Lincolnshire. Aprendeu latim bem (escrevia em inglês e em latim com a mesma facilidade), mas dedicou a maior parte do tempo na escola a fazer modelos de relógios e de outros aparelhos mecânicos e a construir relógios de Sol.

Também criou coisas próprias quando ingressou no Trinity College, em Cambridge, em 1661. Ele precisava ler os antigos mestres, como Aristóteles e Platão. Até os leu um pouco (fazia anotações meticulosas, por isso sabemos o que ele leu), mas seus preferidos eram os modernos: Descartes, Boyle e outros expoentes da nova ciência. Nenhum problema com a leitura, mas ele queria fazer descobertas por si mesmo. Para tanto, projetou muitos experimentos novos, embora sua maior genialidade estivesse na matemática e em como ela poderia ser utilizada para entender mais o universo.

Newton formulou muitas de suas ideias em dois anos incrivelmente produtivos. Nenhum cientista, exceto Einstein (Capítulo 32), fez tanto em tão pouco tempo. Os anos mais incríveis de Newton foram 1665 e 1666. Parte do tempo foi passada na residência materna em Woolsthorpe, Lincolnshire, porque a epidemia da peste que na época varria a Inglaterra fez com que a Universidade de Cambridge fechasse as portas e enviasse os estudantes para casa. Foi durante esse período que Newton viu maçãs maduras caindo das árvores do pomar de sua mãe. Não deve ter sido tão dramático quanto contam as histórias, mas aquilo o lembrou de um problema que ainda precisava de explicação: por que as coisas caem na terra.

Ele estava ocupado com várias questões científicas durante esse período. Considere a matemática, por exemplo. Galileu, Descartes e muitos outros filósofos naturais (ou seja, cientistas) fizeram grandes avanços no desenvolvimento da matemática como disciplina e, ainda mais importante, em sua utilização para compreender os resultados das observações e dos experimentos. Newton era um matemático ainda melhor, brilhante no seu uso como ciência. Para descrever fenômenos como movimento e gravidade de forma matemática, álgebra e geometria não bastavam. É preciso ter a capacidade de considerar unidades pequeníssimas de tempo e movimento: uma quantidade infinitesimal, na verdade. Ao examinar um projétil disparado de uma arma, uma maçã que cai da árvore ou um planeta girando em torno do Sol, é preciso concentrar-se na distância percorrida no menor momento concebível de tempo. Muitos filósofos naturais antes de Newton perceberam o problema e propuseram várias soluções. Entretanto, com apenas vinte e poucos anos, Newton desenvolveu suas próprias ferramentas matemáticas para realizar o trabalho. Chamou esse método de "*fluxions*", da palavra "fluxo", que significa algo em transformação. Os fluxions de Newton faziam o tipo de cálculo que ainda se faz no ramo da matemática agora chamado de cálculo. Em outubro de 1666, quando havia concluído um artigo escrito para sua própria satisfação, era o principal matemático na Europa, mas ninguém além de Newton sabia disso. Ele não publicou as descobertas matemáticas de imediato; em vez disso, usou-as e, só mais tarde, compartilhou seus métodos e resultados com conhecidos.

Além da matemática, Newton começou a investigar a luz. Desde os tempos antigos, presume-se que a luz solar é branca, pura e homogênea (que significa ser toda constituída da mesma coisa). Acreditava-se que as cores eram causadas por modificações desse raio essencialmente puro. Newton estudou a obra de Descartes sobre a luz e replicou alguns de seus experimentos. Utilizou lentes e depois um objeto de vidro, chamado de prisma, que podia decompor a luz. Em um experimento memorável, deixou um feixe minúsculo de luz entrar em um quarto escurecido através de um prisma e, a seguir, incidir na parede a quase sete metros de distância. Se a luz fosse homogênea, conforme Descartes e muitos outros pensaram, a projeção na parede deveria ser um círculo branco, a mesma forma do orifício pelo qual tinha passado. Em vez disso, a luz aparecia como uma ampla banda multicolorida. Newton não chegou a fazer um arco-íris, mas estava no caminho certo para explicar como ele se forma.

Durante esses anos da peste, Newton também progrediu no trabalho sobre mecânica: as leis que governam os corpos em movimento. Vimos como Galileu, Kepler, Descartes e outros desenvolveram ideias para explicar (e representar de forma matemática) o que acontece quando uma bala de canhão é disparada ou quando a Terra se move ao redor do Sol. Robert Hooke também estava interessado nisso. Newton leu os escritos desses homens, mas foi além. Certa vez, escreveu para Hooke: "Se eu vi mais longe, foi por estar de pé sobre ombros de gigantes". Você se lembra de andar sobre os ombros de seu pai? Aumentar de tamanho duas ou três vezes de maneira súbita revela todo tipo de coisa que não seria possível ver sozinho. E era aí onde Newton estava querendo chegar. Essa imagem maravilhosa descreve como cada cientista e cada geração de cientistas podem obter vantagens das descobertas daqueles que os precederam. Essa é a essência da ciência.

Mas Newton também era, ele próprio, um gigante, e sabia disso. Os problemas surgiram quando pensou que os outros não reconheciam esse fato. As dificuldades de Newton com Robert Hooke começaram quando Newton ofereceu seu primeiro artigo à Sociedade Real. A Sociedade fez o que boas revistas científicas modernas ainda fazem: enviaram-no a outro especialista para comentar sobre o artigo. Isso é chamado de "revisão por pares", e o processo é parte da abertura da qual se orgulham os cientistas. A Sociedade Real escolheu Hooke para ler o artigo, uma vez que ele também havia investigado a luz. Newton não gostou nem um pouco dos comentários de Hooke e quis inclusive deixar de ser membro da Sociedade Real. A entidade ignorou em silêncio sua carta de renúncia.

Após sua incrível explosão de energia criativa na década de 1660, Newton direcionou a atenção a outros assuntos, inclusive alquimia e teologia. Como sempre, manteve anotações cuidadosas sobre leituras e experimentos, que ainda são lidos por pessoas que desejam compreender esse aspecto do pensamento de Newton. Na época, manteve tais pensamentos e investigações em segredo, sobretudo suas opiniões religiosas, que diferiam das doutrinas da Igreja da Inglaterra. A Universidade de Cambridge exigia que seus estudantes concordassem com as crenças da Igreja. Felizmente para Newton e para a ciência, ele tinha apoiadores influentes na universidade, assim pôde tornar-se membro do Trinity College e, mais tarde, foi inclusive eleito professor lucasiano de matemática, sem nunca precisar jurar que acreditava em todas as doutrinas da Igreja. Manteve essa cátedra por mais de vinte anos. Infelizmente, era um péssimo professor, e seus alunos não entendiam sobre o que ele estava falando. Por vezes, ao chegar, não havia ninguém para assistir à aula. Sempre falava sobre assuntos respeitáveis, como luz e movimento, e não a alquimia e a teologia que perseguia em segredo – talvez estas tivessem sido mais empolgantes para os alunos!

Em meados dos anos 1680, a pesquisa de Newton em matemática, física e astronomia estava ficando conhecida. Escreveu muitos artigos e publicou alguns, mas muitas vezes observou que seu trabalho científico era apenas para ele mesmo ou para os que viessem após a sua morte. Em 1684, o astrônomo Edmund Halley visitou Newton em Cambridge. (Fique atento ao cometa Halley, nome dado em homenagem a Edmund Halley, em 2061, quando deve ser visível da Terra.) Halley e Hooke estavam discutindo a forma do trajeto percorrido por um objeto em órbita de outro (como a Terra em torno do Sol ou a Lua em torno da Terra). Queriam saber se a gravidade afetaria o caminho do objeto, agindo sob o que hoje chamamos de "lei do inverso do quadrado". A gravidade é apenas um entre diversos exemplos dessa lei. Segundo essa lei, a força da gravidade diminui proporcionalmente ao quadrado da distância entre dois objetos e, é claro, aumenta na mesma proporção conforme se aproximam. A atração será mútua, mas a massa dos dois objetos também é importante. Se um objeto – digamos, a Terra – é muito grande, e o outro – uma maçã, por exemplo – é muito pequeno, a Terra responderá por quase toda a atração. O Capítulo 12 explicou como Galileu utilizou uma função "quadrada" em sua obra sobre corpos em queda. Também a veremos nos capítulos seguintes, pois a natureza parece mesmo gostar que as coisas aconteçam como função de algo ao quadrado, seja tempo, aceleração ou atração. Quando se está trabalhando com quadrados ($3 \times 3 = 9$ ou 3^2, por exemplo), lembre-se de que a natureza pode estar sorrindo.

A visita de Halley fez com que Newton deixasse a teologia e a alquimia de lado. Dedicou-se ao trabalho e produziu sua maior obra, uma das mais importantes na história da ciência, mesmo que não seja uma leitura fácil. Hoje, é conhecida como os *Principia*, mas o título completo em latim (Newton escrevia em latim) é *Philosophiae naturalis principia mathematica* ("Princípios matemáticos da filosofia natural": lembrando que "filosofia natural" era o nome antigo para ciência). A obra de Newton fornecia detalhes completos sobre como sua nova matemática podia ser aplicada e explicava muitos aspectos da natureza física em números, em vez de usar descrições rebuscadas. Poucas pessoas foram capazes de entendê-la com facilidade durante a vida de Newton, mas sua mensagem foi reconhecida de maneira muito mais ampla. Era uma nova forma de ver e descrever o universo.

Vários aspectos da visão de mundo e do firmamento de Newton estavam contidos nas três famosas leis do movimento, escritas por ele nos *Principia*. A primeira lei enunciava que todo corpo permanece em repouso ou se move em linha reta, a menos que outra coisa – alguma força – atue sobre ele. Uma rocha em uma encosta permanecerá lá para sempre, a não ser que algo – vento, chuva, um ser humano – a faça se mover; e, sem qualquer perturbação ("atrito"), ela se moveria em linha reta.

De acordo com a segunda lei, se algo já está se movendo, uma força pode alterar seu sentido. O tamanho da alteração depende da intensidade da força, e a alteração do sentido ocorre ao longo de uma linha reta, no sentido da nova força. Por exemplo, se você atingir a lateral de um balão que está caindo, ele se moverá para o lado; se você der uma batida de cima, ele cairá ainda mais rápido.

A terceira lei do movimento concluía que, para qualquer ação, há sempre uma reação igual e contrária. Isso quer dizer que dois corpos sempre atuam entre si com mesma força, mas em sentidos opostos. Você pode dar um tapa em um balão e ele se afastará de sua mão, mas também terá uma ação sobre a mão (você o sentirá). Se você golpear uma rocha, esta não se moverá, mas pode ser que sua mão volte para trás, ficando dolorida. Isso ocorre porque é mais difícil para objetos leves influenciar objetos pesados do que o contrário. (Vimos que o mesmo acontecia com a gravidade.)

Essas três leis agruparam as dificuldades dos primeiros filósofos naturais. Nas mãos de Newton, explicavam muitas observações, dos movimentos dos planetas até a trajetória da flecha disparada de um arco. As leis do movimento possibilitaram ver o universo inteiro como uma máquina gigantesca e regular, à semelhança de um relógio que marca as horas em função de suas molas, alavancas e movimentos. Os *Principia* de Newton eram reconhecidos como uma obra de grande poder e genialidade. Essa obra transformou um homem recluso e perturbado em uma espécie de celebridade. A recompensa que recebeu foi um cargo bem pago de "Warden of the Mint", no local onde o governo fazia as moedas e regulava o suprimento de dinheiro do país. Newton dedicou-se a esse novo emprego com muito gosto, rastreando falsificadores e supervisionando a massa monetária da nação. Teve que se mudar para Londres, por isso renunciou a todas as suas conexões em Cambridge e passou os últimos trinta anos de sua vida na capital, tornando-se presidente da Sociedade Real.

Durante a estada em Londres, Newton revisou os *Principia* de modo considerável, incluindo parte de sua obra anterior, além de responder a várias críticas que as pessoas haviam feito desde a publicação. É comum que os cientistas façam isso. Pouco tempo após a morte de Robert Hooke, Newton publicou sua segunda maior obra científica, *Opticks* (1704), sobre a luz. Newton e Hooke tiveram várias discussões sobre qual deles havia feito o que primeiro e sobre como interpretar os resultados dos experimentos realizados para verificar o que era e como se comportava a luz. Newton fez boa parte do trabalho para esse livro quase quarenta anos antes, mas relutou em publicá-lo enquanto Hooke estava vivo. Assim como os *Principia*, *Opticks* foi muito importante. Encontraremos parte das conclusões em capítulos posteriores, quando outros cientistas estarão de pé sobre os ombros de Newton.

Newton foi o primeiro cientista a ser condecorado cavaleiro, tornando-se Sir Isaac. Desfrutava de poder, mas não de grande felicidade. Não era o que se chamaria de pessoa legal, porém foi um grande homem, um dos cientistas mais criativos de todos os tempos, celebrado pelas incríveis contribuições feitas para o entendimento do universo. Os *Principia* de Newton foram o ponto alto da astronomia e da física que foram buscadas de forma tão ativa por Kepler, Galileu, Descartes e muitos outros. Nessa obra, Newton combinou céu e terra em um único sistema, pois suas leis aplicavam-se a todo o universo. Ele ofereceu explicações matemáticas e físicas sobre o modo como os planetas se movem e os corpos caem em direção à Terra. Forneceu a base da física utilizada pelos cientistas até o século XX, quando Einstein e outros demonstraram que havia mais no universo do que até Sir Isaac havia imaginado.

CAPÍTULO 17

Faíscas brilhantes

Você já se perguntou o que é exatamente um raio e por que, logo após, vem o estrondo do trovão? Exibições violentas de raios e trovões ocorrem em pontos altos do céu, sendo bem impressionantes, mesmo que se saiba a sua causa. Assim como os raios sempre procuram a terra, no início do século XVIII os cientistas passaram a refletir sobre isso e sobre a eletricidade muito mais perto de casa.

Outro enigma tinha a ver com o que passou a ser conhecido como magnetismo. Os gregos antigos sabiam que, se esfregado com força, o âmbar (uma pedra semipreciosa amarelada) atrai objetos pequenos e próximos. A causa desse poder era de difícil compreensão. Parecia diferente do poder constante de um tipo diferente de pedra – a magnetita – de atrair objetos que continham ferro. Assim como a estrela-guia é uma estrela que mostra o caminho (sobretudo a Estrela Polar), a magnetita também orientava os viajantes: era um pedaço de mineral que, se suspenso de modo a poder oscilar livremente, sempre apontaria na direção dos polos magnéticos. As magnetitas também podiam ser utilizadas para magnetizar agulhas e, à época de Copérnico, em meados do século XVI, marinheiros usavam bússolas rudimentares para ajudar a encontrar a direção, já que uma extremidade da agulha móvel da bússola sempre apontava para o norte. Um médico inglês chamado William Gilbert escreveu sobre isso em 1600, quando surgiu a palavra "magnetismo". Tanto eletricidade quanto magnetismo podiam produzir efeitos divertidos e eram tópicos populares em palestras científicas e jogos após o jantar.

Logo as pessoas obtiveram efeitos ainda mais intensos rodando um globo de vidro sobre um ponto e esfregando-o à medida que girava. Era possível sentir e até ouvir as faíscas conforme eram produzidas no vidro. Esse dispositivo tornou-se a base do que era chamado de garrafa de Leyden, em homenagem à cidade holandesa onde foi inventado, em torno de 1745, por um professor universitário. A garrafa era cheia até a metade com água e conectada por um fio a uma máquina que gerava eletricidade. A peça de conexão era chamada de "condutor", porque possibilitava à misteriosa energia passar para a água dentro da garrafa, onde estava armazenada. ("Conduzir" significa "guiar".) Quando algum assistente de laboratório tocava na lateral da garrafa e na peça condutora, levava um choque tão grande que achava que não sobreviveria. O relato desse experimento causou sensação, e as garrafas de Leyden viraram a última moda. Certa vez, dez monges deram-se as mãos e, quando o primeiro tocou na garrafa e na peça condutora, todos levaram um choque ao mesmo tempo. Um choque elétrico, ao que parecia, podia ser transmitido de uma pessoa a outra.

O que exatamente estava acontecendo? Além de brincadeiras, havia sérias questões científicas em jogo. Havia muitas teorias no ar, mas um homem que conseguiu trazer um pouco de ordem ao assunto foi Benjamin Franklin (1706-1790). Talvez você o conheça como um dos primeiros patriotas americanos que ajudaram a escrever a Declaração de Independência (1776), quando os Estados Unidos estavam obtendo com sucesso a independência do Império Britânico. Era um homem espirituoso e popular, cheio de sabedoria caseira, como "Tempo é dinheiro" e "Neste mundo nada pode ser dado como certo, à exceção da morte e dos impostos". Na próxima vez em que sentar em uma cadeira de balanço ou vir alguém usando óculos bifocais, pense em Benjamin Franklin: afinal, ele inventou os dois.

Em grande medida autodidata, Franklin sabia muito sobre muitos assuntos, inclusive ciência. Sentia-se em casa tanto na França quanto na Grã-Bretanha ou nos Estados Unidos e estava na França quando realizou seu mais famoso experimento científico com os raios. Assim como muitas pessoas nas décadas de 1740 e 1750, Franklin ficou curioso com as garrafas de Leyden e com o que demonstravam. Em suas mãos, elas mostravam bem mais do que fora imaginado. Em primeiro lugar, percebeu que os objetos podiam ter cargas positivas ou negativas – como se vê marcado pelos sinais de "+" e "–" nas extremidades opostas de uma pilha. Na garrafa de Leyden, o fio de conexão e a água dentro da garrafa estavam "eletrizados positivamente ou mais", ele disse, enquanto a superfície externa era negativa. O positivo e o negativo tinham a mesma intensidade e, portanto, anulavam-se. Experimentos adicionais o convenceram de que o poder real da garrafa estava no vidro, e

Franklin criou um tipo de bateria (palavra inventada por ele) colocando um pedaço de vidro entre duas tiras de chumbo. Quando conectava o dispositivo a uma fonte de eletricidade, a eletricidade dessa "bateria" podia ser descarregada. Infelizmente, não deu prosseguimento a essa descoberta.

Franklin não foi o primeiro a se intrigar com a relação entre as faíscas geradas por máquinas na terra e as faíscas no céu, ou seja, os raios, mas foi o primeiro a aplicar o que aprendera sobre a garrafa de Leyden para tentar ver como poderiam estar associadas. Ele desenvolveu um experimento engenhoso (porém perigoso). Argumentou que a eletricidade na atmosfera se acumularia na borda das nuvens, assim como ocorria na garrafa de Leyden. Se duas nuvens colidiam entre si ao se movimentar no céu durante uma tempestade, haveria uma descarga de eletricidade – um relâmpago de luz. Ao empinar uma pipa durante uma tempestade dessas, pôde demonstrar que sua ideia estava correta. A pessoa que empina a pipa precisava estar adequadamente isolada da eletricidade (utilizando um cabo de cera para segurar o cordão da pipa) e "aterrada" (com um pedaço de fio preso ao sujeito e arrastando no chão). Sem essas precauções, o choque da eletricidade poderia matar alguém e, de fato, um investigador desastroso chegou a morrer porque não seguiu as instruções de Franklin. O experimento da pipa convenceu-o de que a eletricidade do raio era semelhante à eletricidade das garrafas de Leyden.

Primeiro a gravidade, agora a eletricidade: as coisas no firmamento e na terra estavam sendo cada vez mais aproximadas.

O trabalho de Franklin com eletricidade teve consequências práticas imediatas. Ele demonstrou que um poste de metal com uma ponta afiada conduzia eletricidade para o solo. Logo, se um poste desses fosse colocado em cima de um prédio, com um corpo condutor isolado conectando-o até a terra, os raios seriam conduzidos para longe do prédio, que não se incendiaria se fosse atingido por um raio. Esse era um sério problema quando quase todas as casas eram construídas de madeira e, às vezes, tinham telhados de palha. Os para-raios, como ainda são chamados, atuam com base nesse princípio, e até hoje usamos a palavra "terra" para nos referirmos ao pedaço de fio isolado nas tomadas elétricas que eliminam o excesso de carga elétrica em aparelhos como máquinas de lavar e geladeiras. Franklin conectou um para-raios em sua própria residência, e a ideia pegou. O entendimento da eletricidade gerou resultados importantes.

O estudo da eletricidade era uma das áreas mais estimulantes da pesquisa científica no século XVIII, e muitos "eletricistas", como eram chamados, contribuíram com o que sabemos hoje em dia. Três, em especial, marcaram seus nomes na história. O primeiro foi Luigi Galvani (1737-1798), um médico que gostava de realizar experimentos com aparelhos elétricos e animais. Praticou medicina e ensinou anatomia e obstetrícia (gerenciamento médico do parto) na Universidade de Bolonha, mas também tinha grande interesse em estudos fisiológicos. Enquanto investigava a relação entre músculos e nervos, descobriu que era possível contrair o músculo de um sapo se o nervo anexo a ele fosse conectado a uma fonte de eletricidade. Após pesquisas adicionais, comparou o músculo a uma garrafa de Leyden, capaz de gerar e descarregar uma corrente de eletricidade. A eletricidade era uma parte importante dos animais, disse Galvani. De fato, "eletricidade animal", conforme o termo cunhado por ele, parecia-lhe ser um ingrediente essencial para explicar o funcionamento dos animais. E estava certo.

Choques elétricos estáticos, que ocorrem quando a eletricidade que se acumulou na superfície de um objeto é descarregada, ainda são chamados de choques galvânicos. Cientistas e eletricistas utilizam galvanômetros para medir correntes elétricas. A noção de Galvani sobre eletricidade animal atraiu muitas críticas, sobretudo de Alessandro Volta (1757-1827), um cientista de Como, no norte da Itália. Volta tinha uma má opinião sobre médicos que diversificavam as atividades estudando física e resolveu demonstrar que a eletricidade animal não existia. Volta e Galvani tiveram um debate bastante público acerca da interpretação dos experimentos deste último. No decorrer de sua extensa obra dedicada a desacreditar Galvani, Volta examinou a enguia elétrica, que, como se podia demonstrar, produzia eletricidade. Ele acreditava que nem esses animais tornavam a "eletricidade animal" de Galvani mais convincente. Mais importante ainda, Volta descobriu que, se acumulasse camadas sucessivas de zinco e prata e as separasse com camadas de papelão molhado, poderia produzir uma corrente elétrica contínua passando por todas as camadas. Volta enviou notícia de sua invenção, a qual chamou de "pilha", para a Sociedade Real em Londres. Assim como a garrafa de Leyden, isso causou sensação na Inglaterra e na França.

Nessa época, a França estava ocupada conquistando o norte da Itália, e o imperador francês, Napoleão Bonaparte, condecorou o físico italiano por essa invenção, pois oferecia uma fonte confiável de correntes elétricas para a pesquisa experimental. A "pilha" de Volta veio a desempenhar um papel crucial na química do início do século XIX. Era o desenvolvimento prático da "bateria" de Franklin, tornando-se fundamental em nossa vida moderna. Relembramos Volta porque seu nome legou-nos a palavra "volt", que é uma das formas de medir a energia elétrica – confira a embalagem na próxima vez em que trocar uma pilha.

Nosso terceiro grande eletricista (e matemático formidável) também emprestou seu nome à medição da eletricidade: André-Marie Ampère (1775-1836). A palavra "ampere" tem origem no seu nome. Ampère passou pelo trauma da Revolução Francesa e suas consequências, durante a qual seu pai foi decapitado na guilhotina. Sua vida pessoal também foi triste. Sua querida primeira esposa morreu após o nascimento do terceiro filho, e o segundo casamento foi imensamente infeliz, acabando em divórcio. Seus filhos não se tornaram adultos de bem, e ele estava sempre afundado em dívidas. Em meio a esse caos, Ampère realizou alguns estudos fundamentais sobre matemática, química e, acima de tudo, sobre o que chamou de "eletrodinâmica". Esse assunto complexo combinava eletricidade e magnetismo. Apesar da complexidade, os experimentos simples porém elegantes de Ampère demonstraram que o magnetismo era, na realidade, eletricidade em movimento. Seu trabalho serviu de base para o de Faraday e Maxwell e, por isso, falaremos sobre ele em maior detalhe quando chegarmos a esses gigantes do eletromagnetismo. Embora cientistas posteriores tenham demonstrado que muitos dos detalhes das teorias de Ampère não levavam a lugar algum, ele forneceu o ponto de partida para boa parte da pesquisa sobre eletromagnetismo. É importante lembrar que, na ciência, por vezes também se chega a conclusões equivocadas.

À época da morte de Ampère, a eletricidade já tinha percorrido um belo caminho rumo à compreensão. O trabalho de Franklin foi caseiro e, por mais importante que tenha sido, não passava de um amador engenhoso comparado a Galvani, Volta e Ampère, que utilizavam equipamentos mais sofisticados e trabalhavam em laboratórios. Na disputa com Volta, Galvani riu por último, pois hoje sabemos que a eletricidade exerce uma importante função quando músculos e nervos interagem.

CAPÍTULO 18

O universo mecânico

A Revolução Americana (também conhecida como Guerra da Independência dos Estados Unidos) em 1776, a Revolução Francesa em 1789 e a Revolução Russa em 1917 trouxeram, de modo imediato, novas formas de governo e uma nova ordem social. Também houve uma Revolução Newtoniana. Menos pessoas já ouviram falar dela, mas teve a mesma importância e, embora tenha levado décadas, em vez de anos, para causar algum efeito, as suas consequências foram profundas. A Revolução Newtoniana descreveu o mundo em que vivemos.

Após sua morte em 1727, Sir Isaac continuou a ser uma figura elevada no século XVIII. Em todos os campos do conhecimento, as pessoas queriam ser o "Newton" de sua área. Adam Smith queria ser o Newton da economia; um sujeito chamado William Cullen, o Newton da medicina; Jeremy Bentham esforçou-se para ser o Newton da reforma político-social. O que todos buscavam era uma lei ou princípio geral que aglutinasse a disciplina estudada, assim como a gravidade de Newton parecia manter o universo em sua progressão regular e majestosa através das estações e dos anos. Conforme gracejou o poeta Alexander Pope: "A natureza e as leis da natureza estavam imersas em trevas; Deus disse *Haja Newton*! e tudo se iluminou".

Sendo inglês, Pope pode ter tido uma opinião tendenciosa a favor de seu conterrâneo. Na França, Alemanha e Itália, Newton gozava de considerável admiração, mesmo em vida, mas havia outras tradições científicas que ainda importavam. Na França, a visão mecânica que Descartes propôs do universo permanecia firme. Na Alemanha, havia disputas sobre quem havia inventado o cálculo; os admiradores do filósofo G.W. Leibniz (1646-1716) insistiam que Newton era menos importante no desenvolvimento dessa ferramenta matemática do que o conterrâneo deles. Na Grã-Bretanha, porém, Newton atraiu muitos seguidores, que estavam satisfeitos a ponto de se intitularem "newtonianos" e que aplicavam suas magníficas observações sobre matemática, física, astronomia e óptica.

Aos poucos, contudo, o poder da óptica experimental e das leis do movimento de Newton também se apoderaram do pensamento europeu. Sua reputação era auxiliada por um defensor dos mais improváveis: o poeta, romancista e homem de letras Voltaire (1694-1778). A criação mais famosa de Voltaire foi Cândido, a adorável personagem que aparecia em uma história de aventura. Cândido leva uma vida de desastres contínuos – tudo o que pode dar errado dá errado – mas ele nunca se esquece de sua filosofia: o mundo que Deus criou *deve* ser o melhor possível. Assim, continua animado, certo de que, não importa o que aconteça, por pior que seja, é para o melhor "nesse melhor dos mundos possíveis". (Após suas horríveis aventuras, ele decide que deveria ter permanecido em casa para cuidar do jardim: um ótimo conselho, na verdade.)

Cândido era uma alfinetada gentil na filosofia do rival de Newton na invenção do cálculo: Leibniz. Voltaire era um grande fã de Newton e, para dizer a verdade, de todas as coisas inglesas. Passou alguns anos na Inglaterra e ficou bastante impressionado com a liberdade de expressão e pensamento naquele país. (Voltaire estava em prisão domiciliar na França por criticar a Igreja Católica e o rei francês, por isso sabia como era importante a liberdade de expressão.) Também foi embora da Inglaterra valorizando as conquistas de Newton e escreveu, em francês, uma versão popular das ideias de Newton para pessoas comuns. O livro de Voltaire encontrou muitos leitores na Europa, onde todos estavam discutindo as formas pelas quais a matemática e a física de Newton explicavam os movimentos dos planetas e das estrelas, o fluxo e refluxo diários das marés, a trajetória de projéteis e, é claro, a queda de maçãs.

Aos poucos, Newton adquiriu uma reputação invejável, porque as ferramentas – tanto matemáticas quanto físicas – que ele expôs nos famosos *Principia* realmente funcionavam. Essas ferramentas ajudaram matemáticos, físicos e astrônomos a estudar uma série de problemas que ele só havia mencionado. Uma obra científica jamais é a palavra final, e o mesmo ocorreu com a de Newton. Muitos indivíduos estavam felizes por Newton ser o gigante em cujos ombros podiam ficar de pé. E, em muitos casos, ele, de fato, os ajudou a ver mais adiante.

Vamos analisar três exemplos: as causas das marés, a forma da Terra e o número e as órbitas dos planetas no Sistema Solar.

Há marés baixas e altas: maré baixa é quando o mar está "fora" e é preciso caminhar bastante até chegar a um ponto propício para nadar, e maré alta é quando o mar está "dentro", desmoronando castelos de areia. As marés têm um padrão regular e diário, e o conhecimento delas era importante para os marinheiros, que poderiam precisar de uma maré alta para atracar o navio no porto. Aristóteles fez uma conexão entre as marés e a Lua. Depois que se tornou lugar-comum acreditar que a Terra realmente se move, alguns comparavam as marés com as ondas que se pode criar em um balde com água inclinando-o para frente e para trás. Para Newton, a gravidade era a chave. Argumentou que a "atração gravitacional" da Lua é maior quando está mais próxima da Terra. (Assim como a Terra orbita o Sol, a Lua gira ao redor da Terra em uma elipse, por isso as distâncias entre a Terra e a Lua variam com regularidade.) A gravidade da Lua atrai a água nos oceanos na sua direção. À medida que a Terra gira, uma área do mar ficará mais perto e depois mais afastada da Lua e, portanto, a força crescente e decrescente da gravidade ajuda a elevar e abaixar os oceanos do modo regular que podemos testemunhar. Isso explica as marés altas e baixas. Newton estava certo ao pensar que as marés ilustravam a gravidade em ação.

Os newtonianos posteriores refinaram os cálculos do mestre. O médico suíço Daniel Bernoulli (1700-1782) ofereceu uma análise mais aprofundada das marés em 1740. Estava bem mais interessado em matemática, física e navegação do que em medicina e também ajudou a explicar como as cordas vibram (como ocorre ao se tocar violão) e como os pêndulos oscilam (em relógios de pêndulo, por exemplo). Além disso, aprimorou o projeto dos navios. Na faculdade de medicina na Basileia, aplicou a mecânica newtoniana para analisar questões como a forma como os músculos se contraem e se encurtam para que os membros se movimentem. Seu trabalho sobre as marés foi uma resposta a uma pergunta proposta pela Academia de Ciências de Paris, que oferecia um prêmio para a melhor resposta – as sociedades cultas faziam isso com frequência. Bernoulli compartilhou o prêmio com vários outros, cada qual ajudando a explicar o comportamento das marés, também incluindo, em suas explicações, o efeito da atração gravitacional do Sol. Quando dois elementos, como a Terra e a Lua, se atraem, a matemática é relativamente simples. No mundo real, o Sol, os planetas e outras coisas que têm massa complicam a situação, e a matemática fica muito mais difícil.

A Academia de Ciências de Paris também estava envolvida com uma segunda questão essencial do newtonianismo: a Terra era uma bola redonda? Era fácil perceber que não era completamente lisa, como uma bola de tênis de mesa, afinal havia montanhas e vales. Mas será que era basicamente redonda? Newton dissera que não, já que havia demonstrado que a força da gravidade no equador era um pouco diferente da força da gravidade no norte europeu. Soube disso depois de realizar experimentos com um pêndulo. A oscilação de um pêndulo é influenciada pela força da gravidade terrestre: quanto mais forte a gravidade, mais rápido o pêndulo se move e, portanto, é preciso menos tempo para que complete um ciclo de um lado para outro. Os marinheiros mediram que a oscilação completa do pêndulo era exatamente de um segundo, e que a distância era um pouco menor no equador. Essa diferença revelou a Newton que a distância ao centro da Terra era um pouco maior no equador. Se a Terra fosse uma esfera perfeita, seria a mesma distância em qualquer ponto da superfície ao centro. Por consequência, Newton afirmou que a Terra, na realidade, era achatada nos polos – como se tivesse sido esmagada de cima a baixo – e se abaulava um pouco no equador. Ele pensava que essa forma fora criada pela rotação da Terra sobre o eixo norte-sul quando ainda era bem nova e estava esfriando de seu estado líquido. Newton insinuou que isso queria dizer que a Terra tinha mais de seis mil anos, mas nunca revelou a idade real que acreditava ter o planeta.

Quando a obra de Newton estava sendo debatida na França durante a década de 1730, muitos cientistas franceses recusaram-se a acreditar que a Terra tinha essa forma imperfeita. Assim, Luís XV, rei da França, encomendou duas expedições: uma para a Lapônia, próximo ao Círculo Ártico, e outra para o Peru, perto do Equador – uma maneira nada econômica de testar um simples fato. O que as duas expedições fizeram foi medir o comprimento exato de um grau de latitude nesses dois locais. Latitude é uma medida do eixo norte-sul da Terra, sendo que o equador é zero grau; o polo norte, +90 graus; e o polo sul, -90 graus. (São necessários 360 graus para dar uma volta completa no globo.) É possível ver as linhas de latitude desenhadas de lado a lado em um mapa-múndi. Se a Terra fosse uma esfera perfeita, cada grau de latitude seria o mesmo. A expedição à Lapônia retornou primeiro (não tinham que viajar a um local tão distante); porém, quando o grupo do Peru voltou, após nove anos, demonstrou-se que o grau de latitude na Lapônia era maior do que no Peru, exatamente como fora previsto pelo modelo de Newton. Esses resultados ajudaram a catapultar a reputação de Newton na Europa continental.

Astrônomos de toda a Europa estavam olhando para as estrelas e os planetas em uma tentativa de prever como se moviam e, portanto, onde seriam observados a cada noite (ou a cada ano). Essas previsões ficaram cada vez mais precisas conforme mais observações eram feitas e à medida que a análise matemática de seus movimentos tornava-se mais precisa. A construção de telescópios maiores possibilitou aos astrônomos ver mais além no espaço e, com isso, descobrir novas estrelas e inclusive novas galáxias. Um dos mais importantes observadores de estrelas foi um refugiado que emigrou da Alemanha para a Inglaterra, William Herschel (1738-1822). Herschel era músico, mas sua paixão era olhar para o firmamento. Uma noite, em 1781, percebeu um novo objeto, que não era uma estrela. No início, pensava que devia ser um cometa e o descreveu para um grupo local em Bath, onde vivia. Sua observação atraiu a atenção de outros, e logo ficou evidente que Herschel havia descoberto um novo planeta. Com o tempo, foi chamado de Urano, em homenagem a um personagem da mitologia grega.

Essa descoberta mudou a vida de Herschel e permitiu que ele se dedicasse de corpo e alma à astronomia. O rei Jorge III, cuja família também tinha origem alemã, interessou-se pelo trabalho de Herschel. Jorge ajudou-o a construir o maior telescópio do mundo e, por fim, poder morar próximo a Windsor, onde estava localizado um dos castelos reais. Herschel era tão dedicado à análise do firmamento que, quando se mudou para Windsor, organizou sua vida de forma a não perder nenhuma noite de observação. Em todo o seu trabalho, Herschel foi auxiliado pela irmã Caroline (1750-1848), que também era uma astrônoma experiente. O filho de Herschel, John (1792-1871), também continuou o trabalho do pai, tornando-o um negócio familiar.

William Herschel não só analisou estrelas, planetas e outros corpos celestes, como também pensou em profundidade sobre o que estava vendo. Como tinha um dos melhores telescópios da época, conseguia enxergar mais longe. Produziu catálogos de estrelas que eram muito maiores e mais precisos do que qualquer outro já publicado. Percebeu que a nossa galáxia, a Via Láctea, não era a única do universo, tendo refletido profundamente e por muito tempo sobre o que se chamava de "nebulosa", áreas no céu que apareciam como manchas brancas e indistintas. Algumas delas podem, por vezes, ser vistas em uma noite clara a olho nu, mas o telescópio de Herschel revelou muitas outras dessas áreas irregulares. A Via Láctea começa a ter uma aparência nebulosa à medida que perscrutamos seus pontos mais distantes, e os astrônomos presumiram que as nebulosas eram apenas aglomerados de estrelas. Herschel mostrou que algumas delas talvez o sejam, mas que outras eram áreas enormes de nuvens gasosas serpenteando pelo espaço profundo. Além disso, ao analisar as "estrelas duplas", pares de estrelas próximas entre si (bem, "próximas" considerando as distâncias em questão), demonstrou que o comportamento dessas estrelas podia ser explicado pela atração gravitacional: constatou-se que a gravidade de Newton ia ainda mais além dos confins do espaço.

As leis da gravidade e do movimento de Newton, junto com sua análise matemática de força (energia), aceleração (aumento de velocidade) e inércia (a tendência de continuar em movimento em linha reta), tornaram-se os princípios norteadores para filósofos naturais durante o século XVIII. Ninguém fez mais para demonstrar o quanto esses princípios podiam explicar do que o francês Pierre Simon de Laplace

(1749-1827). Laplace trabalhou com Lavoisier, que conheceremos no Capítulo 20, mas, ao contrário de seu infortunado amigo, passou pela Revolução Francesa incólume. Admirado por Napoleão, foi uma das principais figuras na ciência francesa por meio século. Laplace aplicou as leis do movimento de Newton e suas ferramentas matemáticas para demonstrar que as coisas vistas no céu podiam ser entendidas e que era possível prever com exatidão os movimentos futuros de planetas, estrelas, cometas e asteroides. Desenvolveu uma teoria sobre como nosso Sistema Solar, com o Sol e seus planetas, poderia ter nascido há milhões de anos, após uma vasta explosão, quando o Sol emitiu blocos enormes de gases quentes que, aos poucos, resfriaram-se para formar os planetas (e suas luas). A essa teoria ele deu o nome de "hipótese nebular" e forneceu alguns cálculos matemáticos bastante complexos para mostrar que pode ter ocorrido assim. Laplace estava descrevendo uma versão do que hoje se chama Big Bang (Capítulo 39), embora os físicos modernos saibam um bocado mais sobre isso do que ele.

Laplace estava tão impressionado com o poder das leis do movimento de Newton que acreditava que, se ao menos pudesse saber onde estava cada partícula no universo em determinado momento, poderíamos prever o funcionamento do universo inteiro até o fim dos tempos. Percebeu que não era possível fazer isso. O que ele quis dizer foi que as leis da matéria e do movimento são de tal ordem que todo o universo realmente funcionava como um relógio muito bem fabricado e que marcava o tempo exato. Sua visão de um universo mecânico esteve a serviço de cientistas que vieram um século depois dele.

CAPÍTULO 19

Ordenação do mundo

Nosso planeta abriga uma variedade desconcertante de vegetais e animais. Ainda não se sabe exatamente quantos insetos ou criaturas marinhas existem. Preocupamo-nos, e com razão, porque a raça humana está reduzindo o número deles. “Espécies ameaçadas”, como pandas gigantes e tigres-de-bengala, estão nos noticiários quase todos os dias. Para nós, seres humanos preocupados, a palavra importante em “espécies ameaçadas” é *ameaçadas*; para os cientistas, porém, um termo de mesma significância é *espécies*. Como sabemos que o panda gigante não é o mesmo tipo de animal que o urso-cinzento ou que o lince é diferente do gato doméstico que acariciamos?

Adão, no Livro do Gênesis da Bíblia, recebe a incumbência de dar nome aos vegetais e animais no Jardim do Éden. Todos os grupos humanos têm alguma forma de organizar o mundo ao redor. Todos os idiomas têm nomes para os vegetais – cultivados ou recolhidos – e os animais que as pessoas usam, sem importar se oferecem transporte, carne, couro ou leite.

Durante os séculos XVII e XVIII, exploradores europeus começaram a levar de volta muitos novos tipos de vegetal e animais de partes exóticas do mundo: Américas do Norte e do Sul, África, Ásia e, depois, Austrália e Nova Zelândia, bem como ilhas dos oceanos. Muitas dessas novas criaturas eram maravilhosamente diferentes dos vegetais e animais conhecidos do Velho Mundo, mas, quando examinados mais de perto, muitos não eram assim *tão* distintos. Por exemplo, os elefantes encontrados na Índia e na África eram tão semelhantes que o mesmo nome parecia apropriado. Ainda assim, havia pequenas diferenças. Como explicar essas pequenas diferenças e a rica variedade da natureza?

Desde a Antiguidade, havia duas respostas básicas a essa pergunta. Uma era presumir que a natureza era tão abundante que não era de surpreender que muitos novos tipos de vegetais e animais estavam sendo encontrados em partes remotas do mundo. Acreditava-se que essas novas descobertas estavam apenas preenchendo as lacunas no que os naturalistas chamavam de "Grande Cadeia do Ser", uma ideia que vimos no Capítulo 5. Os que acreditavam na Grande Cadeia do Ser argumentavam que Deus era tão poderoso que criou todas as criaturas com possibilidade de existir. Não se surpreendiam em encontrar animais que combinavam características de outros animais, como baleias e golfinhos nos oceanos, que se pareciam com peixes, mas respiravam e pariam como animais terrestres; ou morcegos, que se assemelhavam a pássaros porque tinham asas e voavam, mas não colocavam ovos. Isso ocorria porque esses naturalistas acreditavam que todos os aspectos curiosos da vida vegetal e animal podiam ser explicados como sendo parte da Cadeia do Ser. A ideia do "elo perdido" nessa cadeia, sobre o qual você talvez já tenha ouvido falar quando um novo fóssil importante é encontrado, está presente há muito tempo.

A segunda resposta era presumir que Deus, no início, criou *cada* tipo de vegetal e animal e que a vasta maioria da natureza que vemos ao nosso redor é resultado de geração após geração produzindo seus filhotes. Árvores de carvalho produzem brotos a partir das bolotas, assim como os gatos dão à luz filhotes, que crescem para ter mais gatinhos, e assim por diante. E a cada geração, ou centenas de gerações, ou milhares, as árvores e os gatos se tornariam mais diversos. Ou seja, a enorme variedade da natureza deveria ser interpretada como algo causado por alterações que aconteceram ao longo do tempo, embora ainda fosse possível dizer que cada vegetal ou animal se relacionava a um projeto original. O mapeamento de todos os vegetais e animais originais exibiria o plano de Deus, como uma "árvore da vida".

Durante o século XVIII, dois naturalistas dominavam o pensamento sobre essas questões e, por uma casualidade, refletiam essas duas abordagens distintas. O primeiro era um nobre francês, o conde de Buffon (1707-1788). Georges-Louis Leclerc, um homem rico, dedicou a vida à ciência. Ele passava parte do ano em sua propriedade, e a outra parte em Paris, onde era encarregado dos jardins do rei, que eram como um zoológico ou parque de vida selvagem moderno. Desde o início, foi um grande admirador de Newton e de sua física e matemática, mas a maior parte de sua longa vida foi dedicada à investigação do mundo natural. Seu objetivo era descrever a Terra e todos os vegetais e animais contidos nela. Toda a sua pesquisa minuciosa foi agrupada em uma obra gigantesca de 127 volumes, intitulada simplesmente *Histoire naturelle* ("História natural"). Naquela época, "história" também queria dizer "descrição" e, nesses livros, Buffon resolveu descrever todos os animais (e alguns vegetais) que lhe caíam nas mãos.

Buffon descreveu quase tudo o que pôde sobre seus animais: a anatomia, como se movimentavam, o que comiam, como se reproduziam, que usos tinham para nós, além de várias outras questões. Era uma tentativa espetacularmente moderna de ver animais em seu ambiente o mais distante possível. Em volume após volume, examinou muitos dos mamíferos, pássaros, peixes e répteis conhecidos. Essa obra monumental foi publicada ao longo de aproximadamente quarenta anos, a partir de 1749, e os leitores aguardavam ansiosos pelo próximo volume. Foram traduzidos para a maior parte dos idiomas europeus.

Buffon estava fascinado por todas as características de cada animal examinado. Uma de suas frases célebres, "A natureza conhece apenas o individual", significava que não havia ordem na natureza, apenas muitos vegetais e animais individuais. Eram apenas os humanos que tentavam classificá-los em grupos para uso próprio. Sobre a Grande Cadeia do Ser, disse que a natureza era abundante, mas que só poderia ser estudada uma criatura por vez.

O grande rival de Buffon era o médico e naturalista sueco Carl Lineu (1707-1778). Lineu aprendeu medicina, mas sua verdadeira paixão eram os vegetais. Dedicou boa parte da vida lecionando na Universidade de Uppsala, no norte da Suécia. Lá, manteve um jardim botânico e enviou vários estudantes por todo o mundo para coletar vegetais e animais para ele. Alguns dos estudantes morreram nas viagens, porém seus seguidores continuaram dedicados ao grande objetivo de Lineu: nomear com precisão todas as coisas que existem na Terra. Para auxiliar nessa nomenclatura, Lineu as *classificava*, ou seja, definia suas características essenciais. Com isso, pôde inseri-las na "ordem da natureza". Quando tinha apenas vinte e poucos anos, em 1735, publicou um livro curto chamado *Systema Naturae* ("O sistema da natureza"). A obra era basicamente uma longa lista de todas as espécies conhecidas de vegetais e animais, agrupadas por gêneros. Foram publicadas doze edições durante a sua vida, sempre ampliando a lista conforme se informava sobre mais tipos de vegetais e animais, sobretudo aqueles que seus estudantes descobriam para ele na América, Ásia, África e em outras partes do mundo.

Desde os gregos antigos, os naturalistas perguntavam se poderia haver uma classificação "natural" das coisas no mundo. Elas têm uma relação atemporal ou concedida por Deus entre si? E, se a tiverem, como podemos descobri-la? Na era cristã, a pressuposição mais comum era de que Deus havia criado cada espécie de vegetal e animal "no começo", para Adão nomear, e que o que vemos agora era produto do tempo e do acaso.

Lineu concordava com essa visão, mas percebeu como vegetais e animais haviam mudado desde a sua criação. Isso dificultava em muito a obtenção de uma classificação "natural". Portanto, o que se precisava primeiro, ele pensou, eram algumas regras simples para ordenar e classificar todas as coisas do mundo. Em segundo lugar, queria fornecer-lhes um rótulo simples para identificá-las. Essa era a tarefa de sua vida: via-se literalmente como um segundo Adão, dando nomes precisos às coisas. Afinal, como zoólogos ou botânicos poderiam debater sobre um tipo de "cão" ou de "lírio", a menos que soubessem exatamente sobre qual tipo estavam falando? A natureza, pensava Lineu, deveria ter escaninhos e, quando tudo estivesse na caixa apropriada, então se poderia fazer ciência.

Lineu classificou praticamente tudo: minerais, doenças, vegetais e animais. Entre os animais, deu um passo arrojado: incluiu os seres humanos no esquema. Na realidade, legou-nos o nome biológico que ainda temos: *Homo sapiens*, que literalmente significa "homem sábio ou conhecedor". Muitos naturalistas antes de Lineu restringiram-se ao que, por vezes, é chamado de "mundo natural" e, portanto, excluíram os seres humanos de seus esquemas. Lineu, filho de um pastor, tinha uma profunda religiosidade. Conforme destacou, no entanto, não havia motivos biológicos para que os seres humanos não fossem apenas animais, como o são cães e macacos, e, por isso, precisavam ser incluídos nesse sistema da natureza.

As duas categorias mais importantes para Lineu em sua obra de taxonomia (a palavra científica para classificação) eram o gênero e a espécie. Sempre usava uma letra maiúscula para nomear o gênero (ainda se faz isso) e uma minúscula para a espécie: logo, *Homo sapiens*. O gênero era um grupo de vegetais ou animais que compartilhavam mais características básicas do que as espécies. Por exemplo, há diversas espécies de gatos do gênero *Felis*, inclusive nosso gato doméstico (*Felis catus*) e o gato selvagem (*Felis silvestris*). (Naquela época, todos aprendiam latim na escola, por isso seria fácil entender essa classificação: *felis* significa "gato", *catus*, "astucioso"; e *silvestris*, "da floresta".)

Lineu sabia que havia níveis distintos de semelhanças ou diferenças entre as criaturas vivas. No topo de seu esquema grandioso, havia três *reinos*: vegetais, animais e minerais. Abaixo destes estavam as *classes*, como os vertebrados (animais com coluna vertebral: jumentos, lagartos etc.); em uma classe havia *ordens*, como os mamíferos (criaturas que amamentam os filhotes); um nível abaixo estava o *gênero*, seguido da *espécie*. Abaixo da espécie, havia *variedades*. Na espécie humana, essas variedades eram chamadas de "raças". É evidente que há indivíduos – uma pessoa, um vegetal ou animal com características peculiares, como altura, sexo, cor do cabelo ou dos olhos ou tom de voz. Mas indivíduos não são classificados assim; em vez disso, você os insere em um grupo que possa, mais tarde, classificar. Cientistas depois de Lineu constataram que era preciso acrescentar níveis adicionais ao sistema original, como famílias, subfamílias e tribos. Leões, tigres e gatos domésticos agora estão agrupados na *família* dos felinos.

A soma de todos os vegetais e animais individuais compõe o mundo vivo e foi a isso que Buffon se referiu ao insistir que essa categoria básica – o indivíduo – era a única correta.

O nível verdadeiramente essencial para Lineu era o da espécie. Ele desenvolveu um sistema simples para identificar cada espécie vegetal, com base nas partes masculina e feminina das flores. Com isso, botânicos amadores podiam percorrer as florestas e campos e identificar o que estavam vendo. Embora seja apenas para vegetais, o sistema sexual de Lineu perturbou algumas pessoas e também motivou alguns poemas de leve cunho erótico. Mais importante ainda, sua classificação de vegetais funcionava bem. Ela deu um grande impulso à botânica. Após a morte de Lineu, suas importantes coleções de vegetais foram compradas por um inglês abastado, que estabeleceu a Sociedade Linneana de Londres, que ainda continua ativa, após mais de duzentos anos.

Ainda utilizamos muitos dos nomes que Lineu introduziu para identificar vegetais e animais. Um deles foi a ordem de animais dos *primatas*, que inclui seres humanos. Compartilhamos essa ordem com símios, macacos, lêmures e outros animais com muitas características iguais às nossas. Lineu não acreditava que uma espécie pudesse evoluir em outra: acreditava que Deus havia criado cada espécie de vegetal e animal de forma especial. Porém, percebeu que os seres humanos eram parte da natureza e que as regras pelas quais estudamos o mundo natural também podem ser utilizadas para compreender a humanidade. O que queremos dizer exatamente quando dizemos que este ou aquele grupo de vegetais e animais é uma espécie biológica continuou a intrigar os naturalistas. E ainda intriga. Todavia, a estrutura de Lineu foi alterada um século depois, por outro naturalista que também adorava vegetais: Charles Darwin. Daremos sequência a essa história no Capítulo 25.

CAPÍTULO 20

Ar e gases

"Ar" é uma palavra bastante antiga. A palavra "gás" é bem mais recente, tendo apenas algumas centenas de anos, e a mudança de ar para gases foi essencial. Para os gregos antigos, o ar era um dos quatro elementos fundamentais, somente uma "coisa". No entanto, os experimentos de Robert Boyle no século XVII desafiaram essa visão, e os cientistas chegaram à conclusão de que o ar que nos rodeia e que todos respiramos é composto de mais de uma substância. A partir daí, era bem mais fácil entender o que estava acontecendo em muitos experimentos químicos. Vários experimentos produziam algo que borbulhava ou subia em um sopro e depois desaparecia no ar. Às vezes, o experimento parecia alterar o ar: os químicos muitas vezes produziam amônia, que fazia os olhos se encherem de água, ou sulfeto de hidrogênio, que tinha cheiro de ovo podre. Contudo, sem conseguir coletar os gases de alguma maneira, era difícil saber o que estava acontecendo. Isaac Newton demonstrou que a medição era importante, mas era difícil medir um gás se ele estivesse solto na atmosfera.

Portanto, os químicos tinham que encontrar formas de coletar gases puros. A maneira mais comum de fazer isso era conduzir o experimento químico em um espaço pequeno e fechado, como uma caixa vedada. Esse espaço confinado era, então, conectado por um tubo a um recipiente de cabeça para baixo cheio de água até a borda. Se não se dissolvesse na água – o que ocorre com alguns gases –, o gás poderia borbulhar até o topo e empurrar a água para baixo. Stephen Hales (1677-1761), um clérigo engenhoso, projetou um "banho de água" muito eficiente para a coleta de gases. Hales passou a maior parte da vida como vigário de Teddington, à época um vilarejo de zona rural, hoje em dia incorporado por Londres. Homem modesto e recatado, também era extremamente curioso e realizava experimentos sem parar. Alguns de seus experimentos eram horríveis: media a pressão arterial de cavalos, ovelhas e cães enfiando um tubo oco diretamente em uma artéria. Este era conectado a um tubo de vidro comprido, e ele simplesmente media a altura em que o sangue subia, o que equivalia à pressão arterial. Para um cavalo, o tubo de vidro deveria ter 2,7 metros de altura para evitar que o sangue jorrasse pela extremidade superior.

Hales também estudou o movimento da seiva nas plantas e mediu o crescimento de diferentes partes dos vegetais. Pintava manchas minúsculas de tinta a intervalos regulares no caule e nas folhas e depois registrava as distâncias entre as manchas antes e depois do crescimento da planta. Demonstrou que nem todas as partes cresciam com a mesma velocidade. Utilizou seu aparato para coletar gases e ver como os vegetais reagem em diferentes condições. Viu que estavam usando o "ar", como a atmosfera ainda era chamada. (Em 1727, sua obra *Vegetable Staticks* lançou as bases para a descoberta posterior da fotossíntese, que é como os vegetais usam a luz solar como fonte de energia e conseguem trocar o dióxido de carbono e a água em açúcares e carboidratos e "expirar" oxigênio. É um dos processos mais fundamentais em nosso planeta. Mas estamos nos adiantando e, naquele estágio, ninguém sabia sobre o oxigênio.)

Lembra-se da palavra *pneuma* do Capítulo 6? "Pneumático" só quer dizer "referente ao ar", e química pneumática – a química dos ares – era uma das áreas mais importantes da química no século XVIII. (Você percebeu que "ares" ficou no plural?) A química pneumática permaneceu naquela situação da década de 1730 em diante. Não era apenas que a noção mais antiga de "ar" estava cedendo lugar à ideia muito mais dinâmica de ele ser, na realidade, composto de diversos tipos de gases. Os cientistas também estavam descobrindo que a maior parte das substâncias pode existir como – ou ser transformada em – gás, considerando as condições adequadas.

Stephen Hales liderou o caminho com seu banho de água e a demonstração de que os vegetais, assim como os animais, precisam de ar. Esse "ar" era compreendido como um gás liberado quando algo era queimado. Um médico e químico escocês, Joseph Black (1728-1799), coletou esse "ar" (que chamava de "ar fixo") e demonstrou que, embora os vegetais pudessem viver nele e usá-lo, os animais morreriam se fossem colocados em um recipiente contendo apenas ar fixo para respirar. Precisavam de algo mais. O "ar fixo" de Black agora se chama dióxido de carbono (CO_2), e sabemos que é parte fundamental dos ciclos de vida de vegetais e animais. (Também é um "gás do efeito estufa", uma das principais causas do "efeito estufa", que está causando o aquecimento global.)

Um aristocrata recluso, Henry Cavendish (1731-1810), passava os dias no laboratório particular de sua residência em Londres realizando experimentos e medições. Descobriu mais sobre o ar fixo e coletou outro ar, o qual era bastante leve e explodia quando eram produzidas faíscas na presença do ar comum. Chamou-o de "ar inflamável". Hoje o conhecemos como hidrogênio e, pelo que se constatou, a explosão produzia um líquido claro que era nada menos do que água! Cavendish também trabalhou com outros gases, como o nitrogênio.

Ninguém obteve tanto sucesso em pesquisa sobre química pneumática como Joseph Priestley (1733-1804). Priestley era admirável. Como clérigo, escreveu livros sobre religião, educação, política e história da eletricidade. Converteu-se ao unitarismo, um grupo protestante que acreditava que Jesus era apenas um ótimo professor, e não o filho de Deus. Priestley também era materialista, ensinando que todas as coisas da natureza podiam ser explicadas pelas reações da matéria: não havia necessidade de um "espírito" ou de uma "alma". Durante os primeiros dias da Revolução Francesa, defendida por ele, sua residência em Birmingham foi incendiada por pessoas que temiam que as opiniões religiosas e sociais liberais como as dele poderiam levar a revolução para o outro lado do Canal. Fugiu para os Estados Unidos, onde passou os últimos dez anos de sua vida.

Priestley também era um químico bastante ativo. Utilizava ar fixo para fazer água com gás, por isso lembre-se dele na próxima vez em que tomar um refrigerante. Identificou diversos gases novos e, como todos os químicos pneumáticos, desejava saber o que acontece quando as coisas queimam. Sabia que o ar exercia uma função na queima, além de saber que havia um tipo de "ar" (um gás) que fazia as coisas queimarem de modo ainda mais vigoroso do que o ar "comum" que nos circunda. Esse "ar" era feito aquecendo-se uma substância que conhecemos como óxido de mercúrio e coletando-se o gás em um banho de água. Ele demonstrou que animais podiam viver nele, assim como os vegetais viviam no ar fixo. O novo "ar" de Priestley era algo especial: de fato, parecia ser o princípio envolvido em muitas reações químicas, bem como na respiração e na combustão. Segundo ele, tudo poderia ser explicado por uma substância chamada "flogisto", sendo que todas as coisas inflamáveis continham flogisto, que é liberado no processo da combustão. Quando o ar ao redor fica saturado com flogisto, não podem mais queimar.

Muitos químicos usaram essa ideia do flogisto para explicar o que acontece quando as coisas queimam e por que alguns "ares" fariam as coisas dentro de um recipiente fechado queimar por um tempo e depois parecer extingui-las. Queime um bloco de chumbo, e o produto (o que sobrar) será mais pesado do que o bloco original. Isso sugeria que o flogisto, o qual os cientistas acreditavam estar contido no chumbo e ser liberado pela combustão, deve ter peso negativo, ou seja, tornar qualquer coisa que o contenha mais leve do que algo sem ele.

Quando a maioria das coisas queima, os produtos são gases difíceis de coletar e de pesar. Queime um graveto de madeira, por exemplo, e o produto fácil de ver – a cinza – é muito mais leve do que o graveto original; para obter o peso total do produto, os gases emitidos teriam que ser coletados, pesados e somados.

No esquema de Priestley, o flogisto tomava o lugar do que chamamos de oxigênio, exceto que tinha propriedades quase exatamente opostas! Para ele, quando as coisas queimavam, perdiam flogisto e ficavam mais leves; porém, diríamos que se combinam com o oxigênio e hoje sabemos que as coisas ficam mais pesadas quando isso ocorre. Quando a vela se apagava em um recipiente fechado ou se um camundongo ou pássaro morria depois de ficar preso por um tempo dentro de um recipiente fechado contendo ar comum, Priestley dizia que era porque o ar estava saturado de flogisto; agora se sabe que o motivo é que o oxigênio foi consumido. Isso nos lembra de que é possível realizar experimentos com todo cuidado e fazer medições meticulosas, mas, mesmo assim, explicar os resultados de formas muito distintas.

O homem que batizou o oxigênio ainda é conhecido como o "pai" da química moderna. Antoine-Laurent Lavoisier (1743-1794) teve uma morte violenta durante a Revolução Francesa. Foi preso, julgado e guilhotinado, não por ser químico, mas porque era "fazendeiro-real". Na França pré-Revolução, o rico podia pagar uma taxa ao Estado para ser coletor de impostos e depois manter o que conseguisse coletar. O sistema era corrompido, mas não há evidências de que Lavoisier tenha se aproveitado. Na realidade, dedicou boa parte de seu tempo antes da Revolução fazendo importantes pesquisas científicas e técnicas para o Estado, investigando uma série de questões relevantes em termos de manufatura e agricultura. Contudo, era um aristocrata, e os líderes revolucionários odiavam tanto a ele quanto a sua classe, e ele pagou o preço.

Assim como Priestley, Cavendish e outros químicos pneumáticos, Lavoisier era um experimentalista fervoroso e contava com a ajuda da esposa. De fato, Madame Lavoisier foi uma figura importante na ciência. Marie-Anne Pierrette Paultze (1758-1836) casou-se com Lavoisier quando tinha apenas catorze anos (ele tinha 28), e trabalhavam em conjunto no laboratório, realizando experimentos, fazendo leituras e registrando os resultados. Além disso, Madame Lavoisier era uma anfitriã charmosa. Ela e o marido ofereciam festas para homens e mulheres cultos, que discutiam os últimos desenvolvimentos em ciência e tecnologia. Era um casamento feliz de verdadeiros parceiros.

Quando era colegial, Lavoisier adorava ciência. Sua mente aguçada e sua ambição científica ficaram evidentes desde cedo. Como a maioria dos alunos que estudavam química na época, ele cresceu com a ideia do flogisto, mas expôs uma série de falhas lógicas e experimentais sobre isso. Lavoisier estava determinado a ter o melhor aparato disponível. Ele e a esposa projetaram novos equipamentos laboratoriais, sempre com o objetivo de aprimorar a precisão nos experimentos químicos. Ele utilizava balanças bastante precisas para pesar as substâncias nos experimentos. Diversos tipos distintos de experimentos o convenceram de que, quando as coisas queimam, o peso total do produto aumenta. Isso envolvia a coleta e pesagem dos gases produzidos pela combustão.

Lavoisier também continuou a investigar o que acontece quando nós (e outros animais) respiramos. Esses experimentos asseguraram a ele que a substância envolvida na combustão e na respiração era um único e verdadeiro elemento, e não algum tipo de substância como o flogisto. Esse elemento também parecia ser necessário para a formação dos ácidos. As reações químicas de ácidos e alcalinos (às vezes chamados de "bases") há muito fascinavam os químicos. Lembra-se da invenção de Robert Boyle, o papel de tornassol? Lavoisier continuou essa linha de trabalho. De fato, acreditava que o oxigênio (que significa "formador de ácido) é tão importante nos ácidos que eles sempre contêm esse elemento. Hoje sabemos que isso não é verdade (o ácido hidroclórico, um dos ácidos mais potentes, contém hidrogênio e cloro, mas não oxigênio). Ainda assim, muito do que Lavoisier disse sobre o oxigênio ainda é parte de nosso conhecimento atual. Agora se sabe que ele é o elemento necessário à combustão das coisas ou à nossa respiração e que aqueles dois processos aparentemente distintos têm muito em comum. Os humanos usam o oxigênio para "queimar", ou processar, açúcares e outros alimentos que comemos a fim de fornecer ao corpo energia para desempenhar as funções diárias.

Lavoisier e a esposa continuaram a realizar experimentos químicos durante a década de 1780 e, em 1789, na véspera da Revolução Francesa, Lavoisier publicou sua obra mais famosa. O título em português é *Elementos de química*, e só. É o primeiro livro-texto moderno sobre o assunto, repleto de informações sobre experimentos e equipamentos, contendo suas reflexões sobre a natureza do elemento químico. Hoje, *elemento* é qualquer substância que não possa ser decomposta ainda mais por experimentos químicos. *Composto* é uma combinação de elementos que, considerando o experimento certo, podem ser decompostos. Assim, a água é um composto feito de dois elementos: hidrogênio e oxigênio. Essa distinção estava no cerne do importante livro de Lavoisier. Sua lista de elementos, ou "substâncias simples", não continha todos os elementos reconhecidos atualmente pelos químicos, pois muitos ainda não haviam sido descobertos. Porém, incluía itens surpreendentes, como luz e calor. Lavoisier esboçou a estrutura básica para compreender a diferença entre elemento e composto.

Igualmente importante foi sua crença de que a linguagem da química deve ser precisa. Com diversos colegas, reformulou a linguagem dessa área, demonstrando que, para fazer boa ciência, é preciso ser exato nas palavras utilizadas. (Lineu teria concordado.) Os químicos precisam ter condições de se referir aos compostos e elementos que estão testando, de forma que qualquer outro químico, em qualquer lugar do mundo, saiba estar lidando exatamente com as mesmas coisas. Ele escreveu: "Pensamos somente por meio das palavras". Depois de Lavoisier, os químicos cada vez mais compartilharam uma linguagem comum.

CAPÍTULO 21

Pedacinhos de matéria

Os átomos tinham um nome bem feio. Lembra-se dos gregos antigos, com sua noção de átomos como parte de um universo que era aleatório e sem propósito? Então como é que, para nós hoje em dia, ser composto de átomos parece tão natural?

O "átomo" moderno foi fruto da imaginação de um quacre perfeitamente respeitável: John Dalton (1766-1844). Filho de um tecelão, frequentou uma boa escola perto de onde nasceu, na Região dos Lagos inglesa. Tinha um talento especial para matemática e ciência, e um célebre matemático cego incentivou suas ambições científicas. Dalton estabeleceu-se na cidade próxima de Manchester, que prosperava e crescia com rapidez durante o início da Revolução Industrial, quando as fábricas começaram a dominar a manufatura de todos os tipos de mercadorias. Lá, trabalhou como professor acadêmico e particular. Foi o primeiro a dar palestras sobre daltonismo, com base na própria afecção. Durante muitos anos, a incapacidade de distinguir cores foi chamada de "daltonismo". Se você conhece alguém que é daltônico, é provável que seja um menino, uma vez que essa condição raramente afeta garotas.

Dalton sentia-se em casa na Sociedade Literária e Filosófica de Manchester. Seus membros ativos acabaram sendo um tipo de família ampliada para esse homem tímido que nunca se casou. A "Lit. & Phil." de Manchester era uma das várias sociedades desse gênero estabelecidas a partir do final do século XVIII em cidades por toda a Europa e América do Norte. Benjamin Franklin, o eletricista, foi um dos fundadores da Sociedade Filosófica Americana da Filadélfia. "Filosofia natural", é claro, era o que hoje chamamos de "ciência". O "literária" no nome da sociedade de Manchester nos faz lembrar de que a ciência ainda não estava separada de outras áreas de atividade intelectual; os membros reuniam-se para ouvir palestras sobre toda sorte de assuntos, de peças de Shakespeare a arqueologia e química. A idade da especialização, quando os químicos conversavam basicamente com outros químicos, ou físicos apenas com outros físicos, estava no futuro. Que emocionante poder contar com tanta variedade!

Dalton era um luminar na vida científica de Manchester, e seu trabalho foi aos poucos sendo valorizado por toda a Europa e América do Norte. Realizou importantes trabalhos experimentais em química, mas sua reputação, à época e hoje, baseia-se na ideia proposta do átomo químico. Os primeiros químicos demonstraram que a reação de substâncias químicas entre si ocorre de formas previsíveis. Quando o hidrogênio "queima" no ar comum (parte dele é oxigênio), o produto sempre é água; se você medir as coisas com cuidado, verá que as proporções entre os dois gases que se combinam para formar a água são sempre as mesmas. (Não tente fazer isso em casa, pois o hidrogênio queima com muita facilidade e pode explodir.) Esse mesmo tipo de regularidade também acontecia em outros experimentos químicos com gases, líquidos e sólidos. Por quê?

Para Lavoisier, no século anterior, isso ocorria porque os elementos eram as unidades básicas de matéria e simplesmente não podiam ser decompostos em partes menores. Dalton chamou a menor unidade de matéria de "átomo". Insistia em que os átomos de um elemento são todos iguais, mas distintos dos átomos de outros elementos. Via os átomos como pedaços de matéria extremamente pequenos, circundados por calor. O calor ao redor do átomo servia para ajudá-lo a explicar como seus átomos, e os compostos que faziam quando agrupados com outros átomos, podiam existir em vários estados. Por exemplo, átomos de hidrogênio e oxigênio podiam existir como gelo sólido (quando tinham menos calor), como água líquida ou como vapor d'água (quando tinham mais calor).

Dalton criou modelos com pequenos recortes para representar os átomos. Marcava os recortes de papelão com símbolos para economizar espaço (e tempo) ao escrever os nomes dos compostos e suas reações (como se estivesse enviando uma moderna mensagem de texto). No início, esse sistema era esquisito demais para ser utilizado com facilidade, mas a ideia estava certa; por isso, de modo gradual, os químicos decidiram usar iniciais para representar os símbolos dos elementos (e, portanto, os átomos de Dalton). Assim, hidrogênio tornou-se "H", oxigênio, "O" e carbono, "C". Por vezes, outra letra precisava ser acrescentada para evitar confusão: por exemplo, quando o hélio foi descoberto, mais tarde, não poderia ser "H", então ficou "He".

A beleza da teoria atômica de Dalton foi ter possibilitado aos químicos saber sobre esses pedaços de matéria que, na realidade, jamais poderiam ver. Se todos os átomos em um elemento são os mesmos, então devem ter o mesmo peso, de modo que os químicos podiam medir quanto um peso se comparava a outro. Em um composto feito de diferentes tipos de átomos, podia-se medir quanto de cada átomo havia no composto, por peso relativo. (Dalton não podia, na prática, medir quanto um átomo individual pesava, por isso os pesos atômicos eram meramente comparados com os pesos de outros átomos.) Dalton liderou o caminho, mas nem sempre acertou. Por exemplo, quando oxigênio e hidrogênio combinam-se para formar água, ele presumiu que estavam envolvidos um átomo de hidrogênio e um de oxigênio. Com base em pesagens minuciosas, chegou ao peso atômico de 1 para o hidrogênio (o hidrogênio era o mais leve elemento conhecido) e 7 para o oxigênio; assim, disse que tinham uma relação de peso de 1 para 7 ou 1:7. Ele sempre arredondava os pesos atômicos para números inteiros, e os pesos comparativos com os quais estava trabalhando sugeriam que estava certo. Na realidade, as relações de peso na água são mais para 1:8. Também sabemos que existem dois átomos de hidrogênio em cada molécula de água; então, na verdade, a relação entre os pesos atômicos é de 1:16 – um de hidrogênio para dezesseis de oxigênio. O peso atômico atual do oxigênio é de 16. O hidrogênio reteve o peso mágico de 1, dado por Dalton. Além de ser o átomo mais leve, o hidrogênio também é o mais comum no universo.

A teoria atômica de Dalton deu sentido às reações químicas, demonstrando como elementos ou átomos combinam-se em proporções definitivas. Assim, hidrogênio e oxigênio fazem isso quando formam água, carbono e oxigênio ao formarem dióxido de carbono, e nitrogênio e hidrogênio na formação da amônia. Tais regularidade e consistência, bem como ferramentas de medição cada vez mais precisas, tornaram a química uma ciência de ponta no início do século XIX. A teoria atômica de Dalton forneceu as bases.

Humphry Davy (1778-1829) estava no centro dessa química. Enquanto Dalton era reservado, Davy era extravagante e cheio de ambição social. Como Dalton, veio de uma família da classe trabalhadora e frequentou uma boa escola local em Cornwall. E também teve sorte. Trabalhou como aprendiz de um médico das redondezas, que deveria treiná-lo para se tornar médico de família. Em vez disso, Davy usou os livros que o mestre tinha para aprender química (e línguas estrangeiras). Mudou-se para Bristol, vindo a ser assistente em uma instituição médica especial que utilizava gases para tratar os pacientes. Enquanto esteve lá, realizou experimentou com óxido nitroso – chamado de "gás hilariante" porque, ao inalá-lo, a pessoa tem vontade de rir. A obra de Davy sobre o gás, publicada em 1800, causou comoção, pois o óxido nitroso havia se tornado uma "droga recreativa", e festas com esse gás eram a última moda. Davy também observou que, depois de inalar o gás, não se sentia dor e sugeriu que isso poderia ser útil na medicina. Foram precisos quarenta anos para que os médicos aceitassem sua sugestão, e o gás ainda é, por vezes, utilizado como anestésico na odontologia e na medicina modernas.

Apenas a grande cidade de Londres poderia satisfazer a ambição de Davy. Ele teve a oportunidade de se tornar palestrante de química na Instituição Real, uma organização que levou a ciência ao público de classe média. Davy, o homem-espetáculo, prosperou lá. Suas palestras sobre química atraíam multidões – muitas vezes, as pessoas participavam por diversão, bem como para aprender. Davy veio a ser professor da instituição, e sua pesquisa progrediu. Em conjunto com outros químicos, descobriu o uso químico da "pilha" elétrica de Volta, a primeira bateria. Ele dissolvia compostos em líquidos para fazer soluções e, a seguir, usava a pilha para passar uma corrente elétrica por elas, analisando o que ocorria. O que viu foi que, em muitas soluções, os elementos e os compostos eram atraídos às extremidades (polos) negativa ou positiva da pilha. Davy identificou diversos novos elementos: sódio e potássio, por exemplo, que se acumulam em torno do polo negativo. O sódio é parte do composto cloreto de sódio, a substância que torna o oceano salgado e que adicionamos à comida. Assim que novos elementos eram descobertos, Davy podia realizar experimentos com eles e descobrir os pesos atômicos relativos.

A pilha de Volta, com seus polos positivo e negativo, também alterou a forma como os químicos pensavam sobre átomos e compostos químicos. Coisas com carga positiva iam na direção do polo negativo, e as que tinham carga negativa, para o polo positivo. Isso ajudou a explicar por que os elementos tinham tendências naturais a se combinar entre si. O químico sueco Jöns Jacob Berzelius (1779-1848) tornou esse fato central à sua famosa teoria da combinação química. Berzelius sobreviveu a uma infância difícil. Seus pais morreram quando ele era jovem, sendo criado por diversos parentes. Apesar disso, veio a se tornar um dos mais influentes químicos da Europa. Descobriu a alegria da pesquisa química quando estudava para ser médico e pôde trabalhar como químico na capital sueca, Estocolmo, onde vivia. Também viajou bastante, sobretudo para Paris e Londres – lugares estimulantes para um químico.

Assim como Davy, Berzelius utilizou a pilha voltaica para analisar os compostos na solução. Descobriu vários novos elementos assim, publicando listas com pesos atômicos cada vez mais precisos. Os pesos eram calculados por meio da análise meticulosa dos pesos relativos das substâncias que se combinavam para formar novos compostos ou decompondo compostos e, a seguir, medindo com atenção os produtos. Sua tabela periódica de 1818 listava os pesos atômicos de 45 elementos, sendo que o do hidrogênio ainda era 1. Ele também forneceu as composições conhecidas de mais de dois mil compostos. Foi Berzelius quem popularizou a convenção de Dalton para identificar elementos por uma ou duas letras iniciais do nome: C para carbono, Ca para cálcio etc. Isso facilitou notavelmente a leitura da linguagem das reações químicas. Quando os compostos continham mais de um átomo de um elemento, ele o indicava com um número após uma letra. Berzelius posicionava o número acima da letra, mas hoje os cientistas o inserem embaixo: O_2 significa que há dois átomos de oxigênio. À exceção disso, Berzelius escreveu fórmulas químicas de modo muito semelhante a como se faz atualmente.

Berzelius era bem melhor com compostos inorgânicos do que com orgânicos. Compostos "orgânicos" são aqueles que contêm carbono, sendo associados a coisas vivas: açúcares e proteínas são dois exemplos. Os compostos orgânicos costumam ser mais complexos do ponto de vista químico do que os inorgânicos e tendem a reagir de formas bem distintas do que os ácidos, sais e minerais que Berzelius examinava na maioria das vezes. Ele acreditava que as reações que ocorriam no corpo (ou as de outros seres vivos, como árvores e vacas) não podiam ser explicadas da mesma maneira que as que aconteciam em laboratório. A química orgânica estava em desenvolvimento durante a sua vida na França e na Alemanha e, embora tenha se distanciado desses químicos, ele, na verdade, contribuiu com a pesquisa deles. Em primeiro lugar, apresentou a palavra "proteína" para descrever um dos tipos mais importantes de compostos orgânicos. Em segundo lugar, percebeu que muitas reações químicas só ocorrem se houver uma terceira substância presente. Essa terceira substância foi chamada de "catalisador", ajudando a reação – muitas vezes acelerando-a –, mas não chegava a se alterar durante a reação, diferentemente de outras substâncias químicas nas quais havia combinação ou decomposição. Os catalisadores são encontrados na natureza, e a tentativa de compreender como funcionam vem sendo o objetivo de muitos químicos desde a época de Berzelius.

Em outras partes da Europa, os "átomos" estavam auxiliando os químicos a entender o trabalho que realizavam. No entanto, ainda havia vários enigmas. Em 1811, na Itália, o físico Amedeo Avogadro (1776-1856) fez uma declaração arrojada. Era tão arrojada que foi desprezada pelos químicos por quase quarenta anos. Declarou que o número de partículas de qualquer gás em um volume fixo e à mesma temperatura é sempre idêntico. A "hipótese de Avogadro", como passou a se chamar, tinha consequências importantes.

Significava que o peso molecular dos gases podia ser calculado diretamente, usando-se uma fórmula criada por ele. Sua ideia ou hipótese também ajudou a modificar a teoria atômica de Dalton, porque explicava um recurso curioso de um dos gases mais estudados: o vapor d'água. Há muito os químicos se perguntavam por que o volume de hidrogênio e oxigênio em uma quantidade específica de vapor d'água estava incorreto se presumia-se que um átomo de hidrogênio e um de oxigênio combinavam-se para criar uma molécula de água. Acontece que havia dois átomos de hidrogênio para cada átomo de oxigênio no vapor d'água. Os químicos descobriram que muitos gases, inclusive hidrogênio e oxigênio, não existem na natureza como átomos únicos, mas como moléculas: dois ou mais átomos combinados – H_2 e O_2, como diríamos.

As ideias de Avogadro não pareciam fazer sentido para alguém que acreditasse na teoria atômica de Dalton e na ideia de Berzelius de que os átomos de elementos têm diferentes características positivas ou negativas. Como poderiam dois átomos negativos de oxigênio se unir? Esses problemas significavam que o trabalho de Avogadro foi desprezado por um longo tempo. Muito mais tarde, porém, serviu para desvendar várias charadas químicas e hoje é essencial para nossa compreensão do átomo do químico. A ciência costuma ser assim: todas as peças só se encaixam após um longo período e, então, passam a fazer sentido.

CAPÍTULO 22

Forças, campos e magnetismo

O ÁTOMO DE DALTON AJUDOU a criar a química moderna, mas havia outras formas de analisar os átomos. Para começar, eles podiam fazer muito mais do que apenas se combinar para criar compostos. Os átomos não só participam de reações químicas. Davy e Berzelius foram inteligentes ao perceber que os átomos em uma solução podem ser atraídos aos polos positivo ou negativo se uma corrente elétrica passar pela solução: os átomos também faziam parte da "eletricidade". Em uma solução de água marinha, por que o sódio migraria para o polo negativo, e o cloro, para o positivo?

Tais perguntas eram discutidas em debates acalorados no início do século XIX. Um dos principais pesquisadores era Michael Faraday (1791-1867). Faraday foi um homem extraordinário. Nascido em uma família comum, recebeu apenas educação básica. Passou a juventude aprendendo encadernação, mas descobriu a ciência e dedicou o tempo livre a ler tudo o que pudesse encontrar sobre o assunto. Um livro infantil popular sobre crianças atiçou sua imaginação, e um cliente da loja de encadernações onde trabalhava ofereceu-lhe um ingresso para participar de uma das palestras de Humphry Davy na Instituição Real. Faraday ouviu em êxtase e tomou notas detalhadas em sua bela caligrafia. Sempre perspicaz, mostrou as notas a Davy, que ficou impressionado com a precisão delas, mas advertiu Faraday de que não havia empregos em ciência e que a encadernação era um comércio bem melhor para um homem que precisava ganhar a vida.

Logo depois, no entanto, um assistente de laboratório na Instituição Real foi demitido, e Davy ofereceu o emprego a Faraday. Lá permaneceu pelo resto da vida, ajudando a torná-lo um local lucrativo e com ótima reputação. Os primeiros dias de Faraday na Instituição Real foram dedicados a solucionar problemas químicos para Davy. Faraday se sobressaía no laboratório, mas continuava a ler sobre problemas científicos mais generalizados. Era membro devotado de um grupo específico de protestantes; dedicava várias horas à Igreja, e sua crença religiosa também orientava a pesquisa científica. Dito de forma simples, acreditava que Deus havia criado o universo do jeito que é, mas que os seres humanos eram capazes de entender como tudo se encaixa.

Logo depois de Faraday entrar na Instituição Real, Davy e sua nova esposa foram fazer um passeio pela Europa, levando Faraday com eles. A esposa aristocrática de Davy tratava Faraday como um criado, mas o passeio de dezoito meses deu a ele a oportunidade de conhecer muitas das principais figuras científicas da Europa. Ao voltar a Londres, Faraday e Davy continuaram a trabalhar em vários problemas práticos: o que causava explosões nas minas? Como se poderia aprimorar o revestimento de cobre do casco de um navio? Quais eram as características ópticas do vidro? À medida que Davy se preocupava cada vez mais com a política científica, Faraday também se tornava cada vez mais seu próprio mestre, voltando a atenção para a relação entre eletricidade e magnetismo.

Em 1820, o físico dinamarquês Hans Christian Oersted (1777-1851) descobriu o eletromagnetismo: a manipulação de uma corrente elétrica para criar um "campo" magnético. O magnetismo já era conhecido há bastante tempo, e a bússola, com sua agulha de ferro sempre apontando para o norte, ainda é útil. Navegadores usavam bússolas muito antes de Colombo descobrir a América, e os filósofos naturais tratavam de decifrar por que apenas algumas substâncias (como o ferro) podiam ser magnetizadas. Com a maioria das coisas, isso não ocorre. O fato de que as bússolas sempre apontavam na mesma direção significava que a própria Terra atuava como um ímã gigantesco.

O eletromagnetismo de Oersted criou uma onda de interesse científico, e Faraday aceitou o desafio. Em setembro de 1821, projetou um dos mais famosos experimentos da história científica. Trabalhando com uma pequena agulha magnética, viu que a agulha continuava a girar se estivesse cercada de fios conduzindo uma corrente elétrica. Enquanto fluía pelo fio enrolado, a eletricidade criava um campo magnético ao qual a agulha era continuamente atraída – girando sem parar. Isso era o resultado do que Faraday chamou de "linhas de força", e ele percebeu a sua importância. O que havia feito, pela primeira vez, foi converter energia elétrica (eletricidade) em energia mecânica (o movimento ou energia da agulha giratória). Ele inventou o princípio de todos os motores elétricos. Estes também convertem eletricidade em energia, em máquinas de lavar, aparelhos de CD ou aspiradores de pó.

Faraday continuou a trabalhar com eletricidade e magnetismo pelos trinta anos seguintes. Foi um dos pesquisadores mais talentosos que já existiu: atencioso no planejamento do trabalho e minucioso na sua realização. Sua autoeducação não incluiu matemática, por isso seus artigos científicos se parecem muito com os cadernos de laboratório: descrições detalhadas dos equipamentos, o que fez e o que observou. Seu trabalho também auxiliou cientistas a entenderem a função das cargas elétricas nas reações químicas. No início da década de 1830, acrescentou o gerador e o transformador elétricos a suas invenções. O gerador elétrico foi feito movendo-se um ímã permanente para dentro e para fora de uma bobina de fios, criando uma corrente elétrica. Para fazer o transformador, ele passou uma corrente elétrica por um fio enrolado em torno de um anel de ferro, que causava uma breve corrente elétrica em outro fio, enrolado na face oposta do anel. Faraday sabia que esses experimentos eram rudimentares, mas também tinha ciência de que estava prestes a descobrir algo importante. A relação entre eletricidade e magnetismo, bem como a conversão de energia elétrica para energia mecânica, literalmente movem o mundo moderno.

Faraday prosseguiu com seus amplos interesses científicos, dedicando boa parte do tempo a comitês científicos e à administração da Instituição Real. Deu início às Palestras Natalinas da Instituição, que ainda hoje são bastante populares – talvez você já tenha visto uma pela televisão. Porém, eletricidade e magnetismo continuaram sendo sua principal paixão. Seu fascínio legou-nos um novo vocabulário e muitas aplicações práticas. Ele até fazia piadas sobre suas invenções. Quando perguntado por um político sobre o valor prático da eletricidade, dizem que respondeu: "Ora, senhor, é grande a probabilidade de que o senhor logo possa cobrar impostos por ela!".

Do outro lado do Atlântico, aparecia outra consequência transformadora do enorme interesse em eletricidade e magnetismo: o telégrafo elétrico. O envio de sinais por fios elétricos iniciou no começo do século XIX, mas o norte-americano Samuel Morse (1792-1872) desenvolveu o primeiro telégrafo de longa distância. Em 1844, enviou uma mensagem por mais de sessenta quilômetros (usando o código morse, que leva seu nome), de Washington a Baltimore. A comunicação telegráfica desenvolveu-se com rapidez no mundo inteiro, e os britânicos a utilizaram para conectar os postos avançados de seu amplo império. Agora as pessoas podiam comunicar-se rapidamente entre si, o que possibilitou a transmissão de notícias logo depois de acontecerem.

Faraday propôs a ideia de um "campo" de ação para explicar por que a eletricidade e o magnetismo tinham propriedades incríveis. Os campos (áreas de influência) foram usados antes por cientistas, quando tentavam explicar os mistérios das reações químicas, da eletricidade, do magnetismo, da luz e da gravidade. Esses fenômenos ocorriam, acreditava-se, em um espaço ou campo específico, assim como se pode ter diferentes esportes em uma quadra ou campo específico. Faraday tornou essa ideia central à explicação dada sobre eletricidade e magnetismo, argumentando que o importante era medir a área de atividade, em vez de se preocupar demais com o que, de fato, era eletricidade, luz ou magnetismo. No entanto, a força de um campo elétrico pode ser demonstrada em experimentos.

Faraday não conseguia acreditar que algo como a gravidade podia exercer influência através do vácuo. Ele solucionou isso ao presumir que não existia vazio absoluto. Em vez disso, argumentou que o espaço era repleto de uma substância bastante refinada, chamada de "éter". Esse éter (sem nenhuma relação com o éter do gás anestésico) possibilitou a físicos e químicos a explicação de várias questões por influência direta. Assim, os "campos" de Faraday ao redor de correntes elétricas ou ímãs podiam ser resultado do estímulo realizado pela corrente ou pelo ímã da matéria refinadíssima que constituía o éter. Também era mais fácil explicar a gravidade dessa forma; caso contrário, parecia ser alguma força oculta, como os poderes mágicos dos antigos alquimistas, algo em que os modernos, como Faraday, já não acreditavam. O éter não era algo percebido pela visão ou pelo tato, mas os físicos pensavam que ele explicava os resultados de seus experimentos. Na Grã-Bretanha, continuaram a utilizar a ideia do éter até o início do século XX, quando experimentos demonstraram que, na realidade, ele não existe.

Boa parte do trabalho de Faraday sobre forças revelou ser útil. Físicos de outras gerações o ampliaram e forneceram melhores descrições matemáticas da eletricidade, do magnetismo e dos vários outros fenômenos que o mundo físico expele quando explorado. Faraday foi o último grande físico a não usar matemática.

O homem que realmente consolidou o legado de Faraday foi James Clerk Maxwell (1831-1879), pertencente à nova geração de físicos matemáticos. Costuma-se falar de Maxwell nos mesmos termos usados para Newton e Einstein. Sem dúvida, foi um dos físicos mais criativos de todos os tempos. Nasceu em Edimburgo e lá foi educado até ir para a Universidade de Cambridge. Voltou por um breve momento para a Escócia para lecionar, mas em 1860 foi para o King's College de Londres, onde passou parte de seus anos mais produtivos. Ele já havia descoberto os anéis do planeta Saturno, mas em Londres desenvolveu uma teoria das cores e tirou a primeira fotografia colorida. Sempre teve interesse em eletricidade e magnetismo, combinando-os com firmeza: depois de Maxwell, os físicos puderam usar matemática para descrever o eletromagnetismo. Maxwell forneceu as ferramentas e equações matemáticas para descrever as ideias sobre o campo de Faraday. Suas equações demonstraram que a força eletromagnética é uma onda, e essa foi uma das descobertas mais importantes de toda a história da física. Essa onda desloca-se à velocidade da luz, e hoje se sabe que a luz e a energia do Sol chegam a nós na forma de ondas eletromagnéticas. De fato, Maxwell previu todo o espectro de ondas conhecido: ondas de rádio que possibilitam transmissões de rádio, micro-ondas nas cozinhas, luz ultravioleta e infravermelha acima e abaixo das cores do arco-íris, bem como raios X e ondas (ou raios) gama. Essas ondas hoje fazem parte da vida cotidiana. Contudo, a maior parte dessas formas de energia ainda estava para ser descoberta quando Maxwell as previu, por isso não é surpresa alguma que tenha levado algum tempo para reconhecer a sua genialidade. Seu *Tratado sobre eletricidade e magnetismo* (1873) talvez seja o livro de física mais importante entre os *Principia* de Newton e os publicados no século XX.

Quando escreveu essa obra, Maxwell havia ido a Cambridge para organizar o Laboratório Cavendish, onde seriam realizadas pesquisas importantíssimas sobre física nas décadas seguintes. Maxwell morreu jovem, aos 48 anos, mas não sem antes conduzir pesquisas fundamentais sobre o comportamento dos gases, aplicando técnicas matemáticas especiais de estatística. Com isso, pôde descrever como grandes números de átomos em um gás, cada qual se movendo com velocidade um pouco distinta e em sentidos diferentes, produziriam os efeitos obtidos em diferentes temperaturas e pressões. Forneceu as ferramentas matemáticas para explicar o que Robert Boyle e Robert Hooke observaram vários anos antes. Maxwell também desenvolveu o conceito básico de "mecanismos de retroalimentação": processos que funcionam em círculos, chamados por ele de "reguladores". Esses mecanismos são importantíssimos na tecnologia, no desenvolvimento da inteligência artificial do século XX e nos computadores. Também ocorrem em nosso próprio corpo. Por exemplo, quando sentimos muito calor, o corpo percebe e suamos. O suor resfria nosso corpo à medida que evapora. Ou, se estivermos com frio, trememos, e as contrações musculares durante o tremor produzem calor, o que nos aquece. Esses mecanismos de retroalimentação ajudam-nos a manter uma temperatura corporal constante.

Maxwell tinha um senso de humor moderado, era profundamente religioso e próximo da esposa, que o mantinha em rédeas curtas. Nos jantares festivos, ela costumava dizer: "James, você está começando a se divertir; é hora de ir para casa". Felizmente, ela não interrompeu o prazer que ele sentia no laboratório.

CAPÍTULO 23

Escavação de dinossauros

Quando eu era bem jovem, tinha dificuldade em diferenciar dinossauros de dragões. Nas imagens, eram um tanto parecidos, com dentões, mandíbulas potentes, pele escamosa e olhos malignos e, por vezes, são mostrados atacando outra criatura. Sem dúvida, os dois tipos de criatura são do tipo que é melhor evitar.

No entanto, há uma diferença considerável entre dinossauros e dragões. Os dragões aparecem em mitos gregos, lendas sobre o rei Artur da Inglaterra, desfiles do Ano-Novo chinês e em muitas obras dramáticas no decorrer da história humana. Porém, mesmo que seu poder seja tal para ainda serem representados nas histórias criadas hoje, sempre foram produtos da imaginação humana. Os dragões nunca existiram.

Os dinossauros, por outro lado, já viveram. Estiveram aqui por um bom tempo, mesmo que os seres humanos jamais os tenham visto. Desenvolveram-se em torno de duzentos milhões de anos atrás, e sabemos sobre eles porque seus ossos foram preservados como fósseis. A descoberta de tais ossos no início do século XIX foi um passo importante para a ciência. Primeiro os geólogos, depois os leigos, começaram a perceber que a Terra é bem mais antiga do que as pessoas haviam presumido.

A palavra "paleontologia" foi cunhada na França, em 1822, para dar aos cientistas um nome para o estudo dos fósseis. Os fósseis são os contornos de partes de animais e vegetais que já estiveram vivos, mas, de modo gradual, foram petrificados depois de morrerem, quando as condições eram adequadas. É possível admirar fósseis em muitos museus, e coletá-los é divertido. Hoje é mais difícil, uma vez que boa parte dos fósseis fáceis de encontrar já foi recolhida para estudo e exibição. Todavia, em alguns lugares, como em Lyme Regis, na costa sul da Inglaterra, os penhascos ainda estão sofrendo erosão pelas ondas do mar, muitas vezes revelando fósseis.

As pessoas vêm se deparando com fósseis há milhares de anos. No início, a palavra "fóssil" só queria dizer "qualquer coisa desenterrada"; então, "fósseis" podiam ser moedas antigas, pedaços de cerâmica ou uma bela pedra de quartzo. Contudo, muitos desses objetos soterrados pareciam-se com conchas, dentes ou ossos de animais, e, aos poucos, "fóssil" veio a designar apenas essas coisas que se assemelhavam a pedacinhos de criaturas. Conchas de animais marinhos às vezes eram encontradas no cume de montanhas, distante do mar. Em muitos casos, os ossos, dentes e conchas empedrados não se pareciam com os de nenhum animal conhecido. No século XVII, quando começaram a investigar o que era encontrado, os naturalistas desenvolveram três tipos de explicação. Primeiro, alguns acreditavam que essas formas haviam sido produzidas por uma força especial da natureza, esforçando-se, mas falhando em criar novos tipos de organismos. Eram semelhantes a vegetais e animais vivos, mas não tinham sido bem-sucedidos. Segundo, outros argumentavam que os fósseis eram, na realidade, o remanescente de espécies de animais ou vegetais que simplesmente ainda não tinham sido descobertos. Havia tantos lugares inexplorados na própria Terra que essas criaturas, no devido tempo, seriam encontradas em partes remotas do mundo ou nos oceanos. Um terceiro grupo de acadêmicos ousou sugerir que esses organismos eram criaturas que já estiveram vivas, mas extintas. Se isso fosse verdade, então a Terra devia ser muito mais antiga do que acreditava a maioria das pessoas.

Foi só no século XVIII que a palavra "fóssil" adquiriu seu significado moderno, o de restos petrificados de um vegetal ou animal que já estiveram vivos. A percepção do que isso significava começou a dominar o pensamento científico. O cientista que convenceu o mundo de que alguns animais entraram em extinção foi um francês, Georges Cuvier (1769-1832). Cuvier era ótimo em anatomia, sobretudo na comparação da anatomia de diferentes tipos de animais. Tinha um interesse especial pelos peixes, mas também um vasto conhecimento de todo o reino animal. Dissecou centenas de animais diferentes, depois comparou as partes distintas dos corpos e explorou o que todos os diversos órgãos faziam. Argumentava que os animais são máquinas vivas nas quais todas as peças tinham um propósito específico. Também percebeu que tudo no corpo dos animais funcionava em conjunto. Por exemplo, animais carnívoros têm caninos (dentes afiados), que lhes possibilitam rasgar a carne das presas. Possuem o sistema digestivo e músculos adequados e todas as outras características necessárias para caçar e viver de carne. Os herbívoros, como vacas e ovelhas, têm dentes com extremidades achatadas, que ajudam a triturar a grama e o feno. A estrutura óssea e os músculos deles servem para ficar em pé, em vez de correr e atacar.

A crença de Cuvier de que os animais são tão bem construídos a ponto de tudo se encaixar em harmonia possibilitou a ele falar bastante sobre a estrutura e o modo de vida de um animal só de olhar uma das partes. Encontre um dente canino e terá um carnívoro, ele dizia, e aplicava os mesmos princípios aos fósseis. Com outro anatomista, conduziu uma investigação completa dos fósseis encontrados ao redor de Paris. Descobriram que os fósseis geralmente se assemelham a partes de animais vivos que ainda podiam ser encontrados na área, mas em muitos casos os dentes e ossos tinham diferenças pequenas, porém significativas. Por acaso, foram encontrados os restos congelados de um elefante grande na Sibéria. Cuvier examinou esse "mamute-lanoso", como era chamado, e argumentou que, além de ser diferente de qualquer elefante vivo conhecido, um animal desse porte sem dúvida já teria sido percebido, caso estivesse perambulando por aí. Logo, deve ter entrado em extinção.

Quando se aceitou a ideia de que algumas espécies de animais (e vegetais) estavam extintas, foi muito mais fácil para os naturalistas interpretar o grande número de fósseis que estavam sendo descobertos. As descobertas de duas pessoas um tanto improváveis na Inglaterra ajudaram a criar a noção de um mundo pré-histórico. A primeira delas foi Mary Anning (1799-1847), filha de um marceneiro pobre que vivia em Lyme Regis, aquele lugar no sul da Inglaterra que ainda está sendo erodido pelo mar. Era um local brilhante para Mary caçar fósseis.

Quando ainda era garota, saía à caça de fósseis, pois os bons espécimes podiam ser vendidos para cientistas e colecionadores. Mary e seu irmão Joseph utilizaram o conhecimento local para desenvolver um negócio de coleta e venda de fósseis. Em 1811, encontraram o crânio e, mais tarde, vários dos outros ossos de uma estranha criatura. Estimada em cinco metros de comprimento, não se parecia com nada encontrado antes. Foi exibido em Oxford e logo batizado de *ictiossauro*, que literalmente significa "peixe-lagarto", já que tinha barbatanas e, por isso, nadava na água. Mary ainda descobriu uma série de outros fósseis surpreendentes, inclusive um que apresentava certa semelhança a uma tartaruga gigante, mas sem qualquer evidência de já ter possuído uma carapaça. Esse fóssil recebeu o nome de *plesiossauro*, que significa "quase um réptil". Tais descobertas trouxeram-lhe fama e um bom dinheiro. Porém, quando a moda da caça a fósseis pegou, deparou-se com uma competição agressiva e teve dificuldade em sustentar a si e à família só com o seu negócio.

Mary Anning tinha pouca instrução e perdia o controle das descobertas dos fósseis depois de vendidos. Gideon Mantell (1790-1852) enfrentou problemas de outra espécie. Era médico de família em Lewes, Sussex – também no sul da Inglaterra –, e teve acesso a muitos fósseis nas pedreiras de calcário das redondezas. Sendo médico, tinha um bom conhecimento de anatomia e sabia interpretar os fósseis, mas precisava dividir esse trabalho com a prática médica atarefada e uma família cada vez maior. Transformou a casa em um tipo de museu de fósseis, o que não agradou à esposa. Viajar a Londres para apresentar as descobertas aos cientistas era um negócio lento e caro.

Apesar desses problemas, Mantell persistiu e foi recompensado com a escavação de diversas feras exóticas. Na década de 1820, encontrou dentes de um tipo jamais visto antes, e o proprietário original dos dentes foi batizado de *iguanodonte*, que quer dizer "ter um dente como o de uma iguana" (um tipo de lagarto tropical). Alguns admiradores deram a ele o esqueleto mais completo do iguanodonte que haviam encontrado. Mantell também descobriu um dinossauro encouraçado, o *hylaeossauro*, confirmando que algumas dessas criaturas gigantescas caminhavam sobre a terra. Foram desenterrados outros que apresentavam características de aves; então, esse mundo estranho tinha criaturas que viviam no mar, na terra e no ar.

Quando vemos tais criaturas enormes e maravilhosas reconstruídas em museus, é difícil compreender como foi difícil para os homens e mulheres que os descobriram pela primeira vez. Com frequência, os ossos fossilizados estavam dispersos e faltavam partes nos esqueletos. Havia apenas um número limitado de animais vivos ou fossilizados com os quais comparar as descobertas, e nenhuma das técnicas modernas de datar o que era encontrado. Só era possível estimar o tamanho dos fósseis comparando os ossos descobertos – um fêmur, por exemplo – com animais vivos e grandes, como elefantes ou rinocerontes. Os tamanhos estimados eram descomunais. O princípio de Cuvier era utilizado para ajudar a reconstruir esqueletos inteiros a partir de partes e especular sobre o que o animal pode ter comido, como se movia e se vivia na terra, na água, no ar ou em alguma combinação. Muitas ideias tinham que ser revistas conforme mais dinossauros eram descobertos e aprendia-se mais sobre a história inicial da vida na Terra. No entanto, as descobertas feitas mudaram para sempre o modo como se pensa sobre o mundo em que habitamos.

"Caçadores de dinossauros" fizeram o público geral perceber como a Terra era antiga e como havia criaturas complexas vivendo muito antes do aparecimento dos seres humanos. Esse mundo antigo conquistou a imaginação das pessoas, e imagens fantasiosas começaram a surgir em muitas revistas populares. Escritores como Charles Dickens podiam referir-se a esses répteis gigantescos, sabendo que os leitores entenderiam sobre o que estavam falando. O nome "dinossauro" foi usado pela primeira vez em 1842: em termos gerais, quer dizer "lagarto horrivelmente grande". Novos tipos de dinossauros continuaram a ser descobertos não só na Inglaterra, mas em todo lugar. Logo foram integrados em uma história geral da vida na Terra, e seu período aproximado no planeta era calculado a partir da idade das rochas em que eram encontrados.

Richard Owen (1804-1892), o homem que cunhou o nome "dinossauros", utilizou seu próprio trabalho sobre essas criaturas para promover sua carreira científica. Esteve por trás do prédio do que hoje é o Museu de História Natural de Londres. Trata-se de um museu maravilhoso, e os dinossauros ainda têm um local de destaque nele. Muitos dos que estão em exibição são espécimes originais encontrados por pessoas como Mary Anning.

Em 1851, Londres hospedou a primeira de uma série de feiras mundiais. Chamada de Grande Exposição, reuniu exibições de ciência, tecnologia, arte, transporte e cultura do mundo inteiro. A exposição estava sediada em um prédio de ousadia espantosa: o "Palácio de Cristal", uma estufa monumental, localizado no centro do Hyde Park, bem no coração de Londres.

Tinha 33 metros de altura, 124 metros de largura e 563 metros de comprimento. As pessoas pensavam que não se podia construir nada tão grande com vidro e aço, mas Joseph Paxton discordava. Ele era jardineiro e construtor, com experiência na construção de estufas de grande porte para cavalheiros vitorianos. A exposição não se parecia com nada jamais visto antes, e seis milhões de pessoas de todo o mundo se aglomeraram para vê-la durante os seis meses de duração.

Depois de fechado, o Palácio de Cristal foi desmontado e transportado para o Sydenham Park, na extremidade sul de Londres. Como parte do desenvolvimento desse local, foi criado o primeiro parque temático do mundo. Dedicava-se a dinossauros e outras criaturas do mundo pré-histórico. Réplicas gigantescas do *iguanodonte*, do *ictiossauro* e do *megalossauro* e de outras feras foram construídas e posicionadas dentro e ao redor de um lago artificial. O *iguanodonte* era tão grande que, na véspera de Ano-Novo de 1853, 24 convidados jantaram no molde utilizado para criar seu corpanzil. A área ainda é chamada de Palácio de Cristal, embora o prédio de vidro tenha queimado em um incêndio horrível em 1936. Alguns dos dinossauros reconstruídos não estão em bom estado, mas sobreviveram ao incêndio e podem ser vistos ainda hoje. Estão danificados e desgastados, porém continuam sendo lembretes magníficos do passado.

Hoje sabemos muito mais sobre a era dos dinossauros. Foram encontrados vários tipos diferentes, e pode-se determinar as idades com muito mais exatidão do que Mantell ou Owen. Por vezes, dizem que desapareceram um tanto rápido demais. (O tempo geológico é bem lento, como veremos no capítulo seguinte.) O que se quer dizer é que os dinossauros grandes foram extintos, talvez por consequência de mudanças climáticas, após um enorme asteroide ter atingido a Terra, há cerca de 65 milhões de anos. Mas nem todos desapareceram. Alguns dos menores dinossauros sobreviveram e evoluíram, e seus descendentes podem ser vistos no seu jardim todos os dias. São chamados de pássaros.

CAPÍTULO 24

A história de nosso planeta

A DESCOBERTA DOS OSSOS DE feras antigas é apenas parte da história. Caminhando pelo interior, você já deve ter percebido que um vale geralmente tem um rio ou córrego que o atravessa. Além disso, montes e montanhas circundam os vales. Em algumas partes do mundo, digamos, nos Alpes suíços, é impressionante como as montanhas são altíssimas e os vales, muito profundos.

Como se formaram as feições da Terra? Não é possível que montanhas e vales tenham sempre tido a mesma aparência de hoje, tendo em vista que a paisagem se altera a cada ano em razão de terremotos, erupções vulcânicas, rios e geleiras. A mudança em um ano pode ser modesta, mas, no decorrer de uma vida, ocorrem diferenças visíveis. A linha costeira desgasta-se, e as residências, às vezes, caem no mar. Multiplique isso por diversas, ou muitas, gerações e as mudanças são ainda maiores.

Terremotos violentos, vulcões e tsunamis não são novidade. O Monte Vesúvio, perto de Nápoles, na Itália, entrou em erupção no ano de 79. A cidade abaixo dele, Pompeia, foi soterrada, matando muita gente; a cinza vulcânica e a lava alteraram o litoral de uma maneira drástica. Hoje se pode caminhar pelas ruas de Pompeia, que foram escavadas das cinzas e pedra-pomes que se assentaram lá.

Muitas pessoas perguntavam-se sobre o que significa esse tipo de acontecimento radical. Algumas pensavam que eram atos sobrenaturais. Porém, a partir do final do século XVII, observadores passaram a estudar a Terra como um objeto de história natural. A geologia moderna nasceu quando atacaram três problemas. O primeiro era uma nova forma de entender a "história".

Nos tempos antigos, "história" queria mesmo dizer "descrição". História natural era meramente uma descrição da Terra e das coisas contidas nela. Pouco a pouco, "história" adquiriu o significado moderno de alteração ao longo do tempo. Estamos acostumados a elementos que mudam com rapidez: roupas, música, estilos de cabelo, gíria e qualquer item que tenha a ver com computadores e telefones celulares. Vemos fotografias de pessoas na década de 1950 e pensamos em como eram diferentes naquela época. Isso não chega a ser novo – os romanos vestiam-se de modo diferente dos gregos antigos –, mas o ritmo da mudança é muito mais rápido agora. Logo, aceitamos a mudança como algo natural. História é o estudo dessa mudança.

O segundo problema era o do tempo. Aristóteles presumiu que a Terra é eterna e que sempre fora do jeito que era quando ele viveu. Antigos cientistas chineses e indianos também acreditavam que a Terra era antiquíssima. Com a chegada das concepções cristã e islâmica da Terra, o tempo encolheu. "O tempo se pode compreender, ele tem cinco dias a mais do que nós mesmos", disse o escritor Sir Thomas Browne em 1642. O que ele quis dizer é que o Livro do Gênesis conta a história da Criação, em que Deus criou Adão e Eva no sexto dia. Durante os cinco dias anteriores, foram criados a Terra, o céu, as estrelas, o Sol, a Lua e todos os vegetais e animais. Para cristãos como Browne, nosso planeta, a Terra, só foi criado logo depois que Adão e Eva viram o primeiro amanhecer no Jardim do Éden.

Se você ler a Bíblia com atenção e somar todas as idades dos descendentes de Adão e Eva mencionados no Antigo Testamento, o resultado é uma data aproximada para o primeiro casal. Em meados do século XVII, um arcebispo irlandês fez justamente isso. Segundo seu cálculo, a Terra foi criada em 22 de outubro de 4004 a.C., ao anoitecer, para ser mais exato! Os cálculos do arcebispo Ussher não foram aceitos por muitos cristãos na década de 1650. Todavia, para pessoas que queriam saber como se formaram os acidentes geológicos da Terra, era difícil explicar como, por exemplo, os vales fluviais poderiam ter surgido gradualmente se a Terra tinha menos de seis mil anos.

Esse período limitado também criava dificuldades para explicar como era possível encontrar conchas nos cumes de montanhas, bem acima dos oceanos e mares atuais. O que os geólogos precisavam, antes de tudo, era encontrar mais tempo para a existência da Terra. Dessa forma, as coisas que estavam observando poderiam ser postas em uma perspectiva sensata. E foi o que fizeram. A partir do final do século XVII, os naturalistas começaram a argumentar que o mundo *devia* ser mais antigo do que os poucos milhares de anos indicados por Ussher. Várias décadas mais tarde, o conde de Buffon (aquele pioneiro em história natural que conhecemos no Capítulo 19) desenvolveu um esquema que combinava cosmologia e geologia. Segundo sua cosmologia, a Terra, no início, era uma bola muito quente que se descolou do Sol. Resfriou aos poucos, e a vida tornou-se viável. Em uma estimativa hesitante, inseriu a data em que a Terra se separou do Sol em cerca de oitenta mil anos atrás, tomando cuidado com a linguagem exata para não ofender a Igreja.

O terceiro problema era compreender a natureza das rochas e dos minerais. Nem todas as rochas são iguais. Algumas são rígidas, outras suaves e porosas, compostas de diferentes tipos de materiais. Também pareciam ser de eras distintas. A nomenclatura e a análise de rochas e minerais possibilitaram a geólogos que os estudavam montar um quadro da história da Terra.

Abraham Werner (1749-1817), na Alemanha, realizou boa parte desse trabalho inicial. Trabalhava em uma universidade, mas tinha um envolvimento ativo com mineração. Minas profundas sob a Terra ajudaram os cientistas a fornecer amostras de materiais de difícil obtenção na superfície terrestre. Werner baseou sua classificação de rochas não só na composição, mas também nas idades relativas. As mais antigas eram mais duras e nunca continham fósseis.

Assim, os tipos de rochas encontrados em determinado local representavam uma pista da idade do lugar em relação a outros lugares. Ao cavar para baixo, onde as camadas de rochas e terra (o *estrato*, como os geólogos as chamam) continham fósseis, estes também davam pistas sobre as idades relativas dos fósseis e do estrato em que eram encontrados. O homem que demonstrou que os fósseis eram importantíssimos nesse processo de datação foi um agrimensor, William

Smith (1769-1839). Smith ajudou a construir os canais da Grã-Bretanha no início do século XIX. Antes das ferrovias, a água era a melhor maneira de transportar mercadorias, sobretudo coisas pesadas como o carvão. Smith mediu muitos quilômetros de terra, ajudando a decidir o melhor trajeto para um novo canal. O que ele percebeu aos poucos, conforme criava um mapa geológico da Inglaterra e do País de Gales, foi que a característica mais importante de uma camada da crosta terrestre, além do tipo de rocha, eram os fósseis que podiam ser encontrados nela.

Com uma escala de tempo ampliada, uma compreensão dos diferentes tipos de rochas e as percepções de Smith sobre a importância dos fósseis, os geólogos podiam tentar "ler" a história da Terra. No início do século XIX, a maioria dos geólogos era "catastrofista". Juntando as peças do registro revelado por mineração, construção de canais e, a seguir, pela construção de ferrovias, encontraram muitos exemplos em que vulcões e terremotos haviam mostrado camadas previamente soterradas nas profundezas da crosta terrestre. Assim, à maioria dos naturalistas, parecia que a história da Terra fora de períodos de estabilidade, separados por períodos de eventos violentos – catástrofes – por todo o globo. Enchentes contavam como catástrofes; por isso, à medida que tentavam conciliar as descobertas com a Bíblia, os geólogos ficavam contentes porque parecia haver evidências de inundações volumosas e generalizadas no passado, inclusive uma recente (em termos geológicos) que podia ser o dilúvio universal em que Noé levou pares de animais para a arca.

Os catastrofistas encontraram várias evidências para sustentar a concepção que tinham da história terrestre. Os fósseis em qualquer uma das diversas camadas mostravam diferenças óbvias entre os de cima e os de baixo. Os estratos mais novos continham fósseis mais semelhantes aos vegetais e animais vivos dos dias atuais do que aqueles nas camadas mais antigas. Em Paris, Georges Cuvier (que conhecemos no capítulo anterior) estava usando "anatomia comparativa" para reconstruir imagens vívidas dos animais de eras passadas. Um de seus seguidores era William Buckland (1784-1856), um clérigo inglês liberal que lecionava geologia na Universidade de Oxford. Buckland aplicava uma energia extraordinária em sua busca de evidências geológicas do dilúvio bíblico. Encontrou várias evidências que acreditava serem nitidamente causadas pela água: detritos transportados para cavernas, além de rochas e até penedos enormes espalhados pelos campos. Na década de 1820, estava convicto de que isso era o resultado do dilúvio de Noé; por volta da década de 1840, quando as investigações geológicas revelaram mais detalhes, já não estava tão seguro disso. Percebeu que as geleiras (vastos rios de gelo) podiam ter causado um efeito tão forte a ponto de atingir a Grã-Bretanha. Elas davam uma explicação mais convincente de questões como os penedos dispersos, que podiam ter ficado para trás conforme o gelo avançava com lentidão.

Nas décadas de 1820 e 1830, a maioria dos geólogos acreditava que essas catástrofes antigas coincidiam com novos estratos geológicos. Como os fósseis nas camadas geralmente eram um pouco diferentes, concluíram que a história da Terra consistia de uma série de eventos cataclísmicos – enchentes grandiosas, terremotos violentos – seguida da criação de novos vegetais e animais que se adaptaram às novas condições que passaram a existir. A Terra, ao que parecia, havia passado por uma história progressiva em preparação à glória de seu apogeu: a criação da humanidade. Esse esquema ajustava-se ao relato da Criação no Livro do Gênesis, seja presumindo que os seis dias da criação eram, na realidade, seis longos períodos, seja supondo que a Bíblia só descrevia a última criação: a era dos seres humanos.

Em 1830, Charles Lyell (1797-1875), um jovem advogado que se tornou geólogo, desafiou essa explicação geral. Lyell analisou rochas e fósseis na França e na Itália. Estava estudando geologia em Oxford, e seu professor era William Buckland, o catastrofista. Lyell estava descontente com a visão geológica de Buckland. O que se poderia demonstrar, perguntou-se Lyell, se presumíssemos que as forças geológicas que operavam na Terra na realidade sempre foram uniformes (iguais)? Ele se tornou o líder dos "uniformitaristas", que passaram a representar a oposição aos "catastrofistas". Lyell queria ver quanto de toda a história geológica da Terra podia explicar aplicando seu princípio de uniformidade. Podia ver que, no momento atual, a Terra estava bastante ativa em termos geológicos; ainda havia vulcões, enchentes, erosão e terremotos. Se a velocidade dessas mudanças fosse igual à de muito tempo atrás, isso era o bastante para explicar todas as evidências de períodos de antigas catástrofes violentas? Sim, respondeu ele, expondo seus motivos em uma obra em três volumes, *Os princípios de geologia* (1830-1833). Ele a revisaria pelos próximos quarenta anos, considerando atentamente sua própria pesquisa e a de outros geólogos.

O uniformitarianismo de Lyell era uma tentativa corajosa de se livrar das catástrofes e da dependência de milagres com o dilúvio de Noé. Ele queria libertar os geólogos para interpretarem a história terrestre sem interferência da Igreja. Lyell era um homem com uma profunda religiosidade que defendia que a humanidade era uma criatura única e moral, com uma posição especial no universo. E viu com mais clareza do que a maioria que a ideia dos catastrofistas de criações sucessivas de vegetais e animais, aproximando-se cada vez mais dos que estavam vivos nos dias atuais, se assemelhava em muito com a evolução. Onde os catastrofistas comparavam fósseis profundos com os rasos e viam progresso, Lyell, por outro lado, argumentava que os fósseis não exibiam desenvolvimento geral algum. Empolgava-se quando um fóssil de mamífero era descoberto em uma camada antiga, enterrada nas profundezas subterrâneas. Os mamíferos normalmente eram encontrados apenas em estratos recentes, de modo que isso sugeria a ele que não havia progresso verdadeiro na história dos vegetais e animais, exceto pelos seres humanos. Se parecia progresso, tratava-se apenas de um acaso feliz. Somente um número inexpressivo das espécies que existiam em épocas pré-históricas foi preservado como fóssil.

Charles Lyell ajudou a criar a geologia moderna. O modo como pensava a geologia e seu extenso trabalho de campo eram igualmente extraordinários. Demonstrou que, se a Terra teve uma história longa o bastante, boa parte podia ser explicada pela mera observação do que está acontecendo agora e utilizando eventos geológicos ou forças atuais para explicar o passado. Um jovem naturalista, Charles Darwin, ficou muito impressionado com os *Princípios de geologia*, de Lyell. Levou o primeiro volume consigo (e pediu que enviassem os outros dois) quando partiu em suas viagens ao redor do globo a bordo do *Beagle*. Darwin disse que enxergou o mundo geológico com os olhos de Lyell – o mundo dos terremotos, das rochas e dos fósseis – durante essa jornada. No entanto, chegou a conclusões bastante distintas sobre o que realmente significava o registro fóssil.

CAPÍTULO 25

O maior espetáculo da Terra

Dê uma caminhada no campo e irá se deparar com árvores, flores, mamíferos, aves e insetos que pertencem à sua parte do mundo. Vá a um zoológico e encontrará plantas e animais exóticos de terras longínquas. Visite um museu de história natural e haverá fósseis, talvez esqueletos gigantescos de dinossauros, que têm milhões de anos. A pessoa que nos ensinou como todas essas espécies vivas e fossilizadas estão, na realidade, relacionadas foi um homem calmo e modesto chamado Charles Darwin (1809-82). Ele mudou a maneira como pensamos sobre nós mesmos.

Carl Lineu (Capítulo 19) nomeou vegetais e animais com a ideia de que as espécies biológicas são fixas. Ainda os nomeamos de acordo com seus princípios. Isso é possível porque, embora se saiba que vegetais e animais se alteram, esse processo é muito lento. Uma *espécie* biológica tem significado real, mas há *variação* dentro da espécie. As crianças podem diferir dos pais: talvez mais altas, com uma cor de cabelo diferente ou um nariz maior. Drosófilas jovens que enxameiam em torno de frutas podres no verão também diferem dos pais; porém, em razão do tamanho, é difícil perceber. Mais fáceis de ver são as diferenças entre filhotes de cães ou gatos em uma ninhada. O que Darwin percebeu é que as *variações* entre os pais e a prole são importantíssimas, sejam perceptíveis ou não. Mesmo que nem sempre seja possível reconhecê-las, a natureza consegue e o faz. A estrada que Darwin percorreu para chegar a esse lampejo vital estava repleta de aventura e reflexão silenciosa.

O pai e o avô de Darwin eram médicos bem-sucedidos. Seu avô, Erasmus Darwin, tinha uma teoria sobre como vegetais e animais evoluíram e escreveu poemas sobre ciência. Charles era uma criança feliz, embora tenha perdido a mãe aos oito anos. Descobriu um amor pela natureza e realizou experimentos com um kit de química. Na escola, era apenas um aluno mediano. Seu pai o enviou para a Universidade de Edimburgo para estudar medicina, mas ele estava muito mais interessado em história natural e biologia. Após ficar fisicamente doente ao ver a primeira operação cirúrgica, soube que jamais seria médico. Darwin sempre se manteve muito sensível ao sofrimento.

Após o fracasso em Edimburgo, foi para a Universidade de Cambridge estudar artes básicas, com a ideia de que se tornaria padre. Passou nos exames. Por pouco. Todavia, Cambridge acabou tendo importância fundamental em razão das amizades que fez com os professores de botânica e geologia. Eles o inspiraram a se tornar naturalista. John Henslow o levava para coletar plantas no interior de Cambridge. Adam Sedgwick foi com ele ao País de Gales estudar as rochas e os fósseis locais. Após esse passeio com Sedgwick, Darwin formou-se na universidade e estava desempregado, sem saber ao certo o que fazer a seguir. Foi salvo por uma proposta incomum: gostaria de ser o "cavalheiro naturalista" em uma viagem de levantamento topográfico a bordo do navio HMS *Beagle*, liderada pelo capitão Robert Fitzroy da Marinha Real? Seu pai disse que não, mas o tio convenceu o pai de que, na realidade, era uma boa ideia. A viagem no *Beagle* foi a criação de Charles Darwin.

Por quase cinco anos, de dezembro de 1831 a outubro de 1836, Darwin ficou longe de casa, enquanto o navio aos poucos dava a volta ao mundo. Foi acometido de enjoo durante boa parte em que esteve no mar, mas também passou muito tempo em terra, sobretudo na América do Sul. Era um observador perspicaz de todos os tipos de fenômenos naturais: paisagens, pessoas e seus costumes, vegetais, animais e fósseis. Colecionou milhares de espécimes e os enviou para casa, todos meticulosamente etiquetados. Hoje teria escrito um blog, mas manteve um diário maravilhoso, publicado após a volta para casa. Seu *Diário de pesquisas* (1839) na mesma hora se tornou popular e ainda é um relato clássico de uma das viagens científicas mais importantes já realizadas. Ela ficou conhecida como *A viagem do Beagle.*

As ideias de Darwin sobre evolução seriam desenvolvidas no futuro, mas, mesmo naquela época, ele já se perguntava em segredo como os vegetais e animais mudaram ao longo do tempo. O *Diário de pesquisas* contava três tópicos de especial importância aos leitores. Primeiro, quando esteve no Chile, Darwin presenciou – da segurança do *Beagle* – um terremoto violento que elevou de forma acentuada o nível da linha costeira em quase 4,5 metros. Darwin tinha consigo uma cópia dos *Princípios de geologia*, de Lyell, e se impressionou muito com a ideia do autor de que eventos violentos, como os terremotos, podiam explicar o passado. O terremoto no Chile convenceu Darwin de que Lyell estava certo.

Segundo, Darwin ficou perplexo com as relações entre espécies vivas e fósseis recentes de vegetais e animais. No lado leste da América do Sul, encontrou grandes tatus vivos e fósseis que eram semelhantes: *semelhantes*, mas nitidamente não pertencentes à mesma espécie. Descobriu muitos outros exemplos e acrescentou seus próprios àqueles descobertos por outros naturalistas.

O terceiro, e mais famoso, foram suas descobertas nas Ilhas Galápagos. Esse grupo de ilhas está separado por centenas de quilômetros da costa ocidental da América do Sul. Lá, havia vegetais e animais incríveis, inclusive tartarugas gigantes e belos pássaros, muitos deles exclusivos de uma única ilha. Darwin visitou diversas ilhas e foi diligente na coleta de espécimes. Conheceu um senhor que sabia dizer de qual ilha uma tartaruga vinha, tão específica era a aparência das tartarugas dessas ilhas. Contudo, foi só depois de voltar à Inglaterra que Darwin começou a perceber o significado do que havia descoberto. Um ornitólogo analisou os tentilhões coletados das diferentes ilhas e constatou que, na realidade, eram de espécies diferentes. Cada ilha dos Galápagos, ao que parecia, era um tipo de minilaboratório de mudança.

Ao sair da América do Sul, o *Beagle* navegou pelo Pacífico até a Austrália, depois sob a extremidade sul da África. Retornou à Inglaterra depois de uma breve visita à América do Sul. Quando o navio completou a viagem e chegou à Inglaterra, em 1836, Darwin havia se tornado um naturalista de primeira linha, muito diferente do jovem nervoso que embarcou no *Beagle*. Também adquiriu uma reputação científica em casa, por meio dos relatos, cartas e espécimes enviados.

Os anos seguintes foram dedicados ao trabalho com muitas das coisas coletadas na expedição e à escrita de três livros. Também se casou com a prima Emma Wedgwood e mudaram-se para uma casa grande no interior de Kent. A Down House seria seu lar pelo resto da vida, o lugar onde realizaria sua obra mais importante. Ainda bem que gostava de ficar em casa, porque sofria de uma doença misteriosa e com frequência estava doente. Seja qual tenha sido essa doença – e ainda não se sabe o que havia de errado com ele –, teve nove filhos com Emma. Também manteve uma produção constante de livros e artigos. Um desses é a obra mais importante de toda a história da biologia: *A origem das espécies*, publicado em 1859.

Anos antes da publicação desse livro, Darwin começou a manter cadernos particulares sobre "transmutação". O primeiro foi iniciado em 1837, logo após a volta da viagem do *Beagle*. Em 1838, Darwin leu o *Ensaio sobre o princípio da população*, de Thomas Malthus. Malthus, que era pastor, estava mais interessado em saber por que havia tantas pessoas pobres. Sugeriu que os pobres casavam-se cedo demais e tinham mais filhos do que conseguiam cuidar de modo adequado. Segundo ele, todas as espécies de animais produzem uma prole bem maior do que pode sobreviver. Os gatos podem ter três ninhadas por ano, cada qual com seis ou mais filhotes. A cada ano, um carvalho produz milhares de bolotas, e cada bolota pode transformar-se em outra árvore. As moscas podem produzir milhões de jovens moscas por ano. Se toda a prole desses vegetais e animais sobreviver, e se isso também acontecer nas gerações seguintes, o mundo logo seria inundado por gatos, carvalhos ou moscas.

Malthus acreditava que toda essa prole extra era essencial, porque há muito desperdício. A natureza é cruel – a vida lá fora é difícil. Quando leu o ensaio de Malthus, Darwin percebeu que havia descoberto um motivo pelo qual alguns jovens sobreviviam e outros não. Isso também explicaria por que vegetais e animais mudam gradualmente durante longos períodos. Os que sobrevivem devem ter alguma vantagem sobre os irmãos, e haveria "a sobrevivência do mais forte", ou *seleção natural*, como Darwin a chamava. Darwin raciocinou que toda a prole herda alguns traços dos pais, como ser um bom corredor. A prole com os traços mais úteis tinha mais probabilidade de sobreviver: podiam correr um pouco mais rápido ou tinham espinhos um tanto mais afiados. Portanto, esses traços seriam "selecionados", porque os indivíduos menos exitosos, que não contavam com tais traços, não sobreviveriam por tempo suficiente para ter uma prole própria.

Darwin percebeu que essa mudança na natureza é bastante lenta. No entanto, conforme argumentou, sabemos que a mudança pode ser muito mais rápida quando os seres humanos estão encarregados do processo, selecionando os traços que desejam em seus vegetais e animais. A isso chamou de *seleção artificial*, e os humanos o fazem há milhares de anos. Darwin criava pombos e trocava muitas cartas com outros criadores de pombos. Sabia como podiam mudar com rapidez as formas e o comportamento dos pombos de exposição quando os criadores selecionavam com cuidado pombos com certos traços para a reprodução de filhotes. Fazendeiros vinham fazendo o mesmo com vacas, cordeiros e porcos, assim como os criadores de plantas quando tentavam aprimorar as plantações ou produzir flores mais belas. Você sabe que um pastor é bem diferente de um buldogue. É fácil gerar variedade em animais se o criador selecionar os traços desejados.

Darwin viu que a natureza atua de forma muito mais lenta; porém, com tempo suficiente e as condições ambientais adequadas, ocorre exatamente a mesma situação. O que aprendeu com as aves e as tartarugas nas Ilhas Galápagos ilustrou como funcionava a seleção natural. As condições locais – solo, predadores, suprimento alimentar – apresentavam diferenças pequenas em cada ilha. Desse modo, vegetais e animais locais tinham se adaptado às circunstâncias locais divergentes. Os bicos dos vários tipos de tentilhões foram "selecionados" para os diferentes alimentos que podiam encontrar para comer: sementes, frutas ou carrapatos que viviam nas tartarugas. Em alguns casos, como aprendeu Darwin, as diferenças tornaram-se grandes o bastante para criar espécies diferentes, embora todos os tentilhões ainda mantivessem uma relação próxima. Tempo e isolamento possibilitam a ocorrência de mudanças consideráveis, e novas espécies evoluíram.

Sem fazer alarde, Darwin leu muito e coletou várias observações adicionais. Escreveu um rascunho curto de sua teoria em 1838 e uma versão mais longa em 1842, mas não publicou suas opiniões. Por quê? Queria ter certeza de que estava certo. Sabia ter tido uma visão revolucionária do mundo vivo e que os outros cientistas o criticariam duramente se o relato não fosse convincente. Em 1844, Robert Chambers, um editor e naturalista amador de Edimburgo, publicou de forma anônima sua própria versão da mudança das espécies. *Vestígios da história natural da criação*, de

Chambers, causou comoção. "Transmutação" tornou-se um tópico controverso. Chambers reuniu diversas evidências sugerindo que as espécies vivas são descendentes das anteriores. Suas ideias eram um tanto vagas, e ele não tinha uma teoria verdadeira sobre como isso havia ocorrido. Cometeu vários erros. Seu livro vendeu muito bem, mas foi brutalmente atacado pelos cientistas de renome – os mesmos a quem Darwin esperava convencer. Por isso, Darwin aguardou. Concluiu algumas publicações importantes do trabalho no *Beagle* e se engalfinhou com um tópico incomum, porém seguro: os cirripédios. A dissecação e o estudo dessas pequenas criaturas marinhas eram difíceis, mas Darwin sempre insistiu que forneciam informações valiosas sobre um grupo de animais com um número alto de espécies vivas e fossilizadas, cada qual adaptada de modo distinto à maneira como viviam.

Após os cirripédios, Darwin por fim retornou à sua grande obra. Em 1858, quando estava escrevendo um livro longo que chamava de "seleção natural", o carteiro trouxe uma notícia ruim. Da distante Ásia chegou uma carta solicitando a opinião de Darwin sobre um artigo curto. Era um relato breve sobre a maneira pela qual a seleção natural podia fazer com que as espécies mudassem ao longo do tempo. Darwin suspirou. O autor, Alfred Russel Wallace (1823-1913), poderia estar resumindo o lento e doloroso caminho do próprio Darwin rumo à mesma conclusão.

Dois amigos de Darwin, Charles Lyell e Joseph Hooker, que sabiam de sua opinião sobre as espécies, então o socorreram. Providenciaram uma apresentação conjunta das ideias de Wallace e de Darwin na Sociedade Linneana de Londres. Ninguém prestou muita atenção ao que foi dito no encontro. Darwin estava doente em casa, e Wallace nem ficou sabendo do evento – estava a quase treze mil quilômetros de distância. No entanto, a carta de Wallace persuadiu Darwin de que precisava escrever um resumo de suas ideias o quanto antes, em vez do longo livro em que estava trabalhando. Assim, *A origem das espécies* foi publicado em 24 de novembro de 1859. O editor imprimiu 1.250 cópias. Todas foram vendidas no mesmo dia.

No cerne de sua obra estavam as duas ideias principais. Primeiro, a seleção natural *favorece a sobrevivência de traços úteis*, ou seja, características que ajudam indivíduos a viver e a se reproduzir. (A seleção artificial demonstrava como seres humanos podiam alterar drasticamente as características de vegetais e animais se assim o quisessem, ilustrando como vegetais e animais podiam ser mutáveis.) Segundo, a seleção natural, atuando na vida selvagem e no longo prazo, *produzia novas espécies*, que *evoluíam* lentamente ao longo do tempo. O restante do livro era uma demonstração brilhante de como essas ideias eram adequadas para explicar o mundo natural. Darwin escreveu sobre a relação entre espécies vivas e seus ancestrais fósseis intimamente relacionados. Descreveu a distribuição geográfica de vegetais e animais por todo o mundo. Explicou como o isolamento geográfico (como nas Ilhas Galápagos) oferece as condições em que se podem desenvolver novas espécies. E enfatizou que os embriões de alguns animais apresentavam semelhança notável com os embriões de outros. A *Origem* de Darwin fez para a biologia o que os *Principia* de Newton haviam feito para a física. Essa obra conferia sentido a inúmeros aspectos no mundo natural.

O maior problema de Darwin era a herança: por que a prole pode se parecer com os pais e, ao mesmo tempo, apresentar diferenças sutis entre si e uns em relação aos outros? Fez leituras atentas e refletiu sobre isso. Sugeriu algumas explicações, mas sabia que a hereditariedade (genética) não era bem compreendida e assim o afirmou. Também sabia que o que era importante não era dizer *como* funcionava a herança, mas sim que ela, de fato, *ocorria.*

A origem das espécies gerou comoção. As pessoas escreviam e falavam sobre essa obra. Alguns tinham comentários positivos a fazer; outros a criticaram. Darwin seguiu trabalhando nela – publicou seis edições antes de morrer. Desenvolveu suas ideias, em parte como resposta às críticas, em parte porque suas próprias ideias continuavam a amadurecer. Além de manter a *Origem* atualizada, continuou a escrever uma quantidade impressionante de outros livros sobre assuntos que o interessavam: lindas orquídeas, com flores adaptadas aos insetos que as polinizam; plantas que pegam e digerem insetos; plantas trepadeiras que conseguem se agarrar a uma parede e até a singela minhoca. Não é de se estranhar que tenha sido descrito como "um homem de ampla curiosidade". Nada parecia escapar à sua atenção.

A *Origem* não dizia nada sobre a evolução humana, embora Darwin soubesse que suas observações também eram verdadeiras para nossa própria história biológica. Ficou muito claro para qualquer leitor da primeira edição da *Origem* que Darwin acreditava na evolução da espécie humana, mas ele aguardou mais de uma década para dizê-lo abertamente em *A descendência do homem* (1871).

Darwin tornou a evolução biológica uma teoria científica válida. Alguns cientistas não se convenceram, embora a maioria sim, mesmo que, por vezes, propusessem suas próprias versões sobre como e por que ela havia ocorrido. Muitos detalhes da grande obra de Darwin foram corrigidos por trabalhos científicos posteriores. Não era totalmente perfeita. E nem precisava ser – a ciência é assim. Contudo a partir de seu escritório e jardim em Down House, Darwin assegurou que jamais olharíamos a vida da mesma forma. A história evolutiva de nosso planeta é simplesmente o maior espetáculo da Terra.

CAPÍTULO 26

Caixinhas de vida

HÁ COISAS QUE SIMPLESMENTE NÃO se pode ver ou ouvir. Muitas estrelas estão além de nosso olhar, e não é possível ver átomos, nem mesmo as minúsculas criaturas que se proliferam em poças d'água da chuva. Não conseguimos ouvir sons percebidos por vários pássaros ou camundongos. Mas podemos aprender sobre eles, fazendo perguntas e utilizando instrumentos que nos permitem ver ou ouvir bem melhor do que se fôssemos usar apenas os olhos e os ouvidos. Assim como telescópios nos possibilitam ver mais adiante no espaço, microscópios nos ajudam a ver mais além nos blocos de construção de criaturas vivas.

No século XVII, o pioneiro da microbiologia, Antonie van Leeuwenhoek, utilizou microscópios pequenos para analisar células sanguíneas e os pelos nas patas de uma mosca. Um século depois, microscópios mais avançados possibilitavam aos naturalistas examinar esses detalhes menores da anatomia e o maravilhoso conjunto da vida microscópica. Um microscópio "composto" podia fazer as coisas aparecerem ainda maiores do que um simples microscópio. Trata-se de um tubo com duas lentes, sendo que a segunda delas amplia a primeira imagem, obtendo-se uma ampliação combinada. Muitas pessoas ponderadas não tinham confiança total nos microscópios. Os primeiros microscópios compostos produziam distorções ou ilusões de vários tipos – por exemplo, cores ou linhas estranhas onde não havia nada. Ao mesmo tempo, havia apenas métodos rudimentares de cortar as coisas em fatias finas para examiná-las e de tentar prender essas fatias em uma lâmina (uma folha de vidro fina). Por consequência, muitos cientistas pensavam que a utilização dos microscópios não merecia o esforço.

Ainda assim, médicos e biólogos queriam entender como os corpos funcionam nos menores detalhes possíveis. Na França, Xavier Bichat (1771-1802) começou a investigar as diferentes substâncias – que chamamos de "tecidos", sejam duros como o osso, macios como a gordura ou líquidos como o sangue – que compõem o corpo humano. Bichat percebeu que os mesmos tipos de tecidos se comportavam de formas semelhantes, sem importar onde estavam no corpo humano. Por exemplo, todos os músculos eram compostos do mesmo tipo de tecido, sendo irrelevante se estão ocupados contraindo pernas, braços, mãos ou pés. Todos os tendões (as partes que conectam o músculo ao osso) ou o revestimento fino chamado tecido seroso (como o que circunda o coração) eram semelhantes em todas as partes do corpo. O estudo de células e tecidos é chamado de "histologia", e Bichat foi o "pai da histologia". Não obstante, ele era um dos que desconfiavam dos microscópios, tendo usado apenas uma simples lupa.

O trabalho de Bichat inspirou outros a compreender vegetais e animais em termos de seus blocos de construção menores e mais básicos. Nas primeiras décadas do século XIX, havia diversas ideias concorrentes sobre o que eram esses blocos de construção de vegetais e animais. Os problemas técnicos dos microscópios compostos começaram a ser solucionados na França e na Grã-Bretanha a partir do fim da década de 1820. Desse momento em diante, as pessoas que olhavam pelos instrumentos podiam sentir-se mais confiantes de que o que estavam vendo era uma imagem precisa do que realmente estava lá.

Na década de 1830, os microscópios novos auxiliaram dois cientistas alemães a argumentar que os blocos de construção essenciais da vida eram as células e que todos os vegetais e animais são compostos de células. Um desses cientistas era um botânico chamado Schleiden. O outro, Theodor Schwann (1810-1882), era médico. Schwann explorou como as células funcionam e são criadas. Nas células de vegetais e animais, ocorrem atividades que possibilitam ações como movimento, digestão, respiração e a percepção. As células atuam em conjunto e são a chave para compreender como vegetais e animais funcionam e vivem.

Quando você se machuca – digamos, corta o dedo –, crescerá mais tecido cutâneo para cicatrizar a ferida. Mas, se os tecidos são compostos de células, como as novas células são feitas? Schwann tinha um alto interesse por química e propôs que as novas células se cristalizam a partir de um tipo especial de fluido, assim como os cristais podem ser cultivados em laboratório a partir de certas soluções. Ele queria explicar como os embriões se desenvolvem em um ovo ou no útero. Também desejava saber de onde vinham as células, aquelas que aparecem após um arranhão ou uma contusão. Sendo médico, podia ver que a área ao redor de uma lesão fica vermelha e pode se encher de células com pus. Essas células purulentas, acreditava ele, se cristalizam a partir do fluido aquoso que vemos na forma de inchaço. Era uma teoria atraente, combinando química e biologia, mas logo se demonstrou ser simplista demais.

Conforme os microscópios eram aprimorados, cada vez mais cientistas começavam a observar o que acontece nas células. Um dos observadores de células mais importantes foi Rudolf Virchow (1821-1902). Homem de interesses amplos, Virchow, acima de tudo um patologista, também era ativo em saúde pública, política, antropologia e arqueologia. (Ajudou nas escavações da cidade de Troia, cuja história foi escrita por Homero por volta de 800 a.C.) Na década de 1850, Virchow começou a pensar no que significava a teoria das células para a medicina e para o estudo das doenças, conhecido como patologia. Assim como Schwann, ele via as células como as unidades básicas dos corpos vivos. A compreensão de suas funções na saúde e na doença seria a chave para um novo tipo de medicina, com base em ciência. Suas ideias foram apresentadas em uma obra importantíssima intitulada *Patologia celular* (1858). Nela, demonstrou que as doenças que os médicos veem em seus pacientes, e podem examinar mais tarde na sala de autopsia (ao estudar os cadáveres), sempre resultavam de eventos celulares. Entre eles, o crescimento do câncer (no qual tinha um interesse especial), a inflamação, com pus e inchaço, e a doença cardíaca. "Aprendam a enxergar de maneira microscópica", ensinava sempre aos alunos nas aulas de patologia: examinem até chegar ao nível das células.

Virchow combinou suas brilhantes observações microscópicas com um enunciado profundo de uma verdade biológica: "Todas as células vêm das células". Foi aí que superou Schwann. O que quis dizer foi que as células purulentas em um inchaço inflamado – após uma fratura ou um arranhão, por exemplo – na realidade tinham origem em outras células. Não eram cristalizadas a partir de fluidos corporais. Isso também significava que o crescimento cancerígeno resultava de outras células; nesse caso, células que se comportavam de modo incorreto e que se dividiam quando isso não deveria ocorrer. Todas as células que se podem observar no microscópio foram produzidas por uma célula existente (conhecida como "célula-mãe") que se dividiu em duas (as "células-filhas"). De fato, à medida que observavam cada vez mais, os biólogos, por vezes, viam essa divisão celular em andamento. E perceberam que o interior das células parecia se alterar quando a célula se dividia em duas. Algo especial estava ocorrendo.

Observações iniciais já haviam demonstrado que a célula não é só um saco repleto do mesmo tipo de substância. Na década de 1830, um botânico inglês, Robert Brown (1773-1858), argumentou que toda célula tem algo no centro: um *núcleo*, que é mais escuro do que a substância circundante. Brown analisou inúmeras células com um microscópio, e todas pareciam ter esse núcleo. O núcleo logo foi aceito como parte de todas as células. Todo o material restante delimitado pelas paredes celulares ficou conhecido como *protoplasma*. Essa palavra significa literalmente "primeiro molde", porque, naquela época, via-se o protoplasma como a parte viva dentro das células, cujas funções geravam vida a vegetais e animais. Com o tempo, outras estruturas celulares além do núcleo foram vistas e nomeadas.

Os cientistas não demoraram em aceitar a descoberta do núcleo e de outras partes das células. No entanto, a história era bem diferente para o antigo debate sobre "geração espontânea", a observação de que a carne em putrefação e a água parada pareciam gerar toda sorte de criaturas minúsculas, porém vivas. As pessoas sabiam que, se deixassem um pedaço de carne descoberta sobre a mesa, em alguns dias poderiam esperar larvas. Não sabiam que as moscas põem ovos dos quais saem larvas, então como poderiam explicar a origem das larvas? Examine uma gota de água do tanque sob um microscópio e verá que está fervilhando de criaturas diminutas. Como foram parar lá?

Para cientistas do século XIX, a explicação mais fácil era a de que tais criaturas foram feitas ou geradas a partir do ambiente nutritivo por um tipo de processo químico. Essa era a concepção comum e parecia fazer sentido. Como as larvas não estavam lá quando a carne foi colocada sobre a mesa, que melhor explicação para sua presença do que presumir que, conforme se decompunha, a carne, na realidade, produzia criaturas um tanto repugnantes? Poucas pessoas pensavam que seres complexos – elefantes ou carvalhos – eram gerados de modo espontâneo, mas formas de vida simples pareciam surgir de repente sem uma explicação óbvia, exceto que eram, de certo modo, geradas a partir do ambiente. Mesmo a noção de Schwann de células vivas que se cristalizam a partir do fluido corporal especial era um tipo de geração espontânea – células vivas que se originam de material não vivo.

Os naturalistas nos séculos XVII e XVIII acreditavam ter demonstrado que a geração espontânea não ocorre, mas o problema não desapareceu. Foi objeto de um acalorado debate no final da década de 1850 por dois cientistas franceses. O vencedor finalmente convenceu a comunidade científica de que não havia geração espontânea, mas a história não é nada simples: o vencedor (que estava correto) não jogou limpo.

O primeiro desses dois cientistas franceses era químico: Louis Pasteur (1822-1895). Na década de 1850, ele começou a suspeitar que as células vivas eram capazes de feitos extraordinários. Estava acostumado a investigar as propriedades químicas de vários compostos. Também estava familiarizado com a fermentação, o processo em que as uvas são misturadas com levedura para fazer vinho e em que a farinha é misturada com levedura para fazer o pão crescer antes de assá-lo. Antes de Pasteur, acreditava-se que a fermentação era um tipo especial de reação química em que a levedura só agia como um catalisador – algo para acelerar o processo, mas permanecendo inalterado pela reação. Em vez disso, Pasteur demonstraria que a fermentação era um processo biológico causado pela levedura à medida que vivia, alimentando-se de açúcares em uvas e na farinha. As células na levedura estavam se dividindo para produzir mais células e, no processo, suas atividades vivas causavam o desejado álcool no vinho ou tornavam o pão leve e suave. É evidente que tais processos tinham de ser interrompidos na hora certa por aquecimento. Se a levedura pudesse continuar viva, o vinho se transformaria em vinagre e a massa de pão acabaria voltando a afundar. Se isso estivesse ocorrendo na fermentação, Pasteur tinha curiosidade em descobrir como outros micro-organismos vivos poderiam estar envolvidos nos processos atribuídos às reações químicas, como a geração espontânea. Assim sendo, transformou isso em uma competição pública com seu compatriota, Félix Pouchet (1800-1872), um defensor da geração espontânea.

Em uma série de experimentos, Pasteur ferveu misturas de palha e água para torná-las estéreis. A seguir, deixou-as expostas ao ar e às partículas de pó flutuando nele. Normalmente, ao ser examinado após alguns dias, o líquido estaria apinhado de micro-organismos. Pasteur demonstrou que, se as partículas de pó fossem excluídas do ar, a solução ficaria estéril. Para mostrar que esses micro-organismos vinham junto com as partículas de pó e com o ar em si, projetou um frasco especial com um gargalo curvo, como o de um cisne, que possibilitava a entrada de ar, mas não de pó. Quando Pouchet realizou experimentos semelhantes, seus frascos continham micro-organismos após alguns dias. Os resultados foram interpretados como uma comprovação de que a geração espontânea é possível. Pasteur presumiu que, quando seus experimentos não ocorriam como tinha previsto, era porque os frascos não haviam sido bem limpos – e supôs que Pouchet era sempre descuidado. Pasteur alcançou a vitória, mesmo que, em silêncio, tenha ignorado os resultados de alguns experimentos quando não davam a ele o que queria e pareciam favorecer Pouchet! Seu triunfo deveu-se, em parte, ao fato de ser um cientista obstinado e determinado, que acreditava estar certo, mas também porque o importante enunciado de Virchow segundo o qual "todas as células vêm das células" estava ganhando suporte. As pessoas queriam acreditar em Pasteur porque suas teorias eram um grande passo à frente em relação a ideias antiquadas, e isso também é importantíssimo na ciência.

A microscopia possibilitou grandes avanços na pesquisa médica e biológica. Os microscópios foram aprimorados, assim como as ferramentas para preparar espécimes para análise sob as lentes. Corantes – produtos químicos especiais que atuam como tinturas – tinham importância particular, pois podiam colorir e destacar traços da estrutura de uma célula que, caso contrário, passariam despercebidos. Observava-se que o núcleo tingido, em especial, tinha uma série de fios de coloração escura, que receberam o nome de "cromossomos". (*Cromo* vem do grego "cor".) Quando uma célula estava se dividindo, era realmente possível ver os cromossomos inchar. A importância dessa descoberta, e das outras partes da célula identificadas pelos cientistas, teve que aguardar até o século XX. Porém, médicos e biólogos do século XIX deram o pontapé inicial. Acima de tudo, demonstraram que, se alguém deseja entender como funcionam vegetais e animais inteiros, tanto na saúde quanto na doença, é preciso iniciar com as células que os compõem. Um tipo de célula – organismos unicelulares chamados de *bactérias* – adquiriu relevância especial na compreensão de doenças. Ainda não concluímos com Louis Pasteur, pois ele exerceu uma função central na associação entre germes e doenças e no entendimento de como os micro-organismos desempenham seu papel em muitos aspectos da vida cotidiana.

CAPÍTULO 27

Tosse, espirro e doenças

Se alguém está com coriza, tosse ou problemas estomacais, muitas vezes se diz que a pessoa *pegou* uma bactéria ou um vírus e, com isso, o que se quer dizer é algum tipo de germe. A noção de "pegar" algo é tão natural para nós que é difícil perceber como foi incrível alguém propor uma teoria pela qual as doenças podem ser causadas por germes. Séculos antes, médicos explicaram que as enfermidades sofridas pelas pessoas deviam-se a alterações internas nos humores. Há menos tempo, os médicos sabiam que era possível culpar uma constituição deficiente (podemos dizer "genes ruins"), excesso de indulgência em comida ou bebida ou maus hábitos, como ficar acordado a noite inteira. Ninguém havia pensado que um organismo vivo externo poderia causar doenças. Era uma ideia nova e levou a uma enorme renovação no pensamento sobre o que significava a doença em si.

Os médicos, nos tempos antigos, sem dúvida falavam sobre as "sementes" da doença. A palavra "vírus" também era usada com frequência, mas, na época, queria dizer apenas "veneno". Pessoas que morriam envenenadas, de forma acidental ou deliberada, não eram novidade. O que era original nessa teoria dos germes era que a fonte externa era uma criatura viva minúscula – um micro-organismo. Ela trazia consigo uma linguagem bélica: o corpo tinha "defesas" contra esse germe e podia "combater" a infecção. A teoria dos germes foi um divisor de águas na medicina.

Conhecemos seu mais importante defensor, Louis Pasteur, no capítulo anterior. Ele chegou aos germes de modo gradual. Estava ocupado investigando a função dos micro-organismos em muitos eventos cotidianos: a fabricação de cerveja, a fermentação do vinho, o cozimento do pão. A "pasteurização" do leite e de outros laticínios passou a se basear em descobertas feitas por ele: dê uma olhada no refrigerador e verá que seu nome ainda é utilizado. O leite pasteurizado é aquecido à temperatura correta, matando os "germes" contidos nele. Sua duração é maior e é mais seguro de beber.

Ainda faltava um grande passo para demonstrar que bactérias, levedura, fungos e outros micro-organismos podiam causar doenças humanas e animais. Uma coisa era ver esses micro-organismos por um microscópio; outra era mostrar que eles, e nada mais, causavam determinada doença. O que hoje chamamos de doenças infecciosas sempre foi fatal. A peste bubônica, ou peste negra, causava febre alta e inchaços muito doloridos no corpo, conhecidos como ínguas. Por repetidas vezes, devastou municípios e cidades britânicos por mais de trezentos anos da década de 1340 em diante. A disseminação era feita por pulgas que viviam em ratos pretos, mas passava para os humanos quando os ratos também morriam em razão da peste. Varíola, tifo e febre escarlate, com erupções cutâneas e febre alta, também cobraram seu amargo preço. Os pais podiam ter oito ou mais bebês e perder a maioria para doenças enquanto ainda crianças.

Quando estudavam essas doenças, os médicos as explicavam de duas maneiras. Alguns pensavam que as doenças de comunidades inteiras eram *contagiosas*. Isso significa que eram transmitidas de pessoa para pessoa por contato: quando uma pessoa saudável tocava em alguém doente ou nas roupas ou lençóis de um doente. A varíola, com suas manchas horríveis, parecia ser uma doença contagiosa, sobretudo porque pessoas que não tinham a doença costumavam contraí-la ao cuidar de um amigo ou parente.

A disseminação de outras doenças era muito menos fácil de explicar por contágio. Os médicos tinham uma teoria de que tais doenças eram causadas por "miasmas". Miasma é um odor ou vapor pútrido ou insalubre. As doenças miasmáticas ocorriam, segundo eles, em função de distúrbios perniciosos na atmosfera: o mau cheiro de vegetação em putrefação e esgoto, os maus odores das enfermarias. Durante o século XIX, o cólera era a doença epidêmica mais temida. Era comum na Índia, mas na década de 1820 começou a se disseminar pelo resto do mundo. Foram precisos seis anos para se deslocar da Índia para a Grã-Bretanha, onde causou pânico por ser uma experiência nova e muito assustadora. O cólera causava diarreia e vômitos intensos, deixando a pobre vítima contraída e em agonia, sofrendo uma morte indigna. Costumava matar em apenas um dia.

Hoje, a viagem internacional ajuda a doença a se disseminar com muita rapidez. Naquele tempo, o progresso era mais lento. Conforme observavam o cólera se propagar lentamente pela Ásia e pelo Leste Europeu, médicos e autoridades europeus não conseguiam decidir se estava se disseminando de pessoa para pessoa (por contágio) ou se era uma epidemia miasmática. Muitas pessoas estavam aflitas, temendo que a doença estivesse espalhando-se por meio de algo que todos compartilhavam: o ar respirado.

Dependendo de em qual teoria acreditavam, as autoridades podiam adotar ações distintas para tentar interromper a disseminação da doença. Se a causa fosse o contágio, então era melhor isolar as vítimas e colocá-las de quarentena. Para o miasma, a limpeza e o aprimoramento da qualidade do ar eram importantes. Foi o cólera que desencadeou o debate mais intenso ao atingir a Grã-Bretanha pela primeira vez em 1831. Em meio ao pânico, a opinião médica ficou dividida, mas as medidas de quarentena não pareceram surtir o efeito desejado. Quando a doença voltou em 1848 e 1854, um médico londrino, John Snow (1813-1858), descobriu o que estava acontecendo de modo brilhante. Falando com residentes locais e sendo meticuloso ao mapear cada caso individual no bairro, teve a certeza de que o cólera estava se disseminando pela água de uma bomba pública no Soho, região central de Londres. Ele acreditava que essa bomba estava contaminada com as fezes e o vômito de vítimas do cólera e coletou uma amostra para análise no microscópio. Embora não pudesse identificar nenhuma causa específica, seu trabalho enfatizou que a água limpa era necessária à saúde pública.

A pesquisa de Snow demonstrou como o cólera era disseminado, e não o que o causava. Para isso, o laboratório era fundamental, sobretudo o de Louis Pasteur. Enquanto prosseguia com a pesquisa sobre micro-organismos, o governo francês pediu a ele para investigar uma doença do bicho-da-seda que estava destruindo a indústria da seda francesa. Pasteur obedeceu e mudou-se com a família para o sul da França, onde a seda era produzida. Recrutou a esposa e os filhos para trabalharem com ele na tentativa de identificar a causa do problema. Pelo que se pôde perceber, era um micro-organismo que estava infectando as larvas do bicho-da-seda. Demonstrando como se podia evitá-lo, Pasteur salvou a indústria da seda na França.

Com isso, Pasteur passou a trilhar o caminho da doença. Queria demonstrar sua crença de que os micro-organismos causam muitas das doenças que acometem seres humanos e animais. Começou com o antraz, uma doença de animais de fazenda que, por vezes, era transmitida a humanos. Até pouco tempo atrás, essa doença ficou em grande medida esquecida, embora hoje seja usada em ameaças terroristas. Os sintomas são feridas horríveis na pele e, caso se espalhe para a corrente sanguínea, pode ser fatal. A causa é uma bactéria grande, por isso a detecção é relativamente fácil. O antraz veio a se tornar a primeira doença humana que Pasteur conseguiu prevenir criando uma vacina.

Em 1796, Edward Jenner (1749-1823), um médico rural inglês, encontrou uma maneira de prevenir a varíola injetando intencionalmente varíola bovina em um garoto, uma doença semelhante, porém muito mais moderada. A varíola bovina era uma doença de vacas por vezes contraída por ordenhadoras, e observou-se que essas meninas pareciam protegidas contra a varíola mais perigosa. Janner chamou esse novo procedimento de *vacinação* (da palavra em latim para vaca, *vacca*), e foram iniciados programas de vacinação em vários países. Esses programas ajudaram essa grave doença a ser bem menos comum.

Pasteur queria fazer algo semelhante para o antraz, mas não havia uma doença próxima o bastante que pudesse usar. Em vez disso, aprendeu a enfraquecer a bactéria do antraz alterando suas condições de vida, como a temperatura e o alimento que poderia utilizar, ou expondo-a ao ar. As bactérias precisam das condições certas para se desenvolver, tal como nós. Pasteur obteve sucesso em tornar essas bactérias do antraz muito menos capazes de causar doenças e chamou as bactérias enfraquecidas de vacina em homenagem a Jenner. A seguir, convidou repórteres de jornais para testemunhar um experimento. Depois de injetar algumas ovelhas e bovinos com a vacina, deu as bactérias do antraz para esse grupo e para outro. O experimento foi um extraordinário sucesso: os animais vacinados não foram afetados ao receber as bactérias, ao passo que os animais desprotegidos morreram da doença. Pasteur conscientizou o mundo sobre o poder da ciência médica.

Após o antraz, veio a raiva. Trata-se de uma doença terrível, geralmente causada quando se é mordido por um animal infectado. Costuma ser fatal, e as vítimas – inclusive muitas crianças pequenas – espumam pela boca e nem conseguem beber água. O que é notável sobre Pasteur e a raiva é que ele nem conseguia ver com o que estava lidando. O vírus que causa a raiva é tão pequeno que os microscópios disponíveis a Pasteur e a seus contemporâneos não tinham capacidade para focalizá-lo. No entanto, Pasteur sabia que, de acordo com os sintomas das vítimas, o que quer que estivesse causando a raiva estava atacando o cérebro e a medula espinhal, no centro do sistema nervoso. Assim, utilizou a medula espinhal de coelhos para fazer "cultura" (cultivar) do vírus de modo artificial. Podia torná-lo mais ou menos nocivo, segundo as condições sob as quais o vírus era cultivado. O vírus mais fraco foi utilizado para criar uma vacina. O primeiro caso humano foi um sucesso expressivo que tornou Pasteur um nome de fama mundial. Joseph Meister era um jovem que fora mordido por um cão raivoso. Seus pais, em desespero, o levaram a Pasteur, que concordou em tentar salvar a sua vida por meio de uma série de injeções. Pasteur era químico, por isso um médico teve que administrar as injeções, mas a vacinação foi um triunfo. O jovem Meister sobreviveu, trabalhando para Pasteur pelo resto da vida. Outras pessoas mordidas por animais raivosos apressaram-se em direção a Paris para receber essa nova cura milagrosa. O tratamento exitoso criou uma comoção internacional, e as pessoas doaram dinheiro para fundar o Instituto Pasteur, onde o cientista trabalhou até a morte. O instituto permanece ativo, mais de um século depois.

Pasteur sempre foi incomum, tanto nos espetaculares sucessos quanto nas formas como cultivava e estudava micro-organismos. Outros cientistas consideravam seus métodos grosseiros e difíceis. Muitas ferramentas de laboratório que os cientistas ainda utilizam para estudar bactérias foram desenvolvidas pelo rival alemão de Pasteur, Robert Koch (1843-1910). Ao contrário de Pasteur, Koch era médico e iniciou o trabalho enquanto tratava pacientes. Também trabalhou com o antraz, aquela bactéria de fácil visualização. Demonstrou como o antraz é transferido de animais para humanos e descobriu que o seu ciclo de vida é complexo. Às vezes, as bactérias do antraz entram em um tipo de hibernação, conhecida como a "fase de esporos". É muito difícil matar tais esporos, que também podem infectar humanos e animais, de modo que desenvolvem a doença em mais de uma forma. Embora as bactérias consistam de apenas uma célula, a verdade é que são organismos complicadíssimos.

Koch foi pioneiro na utilização da fotografia para gerar um registro visível das bactérias que causam doenças. Cultivou suas bactérias em um tipo de gelatina sólida chamado ágar-ágar: isso possibilitava às "colônias" (grupos de bactérias) individuais serem identificadas e estudadas. Era bem menos desorganizado do que os frascos e as sopas de Pasteur. Um dos assistentes de Koch, chamado Petri, inventou um pratinho usado para armazenar o ágar e cultivar as bactérias. Koch também valorizava o uso de corantes para ajudar a identificar diferentes bactérias. Esses desenvolvimentos mudaram o perfil da bacteriologia, ajudando o grupo internacional de médicos e cientistas a começar a entender esses organismos diminutos.

Koch era um "caçador de micróbios". ("Micróbio" é só uma abreviação de micro-organismo.) Identificou os germes que causavam duas das doenças mais importantes do século XIX. Em 1882, anunciou a descoberta do bacilo da tuberculose, a bactéria que causa a tuberculose. Essa doença matou mais do que qualquer outra no século XIX, mas os médicos pensavam que era herdada ou que resultava de um estilo de vida não saudável. A pesquisa de Koch demonstrou que a tuberculose é uma doença infecciosa, disseminada de um indivíduo doente para outra pessoa. Diferia de outras doenças epidêmicas, como gripe, sarampo, tifo e cólera, por ser uma doença lenta – lenta para se disseminar e infectar e lenta para matar. A tuberculose geralmente destrói os pulmões ao longo de vários anos.

A segunda grande descoberta de Koch foi a bactéria que causa o cólera, a outra doença mais temida. Quando surgiu em 1883 no Egito, os franceses e os alemães enviaram cientistas para ver se conseguiam descobrir a causa. Foi um tipo de competição. Um membro da equipe francesa contraiu a doença e morreu. (Pasteur quis ir, mas sua saúde estava frágil demais.) Koch e seus colegas alemães pensaram ter encontrado o germe certo, mas não tinham certeza. Por isso, Koch partiu para a Índia, onde, na época, o cólera sempre estava presente. Ao identificar o bacilo do cólera, demonstrou que Snow estava correto – afinal de contas, era algo contido na água. O bacilo foi encontrado na diarreia das vítimas e nos poços de onde buscavam água. A compreensão da causa de doenças infecciosas preparou o caminho para um melhor controle e, no devido tempo, para vacinas que salvaram incontáveis milhões de vidas no século passado.

A partir do final da década de 1870, muitos germes que causam doenças foram corretamente identificados (e muitos foram anunciados, porém mais tarde se demonstrou que não eram perigosos). Foi um período estimulante, e vários médicos acreditavam ser o anúncio de uma nova era para a medicina e a higiene. Evidenciou-se a importância da água e do leite limpos, além de tudo o mais que comemos e bebemos. Daquele momento em diante, os médicos aconselham-nos a lavar as mãos depois de usar o banheiro e a cobrir a boca ao tossir. A identificação de germes significava que os cientistas podiam criar vacinas e, mais adiante, drogas. E tornou a cirurgia moderna viável.

Desde a década de 1860, o cirurgião inglês Joseph Lister (1827-1912) andava inspirado pelos germes de Pasteur. Ele introduziu o que chamou de cirurgia *antisséptica*. Talvez você tenha um creme antisséptico no kit de primeiros socorros. O novo método de Lister envolvia ácido carbólico, também conhecido como fenol, que era utilizado para desinfetar a rede de esgotos. Usava ácido carbólico para lavar os instrumentos cirúrgicos e as ataduras que aplicava na parte do corpo que sofrera a incisão. Mais tarde, inventou um dispositivo para aspergir ácido carbólico sobre o corpo do paciente e as mãos do cirurgião durante a operação. Ao comparar seus pacientes com os de cirurgiões que não utilizavam esses métodos "listerianos" ou com seus próprios pacientes pré-listerianos, Lister constatou que muitos mais haviam sobrevivido à cirurgia. Não tinham morrido de infecções com início no local da operação e disseminadas no sangue. Em experimentos projetados para refutar a geração espontânea, Pasteur demonstrou que os "germes" eram transportados pelo ar em partículas de pó. Lister estava matando esses germes com a rotina de ácido carbólico.

Assim como havia aprimorado as ferramentas laboratoriais de Pasteur, Robert Koch também aperfeiçoou a cirurgia antisséptica de Lister. Este tinha por meta exterminar todos os germes causadores de doenças no ferimento. Antes de tudo, a cirurgia *asséptica* de Koch evitaria que os germes chegassem ao ferimento. Koch inventou o autoclave, um dispositivo que utilizava vapor bem quente para esterilizar instrumentos cirúrgicos. A cirurgia asséptica possibilitou ao cirurgião entrar em segurança nas cavidades corporais (tórax, abdômen e cérebro) pela primeira vez. Pouco a pouco, o resultado foi a sala de cirurgia moderna, com jalecos e máscaras, luvas de borracha e equipamentos esterilizados.

Junto com a higiene moderna, a cirurgia não poderia ter avançado sem a anestesia. Sua introdução na medicina ocorreu na década de 1840 nos Estados Unidos. A anestesia foi um triunfo para a química a serviço da medicina, uma vez que os compostos que, conforme se demonstrou, colocavam as pessoas para dormir – éter e clorofórmio – eram substâncias químicas feitas no laboratório. (O óxido nitroso de Humphry Davy era outro entre os primeiros anestésicos.) Retirar a dor agonizante e, por vezes, a morte da cirurgia e do parto parecia ser nada menos do que um milagre. Um dos pioneiros britânicos foi John Snow, célebre pelo trabalho com o cólera. A carreira de anestesista atingiu o auge quando administrou anestesia para a rainha Vitória durante o nascimento de seus últimos dois filhos. A rainha, que já tivera sete bebês sem anestesia, considerou-a algo ótimo.

A compreensão dos germes ajudou a possibilitar a cirurgia avançada. Também ofereceu aos médicos formas de entender as doenças infecciosas que causavam tanta dor e morte por toda a história humana. Agora havia uma base científica para que a descoberta de Edward Jenner da vacinação protegesse contra doenças específicas. Essas injeções valem a pena, mesmo que doam na hora, pois oferecem a esperança de que, se todos forem vacinados, muitas doenças infecciosas sejam conquistadas. Sabemos bem mais sobre germes do que na época de Pasteur e Koch. E estamos mais cientes, conforme veremos no Capítulo 36, de como são evasivos as bactérias, os vírus e os parasitas. Encontraram um meio de se adaptar aos medicamentos e tratamentos que os médicos direcionam a eles e de se tornar resistentes – uma lição de evolução darwiniana. Sobrevivem porque se adaptam, uma lição ensinada pela primeira vez por Darwin.

CAPÍTULO 28

Motores e energia

"VENDO AQUI, SENHOR, O QUE o mundo inteiro deseja ter – ENERGIA". O engenheiro Matthew Boulton (1728-1809) sabia do que estava falando. Na década de 1770, Boulton e outros homens ambiciosos, como o inventor James Watt (1736-1819), usavam motores a vapor na mineração e na manufatura. Pareciam ter adestrado a energia. Esses homens impulsionaram a Revolução Industrial na Grã-Bretanha, o primeiro país a se industrializar e a desenvolver o sistema de fábricas. Foi uma revolução motivada por avanços científicos, baseando-se em enormes aumentos no poder de fabricar bens com alta velocidade e de transportá-los para todo lugar. Nosso mundo moderno é inimaginável sem energia – e em grande quantidade. Tudo começou com o vapor.

Os motores a vapor em si são bastante simples. É possível ver o princípio em ação sempre que se ferve água em uma panela tampada: a força do vapor pressiona a tampa para cima para que o vapor escape e a faz chacoalhar. Agora imagine que, em vez de uma panela, haja um cilindro fechado só com um orifício pequeno em uma das extremidades. Dentro dele, é fixado um pistão móvel (ou seja, um disco que se encaixa com firmeza no cilindro, com um botão que também se encaixa com firmeza no orifício). A pressão do vapor de saída força o pistão para cima e move o que estiver conectado a ele: talvez uma barra ligada às rodas de um trem. Assim, um motor a vapor transforma a energia do vapor em movimento: energia mecânica. Esse motor pode realizar trabalho útil, como acionar uma peça de máquina ou bombear um grande volume de água para fora de uma mina.

Nem Boulton nem Watt inventaram o motor a vapor: ele já existia há mais de cem anos, porém os modelos iniciais eram grosseiros, não confiáveis e ineficazes. Watt, em particular, era o cérebro por trás do aprimoramento ao motor. Seu modelo forneceu a energia que ajudou a Grã-Bretanha a se industrializar, além de levar cientistas a investigarem uma lei básica da natureza. Ajudou a vê-los que o calor não era uma substância, conforme havia pensado Lavoisier, mas uma forma de energia.

Entre as pessoas que estavam estudando motores em detalhe durante a Revolução Industrial, um homem em particular se destaca entre os demais. Tratava-se de um jovem engenheiro, Sadi Carnot (1796-1832). Os franceses e os britânicos eram grandes rivais naquele tempo. Carnot estava ciente de que os britânicos haviam tomado a dianteira no projeto de motores a vapor e na utilização da energia gerada. Ele queria que a França recuperasse o terreno perdido e, enquanto observava motores a vapor em funcionamento, descobriu um princípio científico fundamental. Preocupava-se com a *eficiência* do motor a vapor.

Se tivesse eficiência perfeita, um motor a vapor transformaria *toda* a energia necessária para ferver a energia para acionar o motor. É possível medir a quantidade de calor produzido pela queima de carvão ou madeira para criar o vapor, depois medir a energia, ou trabalho, gerada pelo pistão. Se o motor apresentasse eficiência absoluta, seriam exatamente iguais. Infelizmente, é impossível construir motores com eficiência absoluta.

Todos os motores têm o que se chama cárter, onde o vapor resfriado e a água acumulam-se depois de realizar trabalho. Pode-se medir a temperatura do vapor de entrada e a temperatura do vapor (ou água) que resta ao término de cada ciclo. No cárter, a temperatura é sempre menor na saída do que na entrada. Carnot demonstrou que era possível usar a diferença entre as duas temperaturas para calcular a eficiência de um motor. Se a eficiência perfeita totaliza 1, então a eficiência real é 1 menos a temperatura no cárter (saída) dividido pela temperatura na fonte (entrada). A única forma de pontuar o valor de 1 da eficiência perfeita seria se o motor extraísse *todo* o calor do vapor. Então, a relação entre saída e entrada seria zero. Isso resultaria em 1-0 = 1. Para que isso ocorra, uma das medições de temperatura teria que ser zero ou infinito: vapor infinitamente quente de entrada ou "zero absoluto" (a menor temperatura possível na teoria, que será analisada abaixo) na saída do cárter. Nenhum dos dois é possível, por isso a eficiência está sempre abaixo da perfeição.

A equação simples de Carnot, voltada para medir a eficiência de motores, também resume uma lei profunda da natureza. Ela explica por que máquinas de "moto-contínuo" de vez em quando aparecem nas histórias de ficção científica, embora jamais possam existir no mundo real. Sempre se utiliza energia para produzir energia – por exemplo, antes de mais nada, é preciso queimar carvão ou outro combustível para aquecer a água. Nas décadas de 1840 e 1850, outros cientistas estavam trabalhando com esse fato básico da natureza. Um deles era um físico alemão, Rudolph Clausius (1822-1888), que passou boa parte da vida analisando como o calor flui em situações experimentais controladas de modo criterioso. Para realizar isso, introduziu um novo conceito em física: *entropia*. Entropia é uma medida do quanto as coisas de um sistema estão misturadas (desordenadas). É muito mais fácil misturar coisas do que reverter essa mistura. Se você misturar tinta branca com preta, obterá tinta cinza. A mistura é fácil, mas é impossível desfazê-la e obter tintas preta e branca puras novamente. Se você misturar leite e açúcar no chá, pode recuperar o açúcar com bastante trabalho, mas não é possível reaver o leite. A energia não é diferente: depois de queimar o carvão, não se pode usar o calor produzido para obter o carvão de volta.

Para as pessoas do século XIX, a entropia era uma ideia deprimente. Clausius declarou que o universo está tornando-se cada vez mais misturado, porque a entropia é seu estágio "natural". Assim que as coisas se misturam, é preciso mais energia para reverter a mistura, de modo que se consome mais energia para limpar um quarto do que para bagunçá-lo. De acordo com Clausius, o universo está se exaurindo aos poucos e, no ponto final, haverá um universo em que matéria e energia estão distribuídas uniformemente por todo o espaço. Até nosso Sol morrerá um dia, em aproximadamente cinco bilhões de anos, e com ele a vida na Terra.

Enquanto isso, é claro, vegetais e animais, seres humanos, nossas casas e nossos computadores desafiam a meta final definitiva da percepção de Clausius. Como diz o velho ditado: "Aproveite enquanto é tempo".

Enquanto se preocupavam com os efeitos da entropia, físicos e engenheiros também estavam analisando o que exatamente era a energia. Calor é uma forma importante de energia, por isso o estudo da energia é chamado de *termodinâmica* (uma palavra que combina as palavras gregas para "calor" e "energia"). Na década de 1840, diversas pessoas chegaram a conclusões semelhantes sobre as relações entre diferentes formas de energia. Estavam examinando uma série de questões. O que acontece quando a água congela ou ferve? Como os músculos conseguem levantar pesos? Como os motores a vapor fazem para usar o vapor de água quente para produzir algo que pode realizar trabalho? (A primeira ferrovia pública, movida por motores a vapor, foi inaugurada no norte da Inglaterra em 1825.) Abordando a questão a partir desses diferentes ângulos, todos perceberam que não se pode criar energia do nada nem é possível fazê-la desaparecer por completo. Tudo o que se pode fazer com a energia é transformá-la de um tipo para outro. Às vezes, pode-se fazer essa mudança realizar algum trabalho durante o processo. Isso ficou conhecido como o princípio da conservação de energia.

O físico de Manchester J.P. Joule (1818-1889) queria entender a relação entre calor e trabalho. Quanta energia é necessária para realizar determinada quantidade de trabalho? Em uma série de experimentos brilhantes, demonstrou que calor e trabalho apresentam uma relação direta em formas que podem ser expressas em termos matemáticos. A energia é utilizada para produzir trabalho (andar de bicicleta, por exemplo), enquanto o calor é uma forma comum de energia. Pense na escalada até o cume de uma montanha.

Usamos energia sempre que movimentamos os músculos. Ela vem do alimento que comemos e digerimos, usando o oxigênio que respiramos para "queimar" as calorias contidas no alimento. Só que pode haver dois caminhos para o cume da montanha: um bastante íngreme e outro mais gradual. O que Joule demonstrou é que, em termos da energia necessária, não importa qual caminho se escolhe. O caminho íngreme pode deixá-lo com os músculos doloridos, mas a quantidade de energia utilizada para mover o peso do corpo da base ao pico é a mesma, independentemente do caminho escolhido ou se for caminhando ou correndo. Os físicos ainda se lembram do nome de Joule, que é associado a diversas medições, inclusive a uma unidade de energia ou calor.

Há muito as pessoas tentam medir quanto calor um objeto contém, ou seja, sua *temperatura*. Galileu (Capítulo 12) flertou com um "termoscópio", instrumento que se altera conforme a temperatura aumenta. Um termoscópio possibilita ver que as coisas estão ficando mais quentes ou mais frias; um *termômetro* permite atribuir um número ao grau de calor. Ainda se utilizam duas tentativas iniciais de projetar uma escala de temperaturas. Uma foi inventada pelo físico alemão Daniel Gabriel Fahrenheit (1686-1736), que usou termômetros contendo mercúrio e álcool; em sua escala, a água congela a 32 graus, e a temperatura corporal normal é de 98,6 graus. Anders Celsius (1701-1744) projetou uma escala utilizando os pontos de congelamento e de ebulição da água, sendo que aquele foi estabelecido em zero grau e este em cem graus. Seu termômetro media temperaturas entre esses dois pontos. Essas duas escalas ainda fazem parte de nossa vida diária, desde saber em qual temperatura assar um bolo até reclamar sobre o tempo.

O físico escocês William Thomson (1824-1907) inventou outra escala. Ele tinha um interesse especial em como o calor e outras formas de energia operam na natureza. Foi professor na Universidade de Glasgow e, mais tarde, recebeu o título de Lorde Kelvin. Sua escala de temperatura é conhecida como a escala Kelvin ou K. A escala K foi desenvolvida usando medições bastante precisas e princípios científicos. Comparadas a ela, as escalas Celsius e Fahrenheit são medidas grosseiras de temperatura.

O ponto de definição da escala K é o "ponto triplo da água". Isso ocorre quando os três estados da água – gelo (sólido), água (líquido) e vapor d'água (gás) – estão em "equilíbrio termodinâmico". O equilíbrio termodinâmico pode ocorrer em um sistema experimental, quando uma substância é isolada do ambiente de modo que temperatura e pressão são fixas. Assim, não há mudança no estado de uma substância e nenhuma energia entra ou sai do sistema. O ponto triplo da água é quando seus estados sólido, líquido e gasoso são mantidos em perfeito equilíbrio. Assim que a temperatura ou a pressão se altera, então o equilíbrio se perde.

Em Celsius e Fahrenheit, as temperaturas passam para o negativo quando está muito frio. Você já ouviu na previsão do tempo "menos dois ou três graus". Não há números negativos na escala K. A água congela a 273,16 graus Kelvin (em comparação a zero grau na escala Celsius e a 32 graus na escala Fahrenheit). Fica muito mais frio nos valores abaixo de zero grau Kelvin. Contudo, aqui, zero realmente quer dizer zero ou "zero absoluto". Nessa temperatura fria impossível, todo movimento e toda energia cessam. Assim como o motor com eficiência perfeita, não se pode chegar lá.

Kelvin e outros ajudaram a explicar tanto a ciência quanto o funcionamento prático de todos os tipos de motores. Conforme o século XIX progredia, as três descobertas destacadas neste capítulo tornaram-se a primeira, segunda e terceira leis da termodinâmica: a conservação de energia, a "lei" da entropia e a imobilidade absoluta de átomos no zero absoluto. Essas leis ajudam-nos a entender questões importantes sobre energia, trabalho e potência.

O mundo moderno não se cansava dessa energia recém-descoberta: para operar fábricas, navios, trens e – perto do fim da vida de Kelvin – veículos motorizados. Trens e navios a vapor utilizavam o calor do carvão nas fornalhas para produzir vapor e acionar os motores, porém os carros dependiam de um novo tipo de motor: o motor de combustão interna. Isso exigia um combustível altamente volátil chamado gasolina, descoberta próximo ao fim do século XIX. A gasolina viria a se tornar um dos produtos mais importantes do próximo século. Agora, no novo milênio, ainda é um dos recursos mais disputados e cada vez mais escassos do mundo.

CAPÍTULO 29

Tabulação dos elementos

SEMPRE QUE INGREDIENTES SÃO MISTURADOS para assar algo, estamos usando reações químicas. O chiado produzido durante a descalcificação de uma chaleira é química em ação. As garrafas de água de plástico que carregamos ou as roupas coloridas que usamos são possíveis devido ao conhecimento químico adquirido ao longo de centenas de anos.

A química tornou-se moderna no século XIX. Vamos recapitular um pouco. No início do século, os químicos adotaram a ideia original de Dalton do átomo, conforme mencionado no Capítulo 21. A seguir, deram passos largos na criação de uma linguagem especial que todos pudessem compreender, sem importar o país de origem. Tinham o sistema de símbolos para elementos, como H_2 para dois átomos de hidrogênio. Todos concordavam que o *átomo* era a menor unidade de matéria. Utilizavam o *elemento* da palavra para uma substância composta de apenas um tipo de átomo (carbono, por exemplo). Um *composto* era dois ou mais elementos unidos de modo químico. É possível decompor compostos em elementos (a amônia pode ser decomposta em nitrogênio e hidrogênio), mas, tão logo os elementos individuais fossem obtidos, não se podia mais decompor as coisas.

Embora estivesse claro que os átomos não eram as bolinhas rígidas sugeridas por Dalton, era bem difícil dizer exatamente o que eram. Em vez disso, os químicos passaram a descobrir muito sobre como agiam quando colocados com outros átomos ou compostos. Alguns elementos não tinham interesse em reagir com outros, não importa o que fosse feito. Alguns reagiam de forma tão violenta juntos que era preciso proteger-se contra uma explosão. Às vezes, no entanto, podia-se obter uma reação com auxílio externo. Oxigênio e hidrogênio podiam ser combinados em um frasco e nada acontecia. Se uma faísca fosse colocada nele, era preciso ter cuidado! Apesar da explosão drástica, a reação não produzia nada mais incomum do que água. No outro extremo, se magnésio e carbono fossem combinados em um frasco sem ar, podia-se aquecê-los para sempre e nada ocorreria. Se entrasse um pouco de ar, você seria saudado com uma luz brilhante e uma quantidade impressionante de calor.

Os químicos estavam cientes dessas várias reações químicas. Também estavam curiosos sobre o que as causava e os padrões revelados no laboratório. Seus experimentos eram conduzidos de duas principais formas: síntese e análise. *Síntese* é o agrupamento de elementos: comece com elementos únicos ou compostos simples e, quando reagirem entre si, analise os resultados – o que foi criado. *Análise* é o contrário: comece com o composto mais complexo, faça algo para decompô-lo e, examinando os produtos finais, tente entender o composto com o qual iniciou. Esses métodos começaram a dar aos químicos uma boa ideia do que consistiam vários compostos relativamente simples. Era mais fácil, então, criar compostos mais complicados com a adição de novas partes a substâncias sobre as quais tinham uma boa noção.

De todos esses experimentos, duas questões ficaram particularmente claras. Em primeiro lugar, conforme vimos, os próprios elementos pareciam ter tendências positivas ou negativas. Como diz o velho ditado, os opostos se atraem. Por exemplo, sódio, um elemento naturalmente positivo, combinava-se com facilidade ao cloro, negativo, para criar o cloreto de sódio (que é apenas o sal de cozinha que polvilhamos sobre a comida). O positivo e o negativo se anulam, por isso o sal é neutro. Todos os compostos estáveis (os que não se alteram, a menos que algo seja feito a eles) são neutros, embora sejam constituídos de elementos que não necessariamente o eram. A combinação de sódio e cloro é um exemplo de síntese. Pode-se fazer análise química do sal criado. Dissolva o sal em água, coloque a solução em um campo elétrico com os polos positivo e negativo e ela se dividirá. O sódio migra para o polo negativo, o cloro dança até o positivo. Centenas de experimentos semelhantes convenceram os químicos de que os átomos de tais elementos têm realmente essas características positivas e negativas. E tais características exercem uma função essencial na determinação do que ocorre quando os elementos reagem entre si.

Em segundo lugar, alguns grupos de átomos podem unir-se durante os experimentos, e esses átomos coletivos podem agir como uma unidade única. Essas unidades foram chamadas de “radicais” e também são positivas ou negativas. Tinham uma importância especial na química "orgânica", na qual os químicos estavam começando a entender uma série completa de compostos relacionados (todos contendo carbono), como éteres, álcoois ou benzenos. Os benzenos eram um grupo fascinante, cada qual com uma estrutura similar a um anel. Muitos químicos estavam ávidos para tentar classificar esses grupos orgânicos, entender do que eram compostos e como reagiam, sobretudo porque várias substâncias estavam tornando-se valiosas para a indústria. Cada vez mais, esses produtos químicos industriais saíam de pequenos laboratórios para serem produzidos em fábricas. Era crescente a demanda por fertilizantes, tintas, medicamentos, corantes e, sobretudo a partir da década de 1850, derivados do petróleo. A indústria química moderna havia começado, e a química tornou-se uma carreira, não só uma indulgência para curiosos ou ricos.

Os elementos também têm suas próprias propriedades físicas e químicas exclusivas. À medida que outros deles eram descobertos, os químicos encontravam certos padrões. Parecia que os átomos individuais de alguns elementos, como hidrogênio, sódio ou cloro, só queriam combinar com outros átomos de maneira isolada. Por exemplo, um átomo único de hidrogênio e um de cloro combinavam-se para criar um ácido poderoso, o ácido hidroclórico (HCl). Um átomo único de outros, como oxigênio, bário e magnésio, parecia ter uma capacidade dupla de se combinar com outros átomos ou radicais e, assim, é preciso que dois átomos de hidrogênio combinem-se com o oxigênio para criar água. Alguns elementos eram ainda mais flexíveis, e sempre havia exceções que dificultavam o estabelecimento de regras sólidas e rápidas. Os elementos (e os radicais) também diferiam quanto ao ímpeto de entrar em reações químicas. O fósforo era tão ativo que precisava ser tratado com cuidado; o silício costumava ser indolente e bem menos perigoso.

Os elementos também diferiam radicalmente em termos de propriedades físicas. Em temperaturas normais, hidrogênio, oxigênio, nitrogênio e cloro eram gases; mercúrio e sódio eram líquidos. A maior parte era sólida por natureza: metais como chumbo, cobre, níquel e ouro. Vários outros elementos, acima de tudo carbono e enxofre, ambos estudados à exaustão, normalmente se encontravam em estado sólido. Jogue a maioria dos sólidos em uma fornalha comum e podem ser derretidos com facilidade, por vezes até vaporizados (transformados em gás). Também era fácil (apesar de perigoso) vaporizar o mercúrio e o sódio líquidos. Químicos do século XIX não conseguiram obter temperaturas baixas o suficiente para transformar gases como oxigênio e nitrogênio em líquidos, muito menos sólidos. Porém, reconheceram que o problema era meramente técnico. Em princípio, cada elemento podia existir em cada um dos três estados da matéria: sólido, líquido e gasoso.

Por volta da década de 1850, a química estava atingindo a maturidade e, nesse período estimulante, havia um grande debate sobre os pesos relativos dos átomos, sobre como ocorria a ligação as moléculas (grupos de átomos), sobre as diferenças entre compostos "orgânicos" e "inorgânicos", entre outras questões. Em 1860, ocorreu algo que ajudou a criar a química moderna. Foi algo que hoje parece bastante normal, mas que na época era incomum: um encontro internacional. Nos dias antes do telefone, dos e-mails e da viagem fácil, era raro o encontro de cientistas, que se comunicavam, em sua maior parte, por cartas. Ouvir outro cientista do exterior falar sobre seu trabalho, seguido de um debate aberto, era um evento raro. Os encontros internacionais começaram na década de 1850, auxiliados pela maior disponibilidade de viagens de trem e navio a vapor, possibilitando às pessoas se conhecerem e conversarem com colegas de outros países. Também anunciavam ao mundo uma crença amplamente compartilhada pela comunidade científica: que a ciência em si era objetiva e internacional, e estava acima de religião e política, que muitas vezes dividiam as pessoas e faziam nações inteiras entrar em guerra entre si.

O encontro de química de 1860 durou três dias em Karlsruhe, na Alemanha. Vários dos principais jovens químicos de toda a Europa participaram, inclusive três que seriam guias para a química no restante do século. Os objetivos do encontro foram determinados pelo alemão August Kekulé (1829-1896). Ele queria que químicos de diferentes países chegassem a um acordo sobre as palavras que deveriam usar para definir as substâncias com as quais trabalhavam e sobre a natureza de átomos e moléculas. Um inflamável químico siciliano, Stanislao Cannizzaro (1826-1910), já estava exigindo isso e participou com satisfação. Assim como um apaixonado químico russo da Sibéria, Dmitry Ivanovich Mendeleev (1834-1907). Os representantes discutiram as sugestões de Kekulé por três dias e, embora não se tenha atingido um consenso, a semente foi plantada.

No encontro, foram entregues cópias de um artigo publicado por Cannizzaro em 1858 para vários participantes. Nesse artigo, a história da química durante o início do século era revisada. Ele intimava aos químicos que levassem a sério o trabalho de seu conterrâneo

Avogadro, que havia feito uma distinção clara entre átomo e molécula. Cannizzaro também argumentou que era fundamental determinar os pesos atômicos relativos dos elementos e mostrou como fazer isso.

Mendeleev entendeu o recado. Devia muito à sua formidável mãe, que levou este último de catorze filhos da Sibéria para São Petersburgo a fim de que Mendeleev pudesse aprender sobre química de modo adequado. Assim como vários químicos excepcionais da época, Mendeleev escreveu um livro-texto, com base em seus próprios experimentos e no que ensinava aos alunos. Como Cannizzaro, queria ordenar os muitos elementos identificados. Já haviam sido descobertos alguns padrões: o que era chamado de família dos "halogênios" – cloro, bromo e iodo, por exemplo – reagia de forma semelhante. Também podiam ser trocados entre si em reações químicas. Alguns metais, como cobre e prata, também compartilhavam semelhanças nas reações. Mendeleev passou a listar os elementos de acordo com o peso atômico relativo (ainda utilizando 1 para o hidrogênio). Suas ideias foram apresentadas em 1869.

Mendeleev fez mais do que apenas compilar uma lista dos elementos por peso atômico. Ele criou uma tabela com linhas e colunas. Era possível lê-la na horizontal e na vertical, sendo possível visualizar a relação entre elementos com propriedades químicas semelhantes. No início, sua *tabela periódica*, como passou a chamá-la, era apenas um esboço, e poucos químicos prestaram muita atenção a ela. À medida que começou a preencher os detalhes, ocorreu algo interessante: parecia haver elementos aleatórios ausentes aqui e ali, substâncias que, conforme implicado por sua tabela, deveriam estar lá, mas que não haviam sido descobertas. Na realidade, havia uma coluna inteira ausente na tabela, prevista pelos pesos atômicos relativos. Anos depois, essa coluna veio a ser preenchida por gases não reativos – chamados de gases “nobres”. Como nobres aristocráticos que não se misturam socialmente com pessoas abaixo deles, esses gases passavam ao longe das reações químicas. Os principais foram descobertos somente na década de 1890, e Mendeleev, a princípio, não aceitou os achados. Logo percebeu que hélio, neônio e argônio, com os pesos atômicos que se demonstrou possuírem, foram previstos pela tabela periódica.

Nas décadas de 1870 e 1880, os químicos descobriram diversos outros elementos que Mendeleev havia previsto na base de sua tabela. Muitos químicos rejeitaram suas previsões de que os elementos por fim chamados de berílio e gálio deviam existir, considerando-as especulações absurdas. Conforme as lacunas identificadas por ele começaram a ser preenchidas, os químicos reconheceram o poder da tabela de Mendeleev. Ela os estava orientando a descobrir novos elementos na natureza. Também estava explicando como é cada elemento e como reage com outras substâncias químicas. O que começou como uma tentativa de Mendeleev de apenas entender os elementos produziu uma chave incrível para saber como se comporta a natureza. A tabela periódica hoje está presente em salas de aula e laboratórios de química de todo o mundo.

Durante boa parte do século XIX, os químicos preocuparam-se com a composição química: quais átomos e radicais constituíam determinados compostos. O cérebro por trás daquele primeiro congresso internacional de química, August Kekulé, começou a ir mais além. Ele incentivava os cientistas a terem como meta a compreensão da *estrutura* química. A química e a biologia molecular modernas dependem de cientistas que saibam como átomos e moléculas estão dispostos em uma substância: onde todos se encaixam e as formas que possuem. Seria impossível buscar novas drogas sem esse entendimento, e Kekulé foi um pioneiro nesse sentido. Ele falava sobre um sonho em que viu uma cadeia de átomos de carbono enrolada sobre si mesma, como uma cobra mordendo o próprio rabo. Isso inspirou um de seus maiores lampejos, sobre o benzeno, o composto de hidrogênio e carbono que tem uma estrutura de anel fechado. Radicais ou elementos podem ser adicionados em vários pontos ao redor do anel, e isso era um avanço importante para a química orgânica.

Sonhos são uma coisa. Realizar o trabalho árduo é outra. Kekulé passava horas intermináveis no laboratório, conduzindo experimentos. Decifrou a química orgânica – a química dos compostos de carbono – e ensinou a todo o mundo químico como classificá-los em suas famílias naturais. Estava fascinado com a flexibilidade do carbono em se unir com outras substâncias químicas. O gás metano, à época bastante usado para aquecimento e iluminação, era CH_4 – um átomo de carbono unido a quatro átomos de hidrogênio. Dois átomos de oxigênio podiam se combinar com um átomo de carbono, gerando CO_2, dióxido de carbono. Que essas preferências atômicas não eram uma verdade absoluta foi demonstrado pelo fato de que carbono e oxigênio podiam se combinar como átomos únicos para criar CO, o letal gás monóxido de carbono.

Os químicos inventaram uma palavra para esses padrões de ligação: *valência*. Era possível deduzi-la a partir da posição de cada elemento na tabela periódica de Mendeleev. Especulou-se sobre o porquê disso. O entendimento real veio apenas com a descoberta, pelos físicos, da estrutura interna do átomo e do elétron. O elétron ligava o átomo do químico ao átomo que os físicos estavam estudando, história que será contada no próximo capítulo.

CAPÍTULO 30

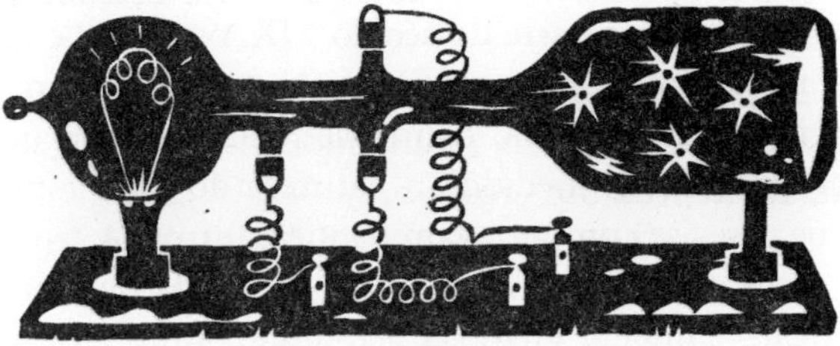

Dentro do átomo

Os QUÍMICOS GOSTAVAM DO ÁTOMO. Era o que entrava nas reações químicas. Tinha posições definidas nos compostos. Suas propriedades eram definidas, em linhas gerais, pela posição em que estavam na tabela periódica. Cada átomo tinha a tendência de ser positivo ou negativo nas relações com outros átomos e de ter os padrões de ligação chamados de valência. Os químicos também estimavam a diferença entre um único átomo e o agrupamento de átomos em moléculas (coleções de átomos unidos). Perceberam que, embora a maioria estivesse contente em existir como átomos isolados, alguns deles – hidrogênio e oxigênio, por exemplo – existiam naturalmente na forma molecular (H_2 ou O_2). Os pesos relativos dos átomos, sendo que o hidrogênio é sempre 1, também foram medidos com precisão cada vez maior.

Ainda assim, nada disso forneceu aos químicos pistas sobre as estruturas delicadas dos átomos. Descobriram que podiam manipular átomos no laboratório, mas não sabiam dizer muito sobre o que eram, de fato, essas unidades de matéria.

Durante boa parte do século XIX, os físicos estavam mais interessados em outras questões: como a energia era conservada, como eletricidade e magnetismo podiam ser medidos, a natureza do calor e por que os gases se comportavam daquela forma. A teoria dos gases proposta pelos físicos – chamada de teoria cinética – também envolvia a reflexão sobre átomos e moléculas. Mas os físicos, assim como os químicos, concordavam que, embora a teoria atômica fosse muito conveniente para explicar o que viam e mediam, era difícil entender a real natureza dos átomos.

O primeiro sinal de que os átomos não eram apenas a menor unidade de matéria chegou com a importante descoberta de um de seus componentes, o *elétron*. Experimentos já haviam demonstrado que os átomos podiam possuir cargas elétricas, porque as correntes elétricas em uma solução atraíam alguns átomos ao polo positivo e outros ao negativo. Os físicos não estavam certos de que as propriedades elétricas de um átomo exerciam alguma função nas reações químicas, mas mediram as cargas elétricas e constataram que vinham em unidades definidas. Essas unidades foram chamadas de "elétrons" em 1894, logo após J.J. Thomson (1856-1940) em Cambridge começar a utilizar o tubo de cátodos em seu trabalho experimental.

O tubo de cátodos é bem simples. Na realidade, é incrível que algo tão simples pudesse começar a nos informar sobre a estrutura essencial do átomo e do universo. A maior parte do ar é retirada desse tubo para criar um vácuo parcial, sendo inseridos eletrodos nas duas extremidades. Quando uma corrente elétrica é enviada pelo tubo, ocorre todo tipo de reações interessantes, inclusive a produção de raios (radiações). As radiações são fluxos de energia ou de partículas, e aquelas criadas no tubo de cátodos consistiam basicamente de partículas carregadas em rápida movimentação. Thomson e seus colegas dos Laboratórios Cavendish começaram a medir a carga elétrica e o peso de algumas dessas radiações. Tentaram decidir como essas duas medições se relacionavam. Em 1897, Thomson propôs que esses raios eram fluxos de partículas subatômicas carregadas: pedaços dos átomos. Estimou que pesavam apenas uma fração diminuta do átomo mais leve, o hidrogênio. Foram necessários vários anos para que os físicos concordassem que Thomson havia, de fato, encontrado o elétron – e que se tratava da unidade de carga que ele e outros vinham medindo há algum tempo.

Logo, átomos contêm elétrons. O que mais eles contêm? A resposta veio aos poucos, a partir dos resultados de mais experimentos conduzidos com o tubo de cátodos. Os vácuos dentro do tubo foram aprimorados, e correntes elétricas mais fortes podiam passar por ele. Entre os que exploraram esses avanços técnicos estava um ex-aluno de Thomson, colaborador e futuro sucessor dos Laboratórios Cavendish em Cambridge, o neozelandês Ernest Rutherford (1873-1937). No final da década de 1890, Rutherford e Thomson identificaram dois tipos diferentes de raios emitidos pelo urânio, um elemento que havia adquirido grande importância para os físicos.

Um dos raios do urânio podia ser dobrado em um campo magnético; o outro não. Sem saber o que eram, Rutherford os chamou apenas de raios "alfa" e "beta" – somente "A" e "B" em grego. Os nomes pegaram. Rutherford continuou a realizar experimentos com os dois raios estranhos por décadas. Verificou-se que não só o urânio, mas um grupo inteiro de elementos emitiam esses raios. Esses elementos criaram uma grande agitação nos primeiros anos do século XX e ainda hoje são importantíssimos. São os elementos "radioativos", sendo que urânio, rádio e tório ocorrem com mais frequência. Quando começaram a investigar suas propriedades especiais, os cientistas aprenderam lições fundamentais sobre a estrutura atômica.

O "raio" alfa era essencial. (Também é chamado de "partícula" alfa – as distinções por vezes se tornam indistintas no mundo pequeno e rápido em demasia da física atômica.) Rutherford e seus colegas os voltaram para chapas bem finas de metais, medindo o que acontecia. Normalmente, as partículas passavam pelas chapas de metal. Porém, de vez em quando, ricocheteavam. Imagine a surpresa de Rutherford ao ponderar sobre o que havia ocorrido. Era como se tivesse disparado uma bala de canhão pesada sobre uma folha de papel e constatado que ela voltou em sua direção. O que o experimento significava era que a partícula alfa havia encontrado uma parte muito densa dos átomos que constituíam a chapa de metal. Essa área densa era o *núcleo* do átomo. Seus experimentos demonstraram que os átomos consistem basicamente de espaço vazio, e era por esse motivo que as partículas alfa passavam direto. Somente quando atingiam a massa de alta concentração nesse núcleo central é que ricocheteavam. Outros trabalhos mostraram que o núcleo tem carga positiva. Os físicos passaram a desconfiar que a carga positiva do núcleo é equilibrada pelas cargas negativas do elétron e que os elétrons circulam em torno do espaço, em grande medida vazio, que circunda o núcleo.

Rutherford hoje é considerado o fundador da física nuclear. Em 1908, ganhou o prêmio Nobel de Química por suas descobertas. O nome desse prêmio é uma homenagem ao fundador sueco. Tornou-se o maior reconhecimento do mérito em ciência após sua introdução em 1901, e ganhar um permanece sendo a meta de muitos cientistas ambiciosos. Rutherford era bom em encontrar alunos e colegas excepcionais, e diversos deles também ganharam prêmios Nobel.

Niels Bohr (1885-1962), da Dinamarca, era um deles. Ele adotou a ideia de Rutherford de que a massa atômica é quase toda espremida no pequeno núcleo do átomo e aplicou uma empolgante nova ferramenta chamada física "quântica" para desenvolver algo que ficou conhecido como "átomo de Bohr" em 1913. Tratava-se de um modelo para visualizar o que estava acontecendo dentro do átomo, utilizando as melhores informações das quais os cientistas dispunham na época. Imaginava-se que um átomo possuía uma estrutura semelhante ao nosso Sistema Solar, com o Sol/núcleo no centro e os planetas/elétrons girando ao redor dele em suas órbitas. No modelo de Bohr, o peso do núcleo com carga positiva dava o peso atômico ao átomo e, portanto, seu lugar na tabela periódica. O núcleo era composto de *prótons* com carga positiva. Quanto mais pesado o átomo, mais prótons havia no núcleo. O número de prótons e de elétrons precisa corresponder, de modo que o átomo como um todo seja eletricamente neutro. Os elétrons serpenteiam ao redor do núcleo em diferentes órbitas, e é aí que entra a parte "quântica". Uma das partes brilhantes de todo o pacote de ideias que os cientistas chamavam de "física quântica" é a ideia de que as coisas na natureza ocorrem em pacotes ("quanta") definitivos e individuais.

(A história do quantum é narrada no Capítulo 32.) As coisas podem ser massa, energia ou seja qual for o seu interesse. No modelo de Bohr, os elétrons orbitam em diferentes estados quânticos individuais. Os elétrons mais próximos ao núcleo têm uma atração mais forte a ele. Os que estão mais distantes apresentam uma ligação mais fraca e são esses elétrons que estão disponíveis para participar de reações químicas ou gerar eletricidade ou magnetismo.

Se isso tudo soa meio difícil, na verdade é mesmo. Bohr sabia disso. Mas também sabia que o seu modelo possibilitava a físicos e químicos conversarem na mesma língua. A base vinha de experimentos conduzidos por físicos, mas também ia longe ao explicar o que os químicos observavam nos próprios laboratórios. Em especial, ajudava a explicar por que os elementos da tabela periódica comportam-se de determinada maneira, com diferentes padrões de ligação ou valência. Os que apresentavam ligação única o faziam porque contavam apenas com um elétron "livre". Outros tinham padrões diferentes, em razão do número de elétrons "livres" que possuíam. Esse modelo do átomo tornou-se um dos ícones modernos da ciência, mesmo que hoje saibamos que o átomo é ainda muito mais complexo do que imaginado por Bohr.

Foram suscitados todos os tipos de questões. Primeiro, como é possível que os prótons com carga positiva possam coexistir no exíguo espaço que é o núcleo atômico? Com carga elétrica, os iguais se repelem e os opostos se atraem (imagine dois ímãs). Então, por que os prótons não se distanciam uns dos outros e por que os elétrons não são absorvidos? Segundo, o átomo mais leve conhecido era o hidrogênio, então vamos presumir que o hidrogênio, com seu peso atômico de 1, consista de um único próton e de um elétron quase sem peso. Isso significa que é razoável supor que o próton tenha peso atômico de 1. Sendo assim, por que os pesos atômicos dos átomos da tabela periódica não sobem em um belo fluxo contínuo: 1, 2, 3, 4, 5 etc.?

Uma resposta ao primeiro enigma teve que aguardar até que a mecânica quântica se desenvolvesse mais. O segundo quebra-cabeça, sobre a falta de regularidade na sequência de pesos atômicos, foi solucionado bem antes, por outro colega de Rutherford em Cambridge, James Chadwick (1891-1974). Em 1932, Chadwick anunciou os resultados de seus experimentos com bombardeamento. Desde Rutherford, esse método era uma ferramenta crucial para físicos que pesquisavam a estrutura do átomo. Chadwick estava direcionando fluxos de partículas alfa a seu metal preferido, o berílio. Constatou que o berílio, por vezes, emitia uma partícula com um peso atômico de 1 e nenhuma carga. Utilizou o nome de Rutherford para a partícula – o *nêutron* –, porém logo ficou evidente que não era apenas um próton e um elétron combinados, conforme havia pensado Rutherford, mas uma partícula essencial da natureza. O nêutron era um tipo de elo perdido para os físicos, explicando pesos atômicos e posições enigmáticos na tabela periódica. A representação de Mendeleev dos elementos terrestres continuava a comprovar seu valor no mapeamento dos materiais básicos de nosso planeta. O nêutron de Chadwick também levou à descoberta dos *isótopos*. De vez em quando, átomos do mesmo elemento apresentam diferentes pesos atômicos – se tiverem um número distinto de nêutrons, que são essas partículas neutras no núcleo atômico. Logo, isótopos são átomos do mesmo elemento com diferentes pesos atômicos.

Até o hidrogênio pode, por vezes, ter um peso atômico de 2, em vez de 1, quando houver um nêutron junto a seu único próton. Chadwick ganhou o prêmio Nobel pela descoberta dos nêutrons e do que podiam fazer apenas três anos depois de tê-los descoberto.

O nêutron era uma ferramenta poderosa para bombardear os núcleos de outros átomos. Sem ter carga positiva ou negativa, não é repelido naturalmente pelo núcleo atômico com forte carga positiva, contendo prótons comprimidos com firmeza. Chadwick reconheceu isso e viu que, se alguém quisesse esmagar átomos, precisaria de máquinas para acelerá-los em altas velocidades e energias: um *cíclotron* ou um *síncroton.* Estas utilizam campos magnéticos fortes para propelir átomos e suas partículas quase tão rápidos quanto a luz. Para conduzir esse tipo de pesquisa, Chadwick trocou Cambridge pela Universidade de Liverpool, porque nesta recebeu fundos para construir um cíclotron. Lá, constatou que o choque de nêutrons de alta velocidade com átomos pesados, como urânio, podia gerar energias tremendas. Se fossem canalizadas, tais energias poderiam dar início a uma reação em cadeia, levando a um desfecho monumental: "fissão" atômica, a separação do átomo. As bombas atômicas criadas e utilizadas no final da Segunda Guerra Mundial foram o resultado desse trabalho, e Chadwick foi o líder do lado britânico desse projeto.

Muitos acreditavam que a descoberta que Chadwick fez do nêutron solucionava os problemas das estruturas dos átomos (os blocos de construção do universo), mas estavam errados. Ainda havia muitas surpresas a serem descobertas. Apesar disso, a compreensão básica do elétron, do próton e do nêutron absorveu a atenção dos físicos com diversas ondas e partículas, como os raios alfa, beta e gama. Eles tiveram que entender outros fenômenos misteriosos, como os raios X, e a descoberta de que a natureza opera naqueles pequenos pacotes chamados de quanta. Física nuclear e física quântica: essas eram as áreas da física na vanguarda do conhecimento durante boa parte do século XX.

CAPÍTULO 31

Radioatividade

Você já quebrou um osso ou engoliu algo sem querer? Se sim, é provável que tenha feito um raio X para que um médico pudesse ver dentro do seu corpo sem ter que abri-lo. Os raios X são rotina hoje em dia. No fim do século XX, causaram sensação. Foram o primeiro tipo de radiação a ser utilizada, mesmo antes que o significado de "radiação" fosse compreendido adequadamente. Radioatividade e bombas atômicas vieram mais tarde.

Na Alemanha, os raios X ainda são, por vezes, chamados de "raios de Röntgen", em homenagem a Wilhelm Röntgen (1845-1923). Ele não foi o primeiro a ver seu poder, mas foi o primeiro a perceber o que havia visto. A ciência costuma ser assim: não basta simplesmente ver – é preciso entender o que se está vendo.

Na década de 1890, Röntgen, em conjunto com vários outros físicos (lembra-se de J.J. Thomson?), estava trabalhando com o tubo de raios de cátodos. Em 8 de novembro de 1895, percebeu que uma placa fotográfica, a certa distância do tubo de raios de cátodos, fora exposta de modo misterioso. Havia um papel preto a cobrindo e, naquela época, os cientistas presumiam que os raios de cátodos não tinham efeito a uma distância tão longa. Ele passou as próximas seis semanas tentando entender o que estava ocorrendo. Outros cientistas observaram a mesma coisa, mas não fizeram nada a respeito. Röntgen descobriu que esses novos raios eram emitidos em linha reta, não sendo afetados por campos magnéticos. Diferentemente da luz, não podiam ser refletidos nem dobrados por uma lente de vidro, mas podiam penetrar materiais sólidos, inclusive a mão de sua esposa! Ela posou para a primeira imagem de raio X, com a aliança nitidamente visível junto com os ossos dos dedos. Sem saber ao certo o que eram esses raios, chamou-os apenas de "raios X". Após as seis semanas de trabalho árduo, contou a notícia ao mundo.

Os raios X tornaram-se um sucesso imediato. Os usos médicos foram reconhecidos de imediato, no diagnóstico de ossos quebrados ou na localização de projéteis ou outros objetos que não deveriam estar alojados dentro do corpo. Poucas novidades já foram adotadas de maneira tão instantânea pelo público geral. Roupas íntimas "resistentes a raios X" logo estavam à venda. Físicos debatiam sobre o que eram exatamente os raios X. Após mais de uma década de pesquisas adicionais, demonstrou-se que os raios X são radiação com comprimento de onda e alta energia incomuns. No início, funcionários laboratoriais perceberam que os raios X podiam danificar a carne humana, causando queimaduras, por isso foram utilizados em uma tentativa de matar células cancerígenas já em 1896. Levou um pouco mais para que as pessoas percebessem como podiam ser perigosos, e diversos desses primeiros pesquisadores morreram de envenenamento por radiação ou de um câncer sanguíneo chamado de leucemia. Os raios X podiam tanto combater quanto *causar* o câncer.

Enquanto Röntgen trabalhava com raios X, foi descoberta outra forma de radiação – radioatividade –, dessa vez na França. Henri Becquerel (1852-1908) estava estudando a fluorescência, que é o modo como algumas substâncias brilham ou emitem luz de modo natural. Estava usando um composto de urânio que fazia justamente isso. Quando descobriu que esse composto afetava uma placa fotográfica, tal como os raios X de Röntgen, presumiu que havia descoberto outra fonte desse misterioso raio. Porém, Becquerel verificou, em 1896, que seus raios não se comportavam como os de Röntgen. Eram um tipo distinto de radiação, sem os evidentes efeitos dramáticos dos raios X, que podiam "ver" através de roupas ou pele, mas que ainda mereciam uma análise mais aprofundada.

Em Paris, esse desafio foi assumido pelo célebre casal de físicos Pierre e Marie Curie (1859-1906; 1867-1934). Em 1898, os Curie obtiveram uma tonelada de pechblenda, algo semelhante ao alcatrão bruto e que contém um pouco de urânio. Enquanto extraíam o urânio relativamente puro, a radioatividade queimou suas mãos. Também descobriram dois novos elementos radioativos, que batizaram de tório e polônio, este em homenagem à Polônia, terra natal de Marie. Uma vez que esses elementos tinham propriedades semelhantes às do urânio, cientistas de todo o mundo se apressaram em descobrir mais sobre os poderosos raios. Eram eles: raios beta (fluxos de elétrons), raios alfa (em 1899, Rutherford demonstrou que eram átomos de hélio sem elétrons e com carga positiva) e raios gama (sem carga, porém mais tarde se constatou que eram radiação eletromagnética, semelhante aos raios X). Os Curie foram, de fato, heroicos na dedicação à ciência. Após Pierre morrer em um acidente de trânsito, Marie continuou o trabalho, apesar de precisar cuidar de dois filhos pequenos.

A promessa antiga da alquimia, de ver um elemento transformar-se em outro, foi quase cumprida pela descoberta da radioatividade. *Quase*, porque o sonho dos alquimistas era converter chumbo, ou outro metal de base, em ouro; o que a radioatividade fazia era transmutar urânio em chumbo, de metal valioso para metal de base! Ainda assim, a natureza podia fazer o que os alquimistas só haviam sonhado.

Assim como os raios X, a radioatividade tinha importantes usos médicos. O rádio, outro elemento radioativo descoberto por Marie Curie, tinha um valor especial. Seus raios podiam matar células cancerígenas. Contudo, assim como os raios X, a radioatividade também causa câncer se a dose for exagerada. Vários dentre os primeiros pesquisadores, inclusive Marie Curie, morreram devido aos efeitos da radiação, antes que fossem desenvolvidas diretrizes adequadas de segurança. Sua filha, Irène, ganhou o prêmio Nobel pelo trabalho no mesmo campo, e morreu jovem do mesmo câncer sanguíneo que havia matado sua mãe.

Urânio, tório, polônio e rádio são radioativos por natureza. O que isso significa? Esses elementos radioativos são o que os físicos chamam de "pesado". O núcleo deles é comprimido com uma alta compactação, o que o torna instável. É essa instabilidade que se detecta na forma de raios radioativos. Chamava-se de "decaimento radioativo" porque, quando as partículas se perdiam, o elemento literalmente decaía, tornando-se um elemento distinto e tomando um lugar diferente na tabela periódica. O estudo minucioso desse decaimento deu sequência ao trabalho crucial de preencher as lacunas de conhecimento na tabela periódica, além de oferecer uma maneira valiosa para datar eventos na história terrestre, um processo chamado "datação radiométrica". Ernest Rutherford também foi pioneiro nesse desenvolvimento, sugerindo, em 1905, que a técnica ajudaria na datação da idade da Terra. Os físicos calcularam quanto tempo levaria para que metade dos átomos em um elemento radioativo por natureza (urânio, por exemplo) decaísse até seu produto final, a versão diferente do elemento (chumbo, nesse exemplo). Esse período foi chamado de meia-vida do elemento. As meias-vidas dos elementos podem variar de alguns segundos a milhões de anos. Assim que soubessem a meia-vida de um elemento, os cientistas podiam datar um evento analisando um fóssil ou uma rocha (qualquer amostra de ocorrência natural) para ver quanto restava do elemento original e quanto havia do elemento decaído. Assim, a relação entre os dois elementos diria a idade da amostra. Uma forma incomum de carbono é radioativa por natureza, e sua meia-vida pode ser utilizada para datar os resquícios fossilizados de animais e vegetais que, um dia, estiveram vivos. Todas as coisas vivas absorvem carbono durante a vida. Quando morrem, essa absorção é interrompida. Portanto, a medição da quantidade de carbono radioativo em fósseis oferece uma data de sua formação. A datação radiométrica usa o mesmo princípio para datar rochas, oferecendo um intervalo de tempo muito mais longo. A técnica transformou o estudo dos fósseis, já que não são mais meramente mais antigos ou mais novos – sabe-se sua idade aproximada.

Os físicos não demoraram em perceber que havia quantidades enormes de energia envolvidas em emissões radioativas. Elementos radioativos por natureza, como o urânio, e as formas radioativas de elementos comuns, como o carbono, são raros. No entanto, quando átomos são bombardeados com partículas alfa ou nêutrons, pode-se obter vários elementos para emitir a energia da radioatividade de modo artificial. Isso demonstrava quanta energia está compactada no núcleo do átomo. Descobrir como fazer uso desse potencial motivou muitos físicos nos últimos cem anos.

Ao bombardear um átomo e fazê-lo expulsar uma partícula alfa do núcleo, o átomo é "dividido", tornando-se um elemento distinto. Isso é *fissão* nuclear. O núcleo perde dois prótons. A alternativa, *fusão* nuclear, ocorre quando um átomo absorve uma partícula e ocupa um novo lugar na tabela periódica. Tanto a fissão quanto a fusão liberam energia. A possibilidade de fusão nuclear foi demonstrada no final da década de 1930 por físicos alemães e austríacos, inclusive Lise Meitner (1878-1968). Nascida judia, Meitner se converteu ao cristianismo, mas ainda teve que fugir da Alemanha nazista em 1938. Ela examinou a fusão de dois átomos de hidrogênio para formar um átomo de hélio, o elemento seguinte na tabela periódica. A partir do estudo do Sol e de outras estrelas, verificou-se que a conversão de hidrogênio para hélio era a principal fonte de energia estelar. (O hélio foi descoberto no Sol antes de ser encontrado na Terra: seus átomos exibem comprimentos de onda característicos quando examinados com um instrumento chamado espectroscópio.) Essa reação exige temperaturas altíssimas e, na década de 1930, não podia ser feita em laboratório. Porém, em tese, podia-se fazer uma bomba de hidrogênio (uma bomba de fusão) que liberaria uma vasta quantidade de energia ao explodir.

Nos anos 1930, era mais fácil fabricar a alternativa – a bomba atômica ou de fissão. Conforme os nazistas prosseguiam com a agressão à Europa, a guerra parecia cada vez mais provável. Cientistas de diversos países, inclusive a Alemanha, trabalhavam em segredo na preparação de tais armas devastadoras. Fundamental nessa dança horripilante rumo à guerra total foi o trabalho de um físico italiano, Enrico Fermi (1901-1954). Fermi e seu grupo demonstraram que o bombardeamento de átomos com nêutrons "lentos" causaria a fissão nuclear desejada. Nêutrons lentos passavam por parafina (ou uma substância similar) a caminho do átomo-alvo. Nessa velocidade reduzida, tinham maior probabilidade de se alojar no núcleo, causando sua divisão. Fermi deixou a Itália em 1938 para escapar do regime fascista, que era simpatizante aos nazistas. Foi para os Estados Unidos, assim como muitos dos mais criativos cientistas (e escritores, artistas e pensadores) daquele período. Hoje, às vezes se fala da "fuga de capital humano", querendo dizer que os melhores "cérebros" saem da terra natal para obter melhores condições de trabalho em outros países: mais dinheiro, um laboratório maior, uma oportunidade melhor de viver a vida que desejam. As pessoas no fim da década de 1930 e início da de 1940 emigravam porque eram demitidas ou temiam por suas vidas. Os nazistas e os fascistas cometeram atos horríveis. Também alteraram a face da ciência, e a Grã-Bretanha e os Estados Unidos receberam a maior parte dessa fuga forçada de capital humano.

Nos Estados Unidos, muitos refugiados participaram do ultraconfidencial "Projeto Manhattan". Tratava-se de um dos mais caros projetos científicos já realizados, mas eram tempos de desespero crescente. No fim da década de 1930, os aprimoramentos radicais na compreensão dos elementos radioativos convenceram muitos físicos de que podiam criar uma explosão nuclear. A dificuldade era controlá-la. Alguns achavam que seria perigoso demais: a reação em cadeia resultante simplesmente explodiria o planeta inteiro. Quando a guerra foi declarada em 1939, físicos britânicos e americanos acreditavam que os cientistas da Alemanha e do Japão continuariam a trabalhar em busca de uma bomba atômica e que os aliados deviam fazer o mesmo. Uma série de cientistas escreveu ao presidente dos Estados Unidos, Franklin Roosevelt, instando-o a autorizar uma resposta dos aliados. Entre eles estava Albert Einstein, o cientista mais famoso do mundo e também um refugiado da Alemanha nazista.

Roosevelt concordou. Em locais no Tennessee, em Chicago e no Novo México, foram coordenados os vários componentes da fatídica decisão. O Projeto Manhattan foi executado em termos militares. Os cientistas interromperam a publicação dos achados. Deixaram de lado o valor central da ciência de abertura e do compartilhamento de informações. A guerra muda os valores humanos. O segredo não foi compartilhado nem com a Rússia comunista, uma das principais aliadas dos Estados Unidos e da Grã-Bretanha, mas ainda não confiável no assunto de bombas confidenciais. Em 1945, o esforço de alemães, japoneses e russos para construir bombas atômicas não tinha chegado longe, embora um dos cientistas nos Estados Unidos tenha fornecido informações em segredo para os russos. Mesmo assim, o Projeto Manhattan produziu duas bombas. Uma utilizava urânio, e a outra, plutônio, um elemento radioativo criado pelo homem. Uma bomba menor para teste explodiu no deserto americano. E funcionou. As bombas estavam prontas para uso.

A Alemanha se rendeu em 8 de maio de 1945; assim, nenhuma bomba foi jogada na Europa. O Japão continuou com ataques no Pacífico. O novo presidente norte-americano, Harry Truman, ordenou que a bomba de urânio fosse jogada na cidade japonesa de Hiroshima em 6 de agosto. A detonação era feita disparando-se um pedaço de urânio sobre outro. Mesmo assim, os japoneses não se renderam. Truman ordenou o lançamento da bomba de plutônio em uma segunda cidade japonesa, Nagasaki, três dias mais tarde. Essa ação finalmente acabou com a guerra. As bombas mataram cerca de trezentas mil pessoas, na maioria civis, e o Japão então se rendeu. Agora todos conheciam o poder devastador da energia nuclear. Nosso mundo mudou para sempre. Muitos dos cientistas que fizeram essas armas de destruição em massa sabiam que suas descobertas haviam encerrado uma guerra terrível, mas preocupavam-se com o que tinham criado.

O incrível poder da energia atômica ainda é importante em nosso mundo, assim como seus riscos. A desconfiança entre a Rússia e os Estados Unidos continuou após a Segunda Guerra Mundial, transformando-se na "Guerra Fria". Ambos os países construíram estoques imensos de armas atômicas ou nucleares. Felizmente, ainda não foram utilizadas em um ataque de fúria, e embora o suprimento tenha se reduzido ao longo dos anos, por meio de acordos, o número de nações que possuem armas nucleares aumentou.

A física aprendida durante o Projeto Manhattan também foi usada para produzir uma liberação mais controlada de energia. A energia nuclear pode gerar eletricidade liberando apenas uma fração dos gases do efeito estufa gerados pela queima de carvão e de outros combustíveis fósseis. A França, por exemplo, gera quase três quartos de sua eletricidade por energia nuclear. Todavia, o perigo de acidentes e os riscos de terrorismo deixaram muitos temerosos da energia nuclear, apesar dos benefícios. Poucas situações na ciência e na tecnologia modernas ilustram melhor a combinação de política e valores sociais do que a seguinte pergunta: o que se deve fazer com o conhecimento que temos sobre a energia nuclear?

CAPÍTULO 32

A virada de jogo: Einstein

ALBERT EINSTEIN (1879-1955) É FAMOSO pelos volumosos cabelos brancos e por suas teorias sobre matéria, energia, espaço e tempo. E pela equação $E = mc^2$. Suas ideias podem ser assustadoramente difíceis de entender, mas mudaram o modo como se pensa sobre o universo. Uma vez perguntaram a ele como era o seu laboratório. A título de resposta, sacou uma caneta-tinteiro do bolso. Isso era porque Einstein era um pensador, e não um executor. Trabalhava em uma escrivaninha ou em um quadro-negro, em vez de na bancada de laboratório.

Ainda assim, precisava do tipo de informação que se obtinha por meio de experimentos e, em especial, viria a se basear no trabalho do físico alemão Max Planck (1858-1947). Planck era pensador e pesquisador. Tinha cerca de quarenta anos quando fez sua descoberta mais essencial na Universidade de Berlim. Na década de 1890, começou a trabalhar com lâmpadas para ver como podia produzir uma que gerasse o máximo de luz, mas que gastasse pouca eletricidade. Em seus experimentos, estava aplicando a ideia de um "corpo negro", um objeto hipotético que absorve toda a luz que incide sobre ele, sem refletir nada de volta. Pense em como você sente calor ao vestir uma camiseta preta no verão e em como é mais refrescante usar algo branco: as roupas pretas absorvem a energia da luz solar. Assim, a energia que vem com a luz é absorvida pelo corpo negro. Mas não pode simplesmente armazenar toda essa energia; então, como o corpo negro a reflete?

Planck sabia que a quantidade de energia absorvida depende do comprimento de onda (frequência) específico da luz. Suas medições meticulosas da energia e do comprimento de onda foram inseridas na equação matemática $E = hv$. A energia (E) é igual à frequência do comprimento de onda (v) multiplicada por um número fixo (uma "constante" – h). Nessa equação, a saída de energia medida por Planck era sempre um número inteiro, nunca uma fração. Isso era importante porque ser um número fixo significava que a energia vinha em pacotinhos individuais. Ele chamou cada um desses pacotinhos de "quantum", que significava apenas uma quantidade. Seu trabalho foi publicado em 1900, introduzindo a ideia do quantum ao novo século. A física e o modo como entendemos nosso mundo nunca mais foram os mesmos desde então. O número fixo (h) foi chamado de "constante de Planck" em sua homenagem. Sua equação se revelaria tão importante quanto a mais conhecida de Einstein: $E = mc^2$.

Levou um tempo até que os físicos reconhecessem a verdadeira importância dos experimentos de Planck. Einstein foi um dos que viram o que significavam prontamente. Em 1905, era funcionário do Escritório de

Patentes de Zurique e pesquisava física no tempo livre. Naquele ano, publicou três artigos que lhe valeram a fama. O primeiro, pelo qual recebeu um prêmio Nobel em 1921, levou o trabalho de Planck a um novo nível. Einstein refletiu mais sobre a radiação do corpo negro de Planck e inspirou-se na abordagem quântica ainda nova. Após muita reflexão, demonstrou – por meio de cálculos brilhantes – que a luz era, de fato, transmitida em pequenos pacotes de energia. Esses pacotes moviam-se de modo independente entre si, apesar de, juntos, constituírem uma onda. Essa afirmação era surpreendente, pois físicos desde Thomas Young, um século antes, vinham analisando a luz em várias situações experimentais como se fosse uma onda contínua. Sem dúvida, esse normalmente era o comportamento, e havia um jovem funcionário, ainda obscuro, em um escritório de patentes dizendo que a luz podia ser uma partícula – um *fóton* ou quantum de luz.

O próximo artigo de Einstein, em 1905, também foi revolucionário. Nele, a Teoria da Relatividade Especial foi introduzida, demonstrando que todo movimento é relativo, ou seja, só pode ser medido *em relação a* outra coisa. Trata-se de uma teoria complicadíssima, mas que pode ser explicada em termos bem simples usando-se a imaginação. (Einstein era ótimo no raciocínio profundo sobre dados conhecidos e na exploração, na própria mente, do que aconteceria se...?) Imagine um trem saindo de uma estação. No meio de um dos vagões há uma lâmpada piscando, emitindo luz exatamente no mesmo tempo para frente e para trás, que é refletida em um espelho em cada extremidade do vagão. Se você estivesse bem no centro do vagão, veria a luz ricochetear dos dois espelhos exatamente ao mesmo tempo, mas alguém parado na plataforma, conforme o trem passa, veria os lampejos um após o outro. Embora ambos os lampejos ainda estejam atingindo os espelhos ao mesmo tempo, o trem está movendo-se para frente, então na plataforma você veria o lampejo do espelho mais distante (na frente do vagão) antes de ver o lampejo do espelho mais próximo (na parte traseira). Então, embora permaneça a mesma, o *momento* em que a velocidade da luz é vista difere de acordo com – ou melhor, em relação a – um observador imóvel ou em movimento. Einstein argumentou (com a ajuda de algumas equações complexas, é claro) que o tempo é uma dimensão essencial da realidade. De agora em diante, os físicos precisariam considerar não só as três dimensões conhecidas do espaço – comprimento, largura e altura –, mas também o tempo.

Einstein demonstrou que a velocidade da luz é constante, não importa se está se distanciando ou vindo em nossa direção. (A velocidade do som é diferente, e é por isso que o som de um trem varia, dependendo se está se aproximando ou se afastando.) Assim, a relatividade na Teoria da Relatividade Especial não se aplica a essa velocidade da luz constante. Em vez disso, a relatividade ocorre nos observadores e no fato de que o tempo precisa ser incluído. O tempo não é absoluto; é relativo. Muda de acordo com a velocidade com que nos deslocamos, assim como os relógios que o registram para nós. Existe uma antiga história sobre uma astronauta se deslocando próximo à velocidade da luz e voltando à Terra para descobrir que o tempo havia passado. Todas as pessoas que conhecia haviam envelhecido e morrido. Ela não está muito mais velha do que quando partiu; no entanto, porque seu relógio atrasou, não está ciente de quanto tempo esteve ausente. (Este é apenas um experimento imaginário e só poderia acontecer na ficção científica.)

Como se isso não bastasse, a famosa equação de Einstein ($E = mc^2$) agrupou massa (m) e energia (E) de uma nova maneira. O c é a velocidade da luz. Na realidade, ele demonstrou que massa e energia eram dois aspectos da matéria. Como a velocidade da luz é um número enorme e, quando elevada ao quadrado, é ainda maior, isso significa que uma quantidade diminuta de massa, caso fosse totalmente convertida em energia, seria muita energia. Até as bombas atômicas convertem apenas uma fração minúscula da massa em energia. Se a massa de seu corpo fosse totalmente convertida em energia, teria a força de quinze bombas grandes de hidrogênio. Sendo assim, não tente conduzir esse experimento.

Nos anos seguintes, Einstein ampliou seu raciocínio e, em 1916, elaborou uma estrutura mais geral para o universo. O resultado foi a Teoria da Relatividade Geral. Nela, foram introduzidas suas ideias sobre a relação entre gravidade e aceleração e sobre a estrutura do espaço. Ele demonstrou que gravidade e aceleração, na realidade, eram equivalentes. Imagine que você está parado em um elevador e deixa cair uma maçã: ela cai no chão do elevador. Agora, se você soltar a maçã exatamente no mesmo momento em que alguém corta os cabos do elevador, cairá junto com a maçã. Ela não chegará a se mover, em relação a você, conforme vocês caem juntos. A qualquer momento, você pode estender o braço e segurar a maçã, que nunca chegará ao chão, desde que o elevador (e você) continue a cair. Isso, sem dúvida, é o que ocorre no espaço, onde não há gravidade. Astronautas e suas espaçonaves estão basicamente em queda livre.

A Teoria da Relatividade Geral de Einstein demonstrou que o espaço – ou melhor, o espaço-tempo – é curvo. Ela fazia previsões sobre diversas questões intricadas que os físicos tinham dificuldade em explicar. Sugeria que a luz sofreria uma leve curvatura ao passar próximo a um corpo de grande porte. Isso ocorria porque a luz (composta de fótons) tem massa e o corpo maior exerceria uma atração gravitacional sobre a massa menor de luz. Medidas durante um eclipse solar confirmaram que isso realmente acontece. A teoria de Einstein também explicava características curiosas da órbita de Marte ao redor do sol, que as leis da gravidade menos complexas de Newton não conseguiram explicar.

Einstein trabalhou com o muito pequeno (os minúsculos fótons de luz) e o muito grande (o próprio universo). Ofereceu uma nova e convincente maneira de agrupá-las. Com isso, contribuiu com a teoria quântica, além de introduzir suas próprias ideias de relatividade. Essas ideias, e a matemática por trás delas, ajudaram a definir o modo como físicos pensavam sobre o macro e o micro. Todavia, Einstein não aprovava muitas das novas direções que a física estava tomando. Nunca abandonou a crença de que o universo (com seus átomos, elétrons e outras partículas) está travado em um sistema de causa e efeito. Uma célebre frase sua foi: “Deus não joga dados”. Ele quis dizer que as coisas sempre acontecem em padrões regulares e previsíveis. Nem todos concordaram, e outros físicos que adotaram as ideias quânticas de Planck chegaram a conclusões distintas.

O elétron era central para boa parte do trabalho quântico inicial. O Capítulo 30 explicou o modelo do átomo quântico proposto por Niels Bohr em 1913.

Para ele, os elétrons estavam em órbitas fixas com energias definidas girando com rapidez em torno do núcleo central. Foram realizados muitos trabalhos na tentativa de explicar essas relações usando-se matemática. A matemática comum não servia. Para solucionar esse problema, os físicos recorreram à matemática matricial. Na matemática comum, 2 x 3 é igual a 3 x 2. Na matemática matricial, isso não ocorre, e essas ferramentas especiais possibilitaram a um físico austríaco, Erwin Schrödinger (1887-1961), desenvolver novas equações em 1926. Suas equações de onda descreviam o comportamento dos elétrons nas órbitas externas do átomo. Esse foi o começo da mecânica quântica. Ela fez para o micro o que Newton havia feito para o macro. Como muitos dos físicos que alteraram a forma como pensamos sobre o mundo no início do século XX, Schrödinger teve que fugir dos nazistas, passando os anos da guerra em Dublin. Einstein, como sabemos, foi para os Estados Unidos.

As equações de onda de Schrödinger trouxeram alguma ordem ao quadro geral. Depois, Werner Heisenberg (1901-1976) propôs o "princípio da incerteza" em 1927. O princípio era parte filosofia, parte experimento. Heisenberg disse que o próprio ato de conduzir experimentos com elétrons basta para alterá-los. Isso impõe limites sobre o que se pode saber. Podemos saber o momento de um elétron (massa multiplicada pela velocidade) ou sua posição, mas não ambos. A medição de um afeta o outro. Einstein (entre outros) ficou horrorizado com essa ideia e dedicou-se a refutar o princípio de incerteza de Heisenberg. Não conseguiu. Einstein admitiu a derrota. Até então o princípio permanece intacto: simplesmente não há limites ao nosso conhecimento do que é pequeno ao extremo.

O elétron também foi fundamental para Paul Dirac (1902-1984). Esse inglês complexo era considerado quase outro Einstein. Sua obra sobre mecânica quântica liderou o campo por três décadas. Suas equações sobre as atividades quânticas de átomos e de partículas subatômicas eram nada menos do que brilhantes. O problema era que tais equações exigiam uma partícula estranha – um elétron com carga positiva – para funcionar. Era como dizer que existia tanto matéria quanto antimatéria. A ideia toda de "antimatéria" era bizarra, uma vez que matéria é a substância sólida do universo. Em alguns anos, a busca de tal partícula obteve êxito e o *pósitron* foi descoberto. Esse gêmeo do elétron possui uma única carga positiva. Combina-se a um elétron, produzido por uma explosão de energia e, a seguir, as duas partículas desaparecem. Matéria e antimatéria podem anular-se em um tempo mais curto que um piscar de olhos.

O pósitron mostrou aos físicos que os átomos eram compostos de mais do que prótons, elétrons e nêutrons. Analisaremos algumas dessas descobertas impactantes mais adiante, depois que os físicos produziram energias cada vez maiores para examinar seus átomos e suas partículas. "Examinar" não é bem a palavra certa. Ao trabalhar com alta energia, os físicos, na realidade, não conseguem ver diretamente o que está acontecendo nos experimentos. O que veem, em vez disso, são pontos em uma tela de computador ou mudanças no magnetismo ou na energia da configuração experimental. No entanto, bombas atômicas, energia atômica e até a possibilidade de computação quântica testemunham em favor do poder e do mistério da natureza – mesmo que não se possa vê-los.

O pacote ou quantum de energia de Max Planck e a percepção de Albert Einstein de que massa e energia são apenas dois aspectos da mesma coisa: essas descobertas alteraram para sempre o modo como o universo pode ser entendido. Massa e energia; onda e energia; tempo e espaço: a natureza revelou-se como "tanto... quanto", e não como "ou... ou...". Enquanto isso tudo ajuda a explicar a estrutura de átomos e a criação do universo, também auxilia a levá-lo para casa à noite. Os satélites estão tão acima da Terra que a navegação por GPS deve incluir a relatividade especial. Se não estivesse fatorada, você poderia se perder.

CAPÍTULO 33

Continentes em movimento

TERREMOTOS SÃO FATAIS E ASSUSTADORES. Fatais por toda a destruição indiscriminada que causam; assustadores porque a terra não deve se mover sob nossos pés. E, apesar disso, ela se move, o tempo todo, mesmo que, na maioria das vezes, não seja possível perceber nem sentir nada. Como boa parte da ciência, a compreensão da estrutura terrestre tem a ver com medir a parte não vista, não sentida – e convencer os outros de que você está certo. Os continentes e o leito oceânico *realmente* se movem abaixo de nós.

O que sabemos por experiência da história terrestre em nossas vidas é um retrato em miniatura, o menor dos momentos em um processo longuíssimo. Geólogos têm técnicas científicas, mas também devem usar a imaginação, pensar fora do padrão convencional. Todo bom cientista faz isso, mesmo que esteja trabalhando no laboratório, conferindo ideias em relação às evidências disponíveis.

Nossos geólogos do século XIX utilizavam as ferramentas tradicionais: descobertas fósseis, análise e classificação de rochas, exame dos efeitos de terremotos e vulcões. Tudo isso era entrelaçado para criar uma história razoável da Terra. Muito do que descobriram ainda é válido hoje, mas havia uma série de problemas que os importunava, exigindo um novo tipo de ideia audaciosa. Os antigos "catastrofistas" se basearam na ideia de diferentes tipos de forças ou, talvez, até em intervenções milagrosas – grandes inundações, como o dilúvio de Noé descrito na Bíblia. Do contrário, o novo foco seria no tempo – períodos imensos de tempo chamados de "tempo profundo". Como era a Terra há duzentos milhões de anos ou duas ou três vezes esse número?

Como o tempo profundo poderia ajudar a responder três perguntas essenciais? Primeiro, por que parece que os principais continentes foram recortados dos oceanos e colados, como peças de um quebra-cabeça gigantesco? A costa leste da América do Sul se encaixaria muito bem na costa oeste da África. Isso seria coincidência?

Segundo, por que as formações rochosas da África do Sul são tão semelhantes às encontradas no Brasil, do outro lado do Oceano Atlântico? Por que, em uma ilha tão pequena como a Grã-Bretanha, havia variações consideráveis entre as Terras Altas da Escócia, com seus rochedos e lagos, e o descampado de Sussex no sul, de suave ondulação? Afinal, a Grã-Bretanha sempre estivera separada do continente europeu? Ou o Alasca da Ásia?

Terceiro, havia alguns padrões estranhos nos locais de vegetais e animais. Por que algumas espécies de lesma eram encontradas na Europa e no leste da América do Norte, mas não no outro lado do continente americano, no oeste? Por que os marsupiais na Austrália diferiam tanto daqueles encontrados em outros lugares? Na década de 1850, Darwin e Wallace apresentaram algumas respostas, e a teoria da evolução ajudou a explicar muitas questões. Darwin conduziu alguns experimentos bastante malcheirosos, mantendo sementes em banheiras de água marinha em seu gabinete de trabalho por meses a fio. Queria dar às sementes uma experiência similar a uma longa viagem marinha. Depois, plantou-as para ver se podiam germinar e crescer. Às vezes conseguiam, então essa era uma resposta. Darwin também encontrou maneiras de descobrir se os pássaros podiam transportar sementes, insetos e outras coisas vivas através de distâncias muito longas. E conseguiam, mas isso não solucionava todos os enigmas.

Havia uma ideia radical que podia explicar muita coisa. Essa teoria era de que os continentes nem sempre estiveram onde estão agora ou que já estiveram unificados por faixas de terra, as "pontes de terra". Muitos geólogos do fim do século XIX acreditavam que, um dia, existiram pontes de terra em diversos locais. Havia boas evidências de que a Grã-Bretanha já estivera conectada com a Europa. Isso explicaria com muita eficiência por que ossos fossilizados de ursos, hienas e outros animais não encontrados na Grã-Bretanha nos tempos modernos estavam presentes lá. A América do Norte já esteve conectada à Ásia pelo estreito de Bering, com a travessia incontestável de animais e indígenas norte-americanos. Pontes de terra unindo a África e a América do Sul pareciam menos prováveis, mas o eminente geólogo austríaco Eduard Suess (1831-1914) fez um esforço de argumentação em sua grandiosa obra em cinco volumes (publicada entre 1883 e 1909) sobre a Terra. Ele disse que a elevação e a queda constantes das superfícies terrestres durante a história geológica possibilitaram isso. O que agora era leito marinho antigamente conectava os dois continentes.

Nem todos se convenceram disso, apesar dos cinco volumes. Entra em cena o alemão Alfred Wegener (1880-1930). Wegener tinha o mesmo interesse pela história do clima da Terra e por sua geologia. Em 1912, deu uma palestra sobre a teoria dos continentes móveis: o que viria a ser conhecido como "deriva continental". A palestra tornou-se livro em 1915, e Wegener passou o resto da vida procurando evidências adicionais. Morreu no trabalho, liderando uma expedição à Groenlândia em busca de mais pistas para sustentar sua teoria. A proposta radical de Wegener era a de que, cerca de duzentos milhões de anos atrás, havia apenas um continente grande, Pangeia, cercado por um vasto oceano. Esse continente imenso foi aos poucos se fragmentando, com pedaços literalmente flutuando no oceano, como icebergs que se desprendem e flutuam no mar. Diferentemente dos icebergs, que podem derreter e desaparecer, as partes de Pangeia tornaram-se os novos continentes. E não tinha acabado. Wegener acreditava que as massas terrestres ainda estavam se afastando, aproximadamente dez metros por ano. Essa estimativa era alta demais – medições recentes sugerem uma movimentação de apenas alguns milímetros ao ano. Porém, qualquer mudança durante um período longo o bastante produz resultados substanciais.

Wegener tinha alguns defensores, principalmente em sua Alemanha natal, mas a maioria dos geólogos considerava suas ideias forçadas demais – muito parecidas com ficção científica. Mais tarde, durante a Segunda Guerra Mundial, submarinos começaram a explorar a sério o leito oceânico. Após a guerra, revelaram uma nova paisagem submersa, com enormes cordilheiras e vales, além de vulcões extintos (e até em atividade). Harry Hess (1906-1969), um geólogo que trabalhava para a Marinha dos Estados Unidos, fez o levantamento dessas cadeias de montanhas e desses vales e os acompanhou até a mais conhecida terra seca. Também acompanhou as *falhas geológicas*, aquelas regiões da Terra acima e abaixo da água em que é comum haver terremotos e vulcões. O que Hess descobriu foi que as massas terrestres e o leito oceânico eram contínuos; eles colidiam entre si. A terra não flutuava conforme Wegener havia sugerido. Como, então, as massas terrestres podiam se mover?

Hess uniu-se a físicos, meteorologistas, oceanógrafos (estudiosos do mar), sismólogos (especialistas em terremotos) e geólogos tradicionais. Todos começaram a tentar desvendar a história de nossa Terra, utilizando as ferramentas dessas diferentes ciências. Isso não era fácil. O interior da Terra se aquece com muita rapidez. Antes de se aprofundar muito, os instrumentos derretem. Por isso, boa parte do que se sabe sobre a composição e a estrutura do interior de nosso mundo teve que ser descoberto por métodos indiretos. A ciência costuma ser assim.

Vulcões que expeliam lava derretida há muito eram interpretados como a Terra se livrando do calor em excesso acumulado em seu interior, porém essa não é a imagem completa. A descoberta de que elementos radioativos, como urânio, liberam naturalmente uma grande quantidade de energia ao decaírem adicionou outra fonte de calor interior. Contudo, a radioatividade é uma fonte contínua de produção de calor, e isso significava que a ideia mais antiga de que a Terra um dia fora uma bola muito quente, mas que estava resfriando, era simplista demais.

Pelo menos era simplista demais para o geólogo Arthur Holmes (1890-1965). Ele disse que a Terra se livra continuamente da maior parte de seu calor interno pelo conhecido processo da transferência de calor: a convecção. A parte importante era a compreensão de Holmes de que não era na crosta superior terrestre – onde vivemos – que as coisas estavam acontecendo, mas na camada inferior seguinte em direção ao centro da Terra. Essa camada é chamada de manto, e Holmes acreditava que as rochas derretidas lá se moviam para cima gradualmente, como a água mais quente na banheira. À medida que se movem para cima, distanciando-se da área mais quente, resfriam e afundam novamente, para serem substituídas por outra rocha derretida, em um ciclo infinito. É parte dessa rocha derretida em ascensão que é expelida quando um vulcão entra em erupção. A maior parte da rocha derretida nunca chega à superfície terrestre, mas se espalha conforme resfria e afunda, fornecendo um mecanismo para deslocar os continentes, milímetro a milímetro.

À medida que as profundezas dos oceanos e da Terra eram exploradas, uma nova maneira de calcular a idade do planeta acrescentou significado real ao tempo profundo. A técnica da datação radiométrica emergiu da descoberta da radioatividade pelos físicos (Capítulo 31). Agora possibilitava aos cientistas datar as rochas que estavam estudando pela comparação entre os valores de um elemento radioativo e seu produto final (urânio e chumbo, por exemplo) em uma amostra de rocha. Por meio dessa técnica, era possível saber a idade das rochas, já que, após a sua formação, nenhum novo material é incorporado a elas. Saber a idade de camadas rochosas individuais, por sua vez, ajudou a entender a idade da Terra. Foram encontradas rochas com mais de quatro bilhões de anos. Tais rochas antigas estão sempre em terra. As que estão no fundo dos oceanos são sempre mais novas. Os oceanos não duram tanto quanto os continentes e, na verdade, estão sempre morrendo e renascendo. É evidente que isso acontece durante um período muito extenso, então não se preocupe com o próximo verão na praia. (Por outro lado, o aquecimento global criado pelo homem pode muito bem derreter as calotas polares e levar a uma elevação perigosa nos níveis do mar nas próximas décadas.)

Além de capturar elementos radioativos à medida que se formam, as rochas também mantêm a orientação magnética do ferro ou de outro material com sensibilidade magnética. Assim como a radioatividade, o magnetismo ajudou os cientistas a desvendarem a idade das rochas. O polo magnético da Terra não se manteve constante ao longo do extenso período de existência do planeta. Norte e sul trocaram de posição em várias ocasiões, por isso a orientação norte-sul também pode oferecer evidências sobre a formação de uma rocha. As bússolas apontarão para o norte no decorrer de nossa vida e na de nossos netos, mas as coisas nem sempre foram assim, e não o serão no futuro distante, se é que podemos nos guiar pelo passado.

Magnetismo, convecção, paisagens marinhas profundas e datação radiométrica revelaram pistas importantes sobre as antigas condições da Terra. Combinados, foram o bastante para convencer cientistas da Terra de que Wegener estava quase certo. Certo, porque o movimento continental realmente ocorreu: medições sensíveis feitas por satélites confirmaram a movimentação. Entretanto, a deriva ou flutuação sugerida por ele estava errada. Em vez disso, John Wilson (1908-1993) e outros liquidaram a audaciosa sequência de ideias que Wegener havia começado ao argumentarem que a parte superior do manto terrestre é constituída de uma série de placas gigantescas. Essas placas se encaixam, cobrindo a Terra e atravessando os limites entre terra e mar, mas não se encaixam com perfeição, e é nos encaixes que aparecem as linhas de falha. Compreender o que ocorre quando uma placa se esfrega contra outra, quando se sobrepõem ou colidem, é chamado de *tectônica de placas*. Pense na montanha mais alta da Terra, o monte Everest nos Himalaias. O Everest tem toda essa elevação porque os Himalaias foram formados por duas dessas placas, que começaram a colidir em torno de 70 milhões de anos atrás. Não há prêmio Nobel de geologia, mas talvez devesse haver. A tectônica de placas explica muito sobre terremotos e tsunamis, montanhas e rochas, fósseis e vegetais e animais vivos. Nossa Terra é um local antiquíssimo, porém muito especial.

CAPÍTULO 34

O que herdamos?

Com quem você se parece mais: pai ou mãe? Ou talvez algum avô ou tia? Se você é bom no futebol ou toca violão ou flauta muito bem, mais alguém na sua família também tem essas características? Deve ser alguém com quem você tenha uma relação biológica e de quem possa ter herdado essas habilidades, e não algum parente resultante de casamento, como madrasta ou padrasto. Esses familiares podem fazer coisas maravilhosas para você, mas não é possível herdar nenhum de seus genes.

Agora sabemos que características como cor dos olhos ou do cabelo são controladas e passadas de uma geração para a outra através dos genes. *Genética* é o estudo dos genes. *Hereditariedade* ou *herança* é a palavra utilizada para descrever como as informações contidas nos genes são transmitidas. Os genes determinam boa parte de quem somos. Então, como as pessoas perceberam que esses pequenos detalhes eram tão importantes?

Vamos voltar a Charles Darwin por um instante (Capítulo 25). Hereditariedade era fundamental ao trabalho de Darwin. Era crucial a suas ideias sobre a evolução das espécies, mesmo que não tenha entendido como ocorre a hereditariedade. Biólogos continuaram a debater sobre como ela acontece muito tempo depois que a obra *A origem das espécies* foi publicada em 1859. Em especial, estavam interessados em saber se a hereditariedade "leve" pode ocorrer de vez em quando. A hereditariedade leve era uma ideia associada a um naturalista francês, Jean-Baptiste Lamarck (1744-1829), que também acreditava no desenvolvimento das espécies por mudança evolutiva. Pense em uma girafa de pescoço comprido: como evoluiu ao longo do tempo? Lamarck disse que era porque as girafas estavam sempre esticando o pescoço para alcançar as folhas nas árvores mais altas, assim essa leve mudança seria transmitida à prole geração após geração. Após tempo e alongamento suficientes, um animal de pescoço mais curto acabaria tornando-se outro de pescoço mais comprido. O ambiente interagiria com o organismo, modelando-o ou adaptando-o, e isso seria passado adiante para as gerações seguintes.

Tentar comprovar a hereditariedade leve por meio de experimentos era dificílimo. O primo de Darwin, Francis Galton (1822-1911), conduziu uma série de experimentos criteriosos, nos quais introduziu o sangue de coelhos pretos em coelhos brancos. A prole dos coelhos que receberam a transfusão não mostrou nenhum sinal de estar afetada pelo sangue. Ele cortou caudas de ratos por gerações a fio, mas não produziu uma raça de ratos sem cauda. A circuncisão de garotos não teve efeito algum sobre as gerações futuras de bebês do sexo masculino.

Argumentos a favor e contra alternaram-se até o início do século XX. Então, duas questões convenceram a maioria dos biólogos de que os traços de vegetais e animais adquiridos durante a vida não são transmitidos para a prole. Primeiro veio a redescoberta do trabalho de um monge da Morávia (hoje parte da República Tcheca), Gregor Mendel (1822-1884). Na década de 1860, Mendel publicou (em um periódico pouco lido) os resultados de experimentos na horta do monastério. Ele era fascinado por ervilhas, mesmo antes de Galton decepar as caudas de ratos. Mendel queria saber o que acontecia quando ervilhas com determinadas características eram "cruzadas" de modo criterioso (ou seja, plantas com ervilhas de diferentes cores eram cultivadas em conjunto) para causar a próxima geração de plantas de ervilha. É bom trabalhar com ervilhas porque elas crescem com rapidez, então é rápido e fácil passar de uma geração a outra. Na própria vagem, também há diferenças nítidas – as ervilhas eram amarelas ou verdes, enrugadas ou lisas. Ele descobriu que esses traços eram herdados com precisão matemática, mas de formas que podiam ser facilmente ignoradas. Se uma planta com ervilhas (sementes) verdes fosse cruzada com uma amarela, toda a primeira geração de ervilhas seria amarela. Porém, quando cruzava essas plantas de primeira geração entre si, na segunda geração três de cada quatro plantas teriam ervilhas amarelas e uma seria verde. O traço amarelo foi dominante na primeira geração, porém, na segunda, o traço "recessivo" (verde) apareceu novamente. O que esses distintos padrões significavam? Mendel concluiu que a hereditariedade é "particulada", ou seja, que vegetais e animais herdam traços em unidades separadas. Em vez das mudanças graduais da hereditariedade leve, ou de alguma média dos atributos dos dois pais, a hereditariedade era algo bem definido. As ervilhas eram verdes ou amarelas, e não algum matiz intermediário.

Embora o trabalho de Mendel tenha passado despercebido, August Weismann (1834-1914) fez o segundo e decisivo ataque sobre a hereditariedade leve. Enquanto Mendel estava mais preocupado com a vida religiosa, Weismann era, antes de tudo, um cientista determinado. Era um brilhante biólogo alemão que acreditava com veemência que as ideias evolutivas de Darwin estavam corretas, mas conseguia ver que a falta de uma boa explicação para a hereditariedade era um problema. Ele usou a própria fascinação por células e divisão celular para encontrar uma solução.

Alguns anos antes dos experimentos de Mendel com as ervilhas, Rudolf Virchow anunciou suas ideias sobre divisão celular (Capítulo 26). Nas décadas de 1880 e 1890, Weismann percebeu que, para criar um óvulo ou um espermatozoide, as "células-mãe" do sistema reprodutivo se dividiam de uma forma que diferia da divisão celular no resto do corpo. Essa diferença era a chave. Conhecido como o processo da meiose, é nele que os cromossomos se dividem e metade do material cromossômico passa para cada uma das "células-filhas" resultantes. Em todas as outras células corporais, a célula-filha tem a mesma quantidade de material cromossômico que a célula-mãe. (Se você está confuso, lembre-se de que uma célula-mãe é qualquer célula existente que se divide em duas células-filhas. São encontradas por todo o corpo e não têm nada a ver com mães e filhas reais.) Então, quando o óvulo e o espermatozoide unem-se, as duas metades do material cromossômico constituem a quantidade integral novamente no óvulo fertilizado. Essas células reprodutivas são diferentes de todas as outras células do corpo. Weissman argumentou que não importava o que mais acontecia às células dos músculos, ossos, vasos sanguíneos ou nervos: apenas essas células reprodutivas continham o que seria herdado pela prole individual. Assim, no caso do pescoço da girafa, o suposto alongamento não teria efeito sobre o óvulo e o espermatozoide, e são essas células que contêm o que ele chamou de "plasma germinativo". É o plasma germinativo, nos cromossomos do óvulo e do espermatozoide, que é herdado, e essa ideia de hereditariedade foi chamada por ele de "continuidade do plasma germinativo".

Em 1900, não só um, mas três cientistas reeditaram separadamente cópias do periódico que continha o artigo de Mendel. Elas alertaram o mundo científico quanto aos resultados dos experimentos com ervilhas. Os biólogos perceberam que Mendel havia fornecido a melhor evidência experimental para a "continuidade do plasma germinativo" de Weismann, e que o "mendelismo", como logo passou a ser conhecido, tinha uma sólida base científica.

Em pouco tempo, a comunidade científica dividiu-se em dois grupos: os "mendelianos" e os "biométricos". Os biométricos, liderados pelo especialista em estatística Karl Pearson (1857-1936), acreditavam na herança "contínua". Defendiam que o que herdamos é uma média dos atributos de nossos pais. Conduziram importantes trabalhos de campo para medir diferenças diminutas em criaturas marinhas e lesmas. Demonstraram que pequenas diferenças podiam exercer uma função considerável na determinação de quantos filhotes sobreviviam – o que é chamado de sucesso reprodutivo da espécie. Os mendelianos eram liderados pelo biólogo de Cambridge William Bateson (1861-1926). Ele cunhou o termo "genética". Os mendelianos enfatizavam a herança do tipo de traços discretos (separados) que o monge havia ilustrado. Argumentavam que a mudança biológica ocorria aos saltos, em vez das alterações lentas e contínuas dos biométricos. Os dois grupos aceitavam o *fato* da evolução: o único debate era sobre como ela ocorria.

Esses debates ardentes prolongaram-se por cerca de vinte anos. Então, na década de 1920, diversas pessoas demonstraram que cada grupo estava certo e errado ao mesmo tempo. Estavam só olhando dois lados diferentes do mesmo problema. Muitas características biológicas são herdadas de maneira "combinada", "biométrica". Um pai alto e uma mãe baixa terão filhos que fazem uma média ou "combinam" suas alturas. Alguns filhos podem ser tão altos quanto o pai (ou até mais altos), mas a altura média tenderá a se situar a meio caminho entre os dois pais. Outras características, como cor do olho humano ou cor das ervilhas, são herdadas de forma ou/ou, e não tanto/como. As diferenças entre os mendelianos e os biométricos foram resolvidas quando mediram populações inteiras e, a seguir, aplicaram raciocínio matemático ao problema. Esses novos biólogos, como J.B.S. Haldane (1892-1964), reconheciam o brilhantismo das ideias originais de Darwin. Perceberam que, em qualquer população, existe uma variação aleatória que pode ser herdada. Se ela oferece alguma vantagem, os vegetais e animais que a possuem sobreviverão, enquanto outros tipos de variação desaparecerão.

Como se dá a herança também tem importância fundamental. Essa era a próxima parte do enigma. Boa parte do trabalho inicial foi realizada no laboratório de Thomas Hunt Morgan (1866-1945), na Universidade de Columbia, na cidade de Nova York. Ele iniciou a carreira analisando como os animais começam a vida e se desenvolvem como embriões. Nunca chegou a perder o interesse total em embriologia, mas sua atenção se deslocou, no início do século XX, para a nova ciência da genética. O laboratório de Morgan não era um lugar comum. Apelidado de "sala das moscas", tornou-se lar de milhares de gerações da mosca-das-frutas comum (*Drosophila melanogaster*). A mosca drosófila é um animal experimental conveniente. Essas moscas têm apenas quatro cromossomos nos núcleos das células, e era a função dos cromossomos que Morgan queria entender: que importância tinham os cromossomos na transmissão de traços hereditários? Os cromossomos da mosca-das-frutas são grandes e fáceis de ver em lâminas microscópicas. As drosófilas reproduzem-se com rapidez – deixe um prato de frutas e veja o que acontece. Várias gerações podem ser estudadas em um curto espaço de tempo para observar o que acontece quando determinadas características são cruzadas com outras moscas. Imagine fazer esse tipo de trabalho com elefantes e entenderá por que escolheram as drosófilas.

A sala de moscas de Morgan ficou famosa, atraindo tanto estudantes quanto outros cientistas. Foi uma precursora da forma como boa parte da ciência é realizada hoje em dia: um grupo de pesquisadores trabalhando sob o comando de um "chefe" – Morgan – que ajuda a definir os problemas. O chefe supervisiona o trabalho da equipe de jovens pesquisadores, que conduzem os experimentos. Morgan incentivava todos a conversar e trabalhar em conjunto, por isso é difícil determinar exatamente quem fazia o quê. (Quando Morgan ganhou o prêmio Nobel, dividiu o dinheiro com dois de seus jovens colegas.)

Quase por acaso, Morgan fez uma descoberta fundamental. Percebeu que uma mosca de uma ninhada recente tinha olhos vermelhos, em vez de brancos, que era a cor habitual. Essa mosca foi isolada antes de ser cruzada com moscas comuns de olhos brancos. Quando examinou a prole de olhos vermelhos dessa mosca, descobriu, em primeiro lugar, que todas as moscas de olhos vermelhos eram fêmeas. Isso sugeria que o gene era transportado no cromossomo do sexo, aquele que determina se os filhotes serão machos ou fêmeas. Em segundo lugar, os padrões de herança da cor dos olhos seguiam as mesmas regras das ervilhas de Mendel – os olhos eram brancos ou vermelhos, mas nunca rosa ou outra cor intermediária. Morgan analisou outros padrões dos traços herdados pelas pequeninas moscas, como tamanho e forma das asas. Junto com os colegas, examinou os cromossomos no microscópio e começou a desenvolver mapas de cada cromossomo, demonstrando onde estavam localizadas as unidades de hereditariedade (os "genes", como vinham sendo chamados). Mutações (alterações), como a aparência súbita dos olhos vermelhos, podiam ajudar a localizar a posição do gene, conforme analisavam meticulosamente o que os cromossomos faziam durante a divisão celular. Um dos alunos de Morgan, H.J. Muller (1890-1967), descobriu que os raios X causavam mutações mais rápidas. Muller ganhou o prêmio Nobel em 1948, e seu trabalho alertou o mundo sobre os perigos da radiação de bombas atômicas e até dos raios X de uso médico. Morgan também demonstrou que os cromossomos, às vezes, trocam material quando estão se dividindo. Isso é chamado de recombinação (*crossing over*), sendo outra via pela qual a natureza aumenta a quantidade de variação em vegetais e animais.

Morgan e seu grupo, bem como vários outros ao redor do mundo, tornaram a genética uma das ciências mais empolgantes entre 1910 e 1940. O "gene" estava sendo cada vez mais reconhecido como uma substância material. Localizado nos cromossomos das células, os genes são transmitidos à prole através de um óvulo feminino fertilizado por um espermatozoide masculino, e pai e mãe contribuem de maneira idêntica. Demonstrou-se que as mutações são o que move a mudança evolutiva – criam a variação e ocorrem naturalmente, além de pelos métodos artificiais estudados por Muller. A nova genética era fundamental ao pensamento evolutivo. Embora a definição exata do "gene" ainda estivesse indefinida, sua realidade agora estava acima de qualquer suspeita.

Esse novo pensamento genético teve um aspecto mais sombrio na sociedade. Se não havia hereditariedade leve, de sorte que ter uma alimentação melhor, praticar esportes ou ser bom não alteraria os genes dos filhos, seria preciso usar diferentes métodos se alguém quisesse melhorar as gerações futuras. A "seleção artificial" de Darwin era praticada há séculos por criadores de animais ou agricultores que tentavam melhorar as características desejáveis do que era criado ou cultivado. Vacas podiam ser cruzadas para gerar mais leite, e tomates, para serem mais suculentos. Em 1904, Francis Galton (primo de Darwin) fundou um laboratório de "eugenia". Foi ele quem cunhou o termo "eugenia", que significa "bom nascimento". Sua tentativa era alterar os hábitos de reprodução dos seres humanos. Se era possível demonstrar que inteligência, criatividade, criminalidade, insanidade ou preguiça eram traços de família (e Galton acreditava nisso), fazia sentido encorajar os "bons" a terem mais filhos (eugenia "positiva) e evitar que os "maus" tivessem filhos demais (eugenia "negativa"). A eugenia positiva era a modalidade mais comum na Grã-Bretanha. Campanhas incentivavam casais instruídos de classe média a terem mais filhos, com base na pressuposição de que esses casais eram, de certa maneira, "melhores" do que um simples trabalhador e sua esposa. No final da década de 1890, o governo estava assustado com as más condições dos recrutas para a Guerra dos Bôeres, na África do Sul. Um grande número de voluntários foi rejeitado por falta de aptidão física, incapaz até mesmo de carregar um rifle. Depois, a Primeira Guerra Mundial, de 1914 a 1918, testemunhou o morticínio em massa nos campos de batalha europeus. Muitos presumiram que, em sua maioria, tinha-se perdido os melhores. Cada nação do mundo ocidental preocupava-se com a qualidade e a força de sua população.

A eugenia negativa era mais sinistra. Vários supunham que era sensato trancafiar pessoas com distúrbios mentais ou "subnormais", criminosos e mesmo inválidos e outros às margens da sociedade. Nos Estados Unidos, muitos estados aprovaram leis impondo a esterilização para evitar que essas pessoas tivessem filhos. Da década de 1930 até a derrota na Segunda Guerra Mundial em 1945, os nazistas alemães praticaram as piores atrocidades. Em nome do Estado, primeiro encarceraram e depois assassinaram milhões de pessoas que, a seu próprio critério, não mereciam viver. Judeus, ciganos, homossexuais, doentes mentais, deficientes, criminosos: todos foram arrebanhados e enviados para campos de concentração ou executados.

O período nazista transformou "eugenia" em palavra proibida. Como veremos a seguir, algumas pessoas acreditam que a eugenia pode voltar pela porta dos fundos, à medida que cientistas aprendem cada vez mais sobre o que herdamos e como isso afeta quem somos. Todos precisam de ciência, mas devemos assegurar seu uso para o bem.

CAPÍTULO 35

De onde viemos?

HOJE SABEMOS QUE COMPARTILHAMOS 98% do genoma com nossos parentes animais mais próximos, os chimpanzés. Essa semelhança é notável, mas há algumas diferenças cruciais. Apesar de conseguirem se comunicar, os chimpanzés não conversam entre si como fazem os humanos. E nós sabemos ler e escrever. Se dermos um passo para trás, descobriremos que humanos e chimpanzés, junto com gorilas e orangotangos, constituem a família dos *hominídeos*, muitas vezes referida como "grandes símios". Nós, humanos, temos uma relação menos íntima com gorilas e orangotangos, mas, em algum ponto no passado, os quatro membros desse grupo compartilhavam um ancestral comum, do qual cada grupo evoluiu. Isso foi há muito tempo, talvez quinze milhões de anos atrás.

Nossos "primos" grandes símios são fascinantes e um tanto perturbadores. Aqueles que escreveram sobre eles e os estudaram no passado pensam da mesma forma. Desejava-se saber onde esse animal bestial, que se parecia tanto conosco e, ainda assim, era tão diferente, se encaixava na criação. Em 1699, um anatomista inglês, Edward Tyson (1651-1708), obteve o cadáver de um chimpanzé. Esse animal exótico foi criteriosamente dissecado e comparado ao que ele sabia sobre a anatomia humana. Era a primeira vez que alguém analisava um chimpanzé tão de perto. Tyson então o posicionou na Grande Cadeia do Ser de Aristóteles logo abaixo de nós. Era natural, argumentou, que algum animal preenchesse a lacuna entre humanos e o restante do reino animal. Tyson não o disse, mas sugeriu a necessidade de um "elo perdido" na cadeia, algo que nos conecta a outros animais.

Na Grã-Bretanha, Alemanha e França, estava sendo descoberto um número crescente de artefatos humanos, como flechas e machados de pedra. Eram evidências sugestivas da presença humana milênios atrás. Essas ferramentas eram, muitas vezes, encontradas em cavernas e locais de fósseis entre os remanescentes fossilizados de animais extintos – os temidos tigres dente-de-sabre e gigantescos mamutes. Era evidente que tais animais extintos e os humanos da Idade da Pedra que fizeram as ferramentas viveram na mesma época. Os humanos ocupam a Terra há dezenas de milhares de anos – e não o período muito mais curto tido como certo pela maioria das pessoas. Nem todos concordavam, é claro, mas o amigo de Darwin, Thomas Henry Huxley (1825-1895), não tinha dúvidas disso. Huxley se empolgou com a descoberta, em 1856, do "homem de Neandertal" em uma caverna no Vale de Neander, na Alemanha. Escreveu sobre esse fóssil e sobre humanos modernos e os grandes símios na obra *O lugar do homem na natureza* (1863). Hoje se sabe que esse foi o primeiro fóssil de hominídeo não pertencente à nossa espécie, *Homo sapiens*, o nome biológico dado por Lineu (Capítulo 19). *Hominídeo* é o nome agora utilizado para nós mesmos e para nossos ancestrais extintos e, à medida que mais evidências fósseis são descobertas, o grupo aumenta. A árvore da vida está crescendo e, pouco a pouco, sendo preenchida.

Naquela época, Huxley foi cuidadoso o bastante para reconhecer que uma descoberta isolada não diz nada sobre uma espécie inteira e, portanto, manteve o homem de Neandertal na mesma espécie dos humanos modernos. Contudo, estava convencido de que se tratava de um espécime antiquíssimo, presente há tempo suficiente para que ocorresse a evolução. Sem dúvida, houve mudanças, uma vez que, embora semelhante a nós, o homem de Neandertal também era diferente. O crânio tinha sulcos imensos na testa e uma cavidade muito maior para o nariz. As proporções dos membros e do corpo diferiam das nossas. Era possível até ser um corpo deformado, em vez de outra espécie. Com o tempo, descobriríamos que os neandertalenses foram os primeiros hominídeos a enterrar os mortos.

Huxley conhecia bem as ideias de Darwin sobre a evolução humana antes de esse grande homem ter publicado dois livros em sequência rápida, expondo ideias e evidências sobre nossa ancestralidade. Em 1871, *A descendência do homem* fez o que Darwin vinha evitando desde *A origem das espécies*: concentrou um relato convincente de nosso mundo sobre a raça humana. Em 1872, sua obra *A expressão das emoções no homem e nos animais* acrescentou uma dimensão psicológica a seu argumento. O livro foi baseado em observações atentas de seus próprios filhos, nos sorrisos e nas caretas, entre vários outros comportamentos. Os humanos são parte da vida na

Terra, assim como todas as outras espécies de vegetais e animais. Darwin concluiu que nossos ancestrais provavelmente viveram na África, onde os humanos evoluíram pela primeira vez.

A representação da evolução como uma "árvore da vida" feita por Darwin queria dizer que não podemos ser descendentes dos símios modernos. Porém, era a conexão "homem-macaco" que imediatamente cativou a imaginação do público. Suas ideias sobre evolução foram debatidas pela primeira vez em público em um encontro apinhado em Oxford, organizado pela Associação Britânica para o Avanço da Ciência. A Associação almejava levar o mais recente conhecimento científico a todos, sediando um encontro anual no qual os cientistas falavam e debatiam sobre o que era novidade. O encontro de 1860 esteve impregnado de drama, de tão sensacional que foi a ideia do "homem-macaco". A discussão das ideias de Darwin sobre evolução foi aguardada com impaciência, tendo o bispo Samuel Wilberforce como líder dos antidarwinianos e Huxley representando os pró-darwinianos. Wilberforce, considerando-se esperto, perguntou a Huxley se ele descendia dos macacos pelo lado do avô ou da avó. Huxley respondeu que, na verdade, preferiria descender de um macaco do que desperdiçar tempo e raciocínio com uma pergunta tão tola: Wilberforce passou longe de compreender a questão. O bispo não se convenceu, mas Huxley e a evolução saíram por cima naquele dia.

As descobertas da longa existência da humanidade na Terra incentivaram naturalistas, antropólogos (que estudam a humanidade) e arqueólogos a fazer a seguinte pergunta: qual foi a condição original dos seres humanos? "Homens da caverna" emergiram nesse período das descobertas em cavernas na Grã-Bretanha e na Europa. Estava claro que esses habitantes das cavernas utilizavam fogo. Foram encontrados armas, ferramentas de pedra e utensílios de cozinha. Antropólogos e exploradores também descobriram grupos de caçadores-coletores na África, Ásia e América do Sul, sugerindo que todas as sociedades humanas haviam passado pelos estágios comuns do desenvolvimento social. E.B. Tylor (1832-1917) foi o primeiro professor de antropologia em Oxford. Ele utilizou uma ideia de "sobrevivências" para propor um caminho grandioso da evolução sociocultural humana. Com isso, queria dizer práticas sociais e religiosas, superstições e diferentes formas de organizar as relações familiares. De acordo com Tylor, essas sobrevivências estavam congeladas no povo "primitivo" da África, por exemplo, oferecendo pistas sobre o passado comum da humanidade. Tylor e outros queriam compreender as origens da linguagem e, para isso, analisaram gestos e outras formas de comunicação.

Essa antropologia inicial contrastava as dinâmicas Europa, América do Norte, Austrália e Nova Zelândia com as vidas supostamente imutáveis de povos "primitivos" ou mesmo das culturas complexas e há muito estabelecidas da Índia e da China. Hoje, isso soa arrogante. Aplicada à sociedade ocidental, a ideia de competição e luta evolutivas parecia explicar por que alguns indivíduos prosperavam, e outros não. Um capitalismo industrial ganhava força. O "darwinismo social" – evolução aplicava-se à cultura humana – começava a ser usado para explicar por que algumas pessoas eram ricas e outras pobres, ou por que algumas nações eram poderosas e outras, não. O darwinismo social justificava o triunfo de indivíduos, raças ou nações fortes sobre os mais fracos.

Enquanto algumas pessoas debatiam o darwinismo social, outras discutiam a evolução biológica. Até a década de 1890, todos os remanescentes humanos fossilizados descobertos eram considerados *Homo sapiens.* O status do homem de Neandertal permanecia incerto. Até que um antropólogo holandês, Eugène Dubois (1858-1940), foi às Índias Orientais Holandesas em busca de evidências da evolução humana na terra do orangotango. Em Java, hoje Indonésia, encontrou o topo de um crânio fossilizado pertencente a uma criatura não humana que caminhava ereta. Chamou a criatura de "homem de Java". A atenção voltou-se para a Ásia, sendo o local onde os humanos deviam ter evoluído. O homem de Java, junto com outro esqueleto humano antigo encontrado na França em Cro-Magnon, gerava questões sobre o que aconteceu primeiro. Caminhar ereto, sobre duas pernas? Ou um cérebro grande? Ou linguagem e vida em sociedade?

Houve mais descobertas de hominídeos pré-humanos na Ásia. Porém, no século XX, foi a África que comprovou como a previsão de Darwin fora perspicaz. Em 1924, um fóssil foi descoberto pelo anatomista australiano Raymond Dart (1893-1988). Ficou conhecido como o "bebê de Taung", e seu significado foi proposto pelo médico sul-africano Robert Broom (1866-1951). O bebê de Taung tinha dentes iguais aos de um humano, mas o cérebro assemelhava-se demais a um macaco para ser considerado humano. Broom acreditava que o fóssil de Dart (e diversos outros encontrados mais tarde, inclusive o de um adulto) era um ancestral antigo dos seres humanos. Dart batizou-o de *Australopithecus africanus,* literalmente "macaco do sul da África". Hoje, acredita-se que tenha entre 2,4 e 3 milhões de anos. Após o bebê de Taung, a África produziu muitos outros fósseis importantes, ajudando a juntar as peças da ancestralidade evolutiva da humanidade. Louis e Mary Leakey (1903-1972; 1913-1996) tornaram a história humana ainda mais célebre. Na década de 1950, trabalhavam na garganta de Olduvai, no Quênia, e Louis Leakey destacou que os primeiros hominídeos criavam ferramentas. Chamou um dos fósseis de hominídeos que viveram 1,6 a 2,4 milhões de anos atrás de *Homo habilis* – o homem habilidoso. Mary Leakey descobriu, na década de 1970, algumas pegadas com 3,6 milhões de anos, preservadas em cinza vulcânica que se endureceu. As pegadas eram de três hominídeos eretos, junto com outros animais, sugerindo que a caminhada sobre dois pés veio primeiro, antes que os hominídeos evoluíssem com um cérebro maior.

Durante a primeira metade do século XX, o estudo de ossos humanos fossilizados foi dificultado por algumas descobertas curiosas em uma mina de cascalho no vilarejo de Piltdown, East Sussex, no sul da Inglaterra. As descobertas começaram em 1908. Depois, em 1912, um arqueólogo amador local, Charles Dawson (1864-1916), anunciou a recuperação de um crânio em Piltdown. A descoberta gerou uma enorme empolgação. O "homem de Piltdown" tinha um crânio humano de aparência moderna, com uma mandíbula semelhante à de um macaco. Parecia-se com um verdadeiro elo perdido, um tipo de "homem macaco". Uma série de cientistas eminentes publicou artigos sobre o estranho fóssil, mas era difícil encaixá-lo na sequência emergente dos fósseis novos de hominídeos e antigos de macacos. Piltdown sempre despertou desconfiança e, no início da década de 1950, técnicas de datação inexistentes em 1908 comprovaram tratar-se de uma grande farsa. O homem de Piltdown combinava um crânio humano moderno com a mandíbula de um orangotango, imersos em produtos químicos para dar uma aparência antiga. Os dentes também foram lixados. Ninguém sabe ao certo quem foi o responsável: há diversos suspeitos, porém nenhuma prova definitiva. O próprio Dawson lidera a lista de suspeitos.

Com a revelação de que Piltdown era uma fraude, os outros hominídeos fossilizados podiam ser posicionados em uma ordem mais provável, utilizando datação radiométrica para descobrir a idade e comparando as características físicas. Um fóssil em especial, apelidado de Lucy, tornou-se celebridade, visitando várias cidades e com direito até a uma "biografia". Lucy foi descoberta na Etiópia em 1978, e mais da metade de seu esqueleto estava completa. Ela viveu em torno de três a quatro milhões de anos atrás, muito antes do bebê de Taung.

Assim como o bebê de Taung, ela é do gênero *Australopithecus*, porém uma espécie mais antiga, *afarensis*: "macaco de Afar". As pernas, a pélvis e os pés de Lucy davam a entender que talvez tenha andado ereta e subido em árvores ou em rochas. Sua cavidade cerebral não era muito maior do que a de um chimpanzé moderno, mas o cérebro era bem maior do que o de um chimpanzé em relação ao tamanho do corpo. (A relação entre cérebro e corpo é um melhor guia das funções mentais do que só o tamanho: os elefantes têm cérebros maiores do que os humanos, mas uma menor relação entre cérebro e corpo. Existem, é claro, vários outros fatores da "inteligência" além do tamanho do cérebro.) Lucy exibia inclusive características "mistas", sem ser ainda nem remotamente "humana", mas uma criatura bem-sucedida à sua maneira.

Centenas de fósseis de hominídeos de várias partes do mundo possibilitaram ter uma ideia bastante nítida do caminho evolutivo que levou aos seres humanos modernos. Pode-se até dizer o que comiam e quais parasitas infectaram nossos ancestrais. O quebra-cabeça tem muitas peças ausentes, e há um grande debate sobre os detalhes: o que este dente ou a forma daquele fêmur nos diz? Também haverá mais surpresas no futuro, pois fósseis são continuamente desenterrados. Na Indonésia, em 2003, o arqueólogo australiano Mike Morwood e seus colegas encontraram fósseis de pequenos hominídeos na ilha de Flores. Eles viveram apenas há quinze mil anos, mas talvez sejam de espécie desconhecida. A situação exata do *Homo floresiensis* ("homem de Flores", apelidado de "hobbit") ainda é incerta. Tentativas de análise de DNA (o modo mais confiável de estabelecer relações biológicas) até então não lograram sucesso.

Desvendar como os neandertalenses relacionam-se aos humanos modernos também é um desafio estimulante. Sem dúvida, a espécie viveu no mesmo tempo em que o *Homo sapiens* na Europa, há aproximadamente cinquenta mil anos. Herdamos parte de seus genes. A chegada do *Homo sapiens*, o homem "moderno", contribuiu com a extinção dos neandertalenses? Não temos certeza. Procriavam entre si? É provável. Tanto os neandertalenses quanto o *Homo sapiens* sofreram com as baixíssimas temperaturas europeias na última vez em que as geleiras cobriram a Europa, e os neandertalenses não sobreviveram.

Para reconstruir a árvore familiar humana a partir de fósseis de diferentes idades, e em locais distintos, utilizamos as mesmas ferramentas e técnicas aplicadas a outros animais, como o cavalo ou o hipopótamo. É evidente que há muito mais emoção envolvida quando se trata de humanos em vez de hipopótamos. Mas as evidências estão por aí, e paleontólogos, antropólogos, arqueólogos e outros especialistas continuam a juntar as peças. As evidências foram usadas para concluir que os hominídeos, inclusive, por fim, o *Homo sapiens*, viveram primeiro na África e espalharam-se a partir daí. Ainda falta descobrir muito sobre as migrações dos primeiros hominídeos. Houve diversos movimentos para fora da África? O que levou à rápida evolução do cérebro grande que diferencia nossa própria espécie de nossos primos? A ciência trata do como, e não do porquê. Isso parece se aplicar principalmente quando se pensa em nossa ancestralidade e, conforme dito por Huxley, no "lugar do homem na natureza".

CAPÍTULO 36

Drogas fantásticas

PODE HAVER CINCO MILHÕES DE trilhões de trilhões de bactérias na Terra. Isso é 5 x 10^{30} ou o número cinco seguido de trinta zeros – uma soma impressionante. As bactérias podem viver em quase qualquer lugar da Terra: no solo, nos oceanos, nas profundezas de rochas, no gelo do Ártico, na água fervente dos gêiseres, na pele e dentro do corpo. As bactérias fazem toda sorte de coisas úteis; sem elas, o que aconteceria com todo o lixo que digerem? Também obtemos benefícios desse truque de digestão. As bactérias que vivem em nosso intestino auxiliam a decompor o alimento ingerido para liberar proteínas e vitaminas. Algumas bactérias até acabaram dando origem a medicamentos úteis, junto com outros micro-organismos, os fungos. A maioria de nós já precisou tomar algum desses antibióticos.

No século XIX, os cientistas descobriram como algumas bactérias podiam ser nocivas, causando doenças e infeccionando ferimentos. O Capítulo 27 conta a história de como a “teoria dos germes” da doença foi aceita. De imediato, começaram a procurar drogas que pudessem matar as bactérias invasoras sem danificar as células corporais. Era uma busca por "balas mágicas", disse o médico alemão Paul Ehrlich (1854-1915). Ele desenvolveu uma droga para tratar a sífilis, mas continha arsênico, que é venenoso, por isso tinha que ser usada com muito cuidado e apresentava efeitos colaterais graves.

Em meados da década de 1930, o farmacologista alemão Gerhard Domagk (1895-1964) começou a usar o elemento químico enxofre. (Farmacologia é o estudo dos medicamentos.) Produziu um composto chamado Prontosil, eficaz contra diversos tipos de bactérias causadoras de doenças. Um dos primeiros pacientes experimentais foi sua filha, cuja mão havia se infectado com *Streptococcus*, uma bactéria horrível que causa infecções cutâneas. Os médicos disseram que a única forma de tentar salvá-la da infecção potencialmente letal era amputar o braço. O Prontosil conseguiu eliminar a infecção. Também foi eficaz contra a escarlatina e uma infecção bacteriana fatal, chamada febre puerperal, que matava mulheres após o parto. O Prontosil passou a ser amplamente utilizado a partir de 1936, contribuindo com uma redução acentuada no número dessas mortes. Essa e outras drogas contendo enxofre estavam entre as melhores que os médicos podiam receitar contra determinadas bactérias. Domagk ganhou um prêmio Nobel em 1939 (embora, na época, os nazistas proibissem os alemães de aceitá-lo).

O próximo prêmio Nobel pela descoberta de um medicamento veio em 1945. Três homens, o escocês Alexander Fleming (1881-1955), o australiano Howard Florey (1898-1968) e o refugiado alemão Ernst Chain (1906-1979), dividiram o prêmio pela descoberta da penicilina, a primeira droga "antibiótica". Antibiótico é uma substância produzida por um micro-organismo que pode matar outros micro-organismos. Ele se aproveita, para nosso benefício, de algo que ocorre no mundo natural o tempo todo. A penicilina era purificada de uma fonte natural, o micro-organismo *Penicillium notatum*, um bolor ou tipo de fungo. Podem-se ver pequenos anéis de fungos azuis se desenvolvendo em um pão velho e mofado. Se você gosta de comer cogumelos, está comendo, como se sabe, outro tipo de fungo. Acredita-se que existam 1,5 milhão de espécies de fungos em nosso planeta. Seus ciclos de vida são complexos, incluindo um estágio de esporo, que é semelhante às sementes dos vegetais. Hoje, os antibióticos também podem ser criados no laboratório, em vez de usar uma fonte natural, mas é a mesma ideia básica.

A história da penicilina começa na década de 1920. Assim como todas as melhores histórias, há diversas versões. De acordo com uma delas, em 1928 um esporo do bolor flutuou por uma janela aberta no laboratório de Alexander Fleming no Hospital St. Mary, em Londres. O que ele percebeu foi que algumas bactérias que cultivava em uma placa de Petri pararam de crescer onde o esporo havia pousado. Identificou o esporo como resultante do *Penicillium*, realizou mais trabalhos com ele e publicou os resultados para compartilhá-los com outros bacteriologistas. Contudo, não conseguia descobrir como fazer o suficiente do que o esporo havia produzido para utilizá-lo de alguma forma. Por essa razão, deixou-o como uma observação laboratorial curiosa e com o potencial de ser promissora.

Uma década mais tarde, a Europa estava imersa na Segunda Guerra Mundial. A guerra sempre gera surtos de doenças infecciosas entre soldados e civis. Por isso, o patologista Howard Florey, que havia se estabelecido na Inglaterra, foi solicitado a buscar drogas eficazes contra infecções. Um de seus assistentes, Ernst Chain, começou a ler tudo o que podia encontrar, inclusive o antigo artigo de Fleming. A seguir, tentou extrair a substância ativa produzida pelo bolor da penicilina. Em março de 1940, seu assistente de laboratório, Norman Heatley (1911-2004), encontrou uma melhor maneira de obter essa substância promissora. Trabalhando em difíceis condições em tempo de guerra, contaram com poucos recursos, usando urinóis e tambores de leite como recipientes para cultivar as soluções de bolor. Apesar disso, obtiveram uma penicilina relativamente pura. Testes em camundongos demonstraram que ela era muito eficaz no controle de infecções. A purificação da substância milagrosa era dificílima: era preciso uma tonelada de uma solução bruta de penicilina para produzir dois gramas do fármaco. O primeiro paciente foi um policial que contraiu uma infecção depois de se arranhar com o espinho de uma rosa. Após a administração do medicamento, sua condição melhorou por um breve tempo. Sua urina foi filtrada para recuperar a droga preciosa, mas ele morreu quando o fornecimento se esgotou.

A Grã-Bretanha em época de guerra não possuía os recursos industriais para produzir uma quantidade suficiente de penicilina. Assim, em julho de 1941, Florey e Heatley voaram para os Estados Unidos para incentivar as empresas farmacêuticas norte-americanas a se encarregarem disso. Florey era um cientista antiquado. Acreditava que descobertas como as que tinham feito eram para o bem de todos e não deviam ser patenteadas. (Patentes são uma forma de proteger as ideias de inventores e assegurar que ninguém mais possa copiá-las.) Os norte-americanos pensavam diferente. Duas empresas, em especial, desenvolveram métodos especiais de produzir penicilina em ampla escala. Para recuperar todo o dinheiro investido na pesquisa, obtiveram patentes, o que significava que mais ninguém poderia usar seus métodos de fabricação da droga. Em 1943, a penicilina estava disponível para uso militar e, por vezes, civil. Demonstrou-se sua eficácia contra o *Streptococcus bacterium*, bem como contra alguns organismos que causam pneumonia, várias infecções de ferimentos e algumas infecções sexualmente transmissíveis. Em pouco tempo, produzia-se o bastante para assegurar a sobrevivência daqueles que podiam ser tratados, quando, do contrário, muitos teriam morrido, sobretudo os soldados que lutavam para encerrar a guerra.

Enquanto Florey e sua equipe estavam ocupados com a penicilina, Selman Waksman (1888-1973) trabalhava com as propriedades antibióticas das bactérias. Waksman saiu da Ucrânia para ir aos Estados Unidos em 1910. Tinha fascínio pelos micro-organismos que vivem no solo, tendo observado como alguns matavam outras bactérias no solo. A partir do fim da década de 1930, tentou isolar compostos dessas bactérias que pudessem agir como antibióticos. Com seus alunos, isolou algumas substâncias eficazes, mas eram tóxicas demais para uso em humanos. Então, em 1943, um de seus alunos isolou a *Streptomyces*, e a estreptomicina foi criada a partir dela. Verificou-se que era eficaz e não muito nociva aos pacientes. O surpreendente é que funcionava contra a bactéria que causa a tuberculose, doença letal que havia matado mais gente do que qualquer outra doença durante boa parte do século XIX. Embora fosse menos comum no Ocidente por volta da década de 1940, ainda cobrava seu preço em todo lugar. As vítimas eram, muitas vezes, adultos jovens, deixando entes queridos enlutados e filhos sem pais.

Penicilina e estreptomicina eram só o começo de uma linha completa de antibióticos e outros produtos químicos que curavam doenças infecciosas. Nos anos posteriores à Segunda Guerra Mundial, tornaram as pessoas bastante otimistas em relação ao poder da medicina para combater e, até mesmo, erradicar essa doença. Menos pessoas no Ocidente morriam de infecções e, à exceção de novas infecções, como AIDS, isso continua a ocorrer. Sem dúvida, muitos jovens no século XXI podem levar vidas mais saudáveis do que seu pais ou avós.

Porém, se tivessem analisado com atenção a história de uma das primeiras "drogas milagrosas", os otimistas da década de 1960 poderiam ter percebido que milagres são improváveis. Essa droga era a insulina, usada para tratar o diabetes desde a década de 1920. O diabetes é uma afecção horrível. Se não for tratada, o corpo definha, suas vítimas ficam dolorosamente magras, estão sempre com sede, urinam com frequência e, por fim, entram em coma antes de morrer. Na maioria das vezes, afetava jovens, que morriam em alguns anos. Trata-se de uma doença complexa, mas as células especiais que produzem insulina de modo natural no pâncreas – um órgão próximo ao estômago – cessam de funcionar. A insulina é um hormônio, um "mensageiro" químico, mantendo o nível correto de açúcar (glicose) no sangue.

Enquanto a penicilina teve origem em um lance do acaso, a história da insulina envolve pesquisas meticulosas sobre como funcionam algumas partes do corpo. Pesquisadores já haviam demonstrado a função do pâncreas removendo-o de cães (ou de outros animais) que, depois disso, sofriam uma doença semelhante ao diabetes. Durante o verão de 1921, na Universidade de Toronto, Canadá, o professor J.J.R. Macleod (1876-1935) estava de férias. Um jovem cirurgião chamado Frederick Banting (1891-1941) e seu aluno de medicina e assistente Charles Best (1899-1978) conduziram uma série de experimentos simples. Com o auxílio de um bioquímico, James Collip (1892-1965), conseguiram extrair e purificar a insulina dos pâncreas de cães. Quando administraram a insulina aos animais experimentais que tiveram o pâncreas removido, houve uma recuperação do diabetes.

A insulina foi descrita como uma "força de atividade mágica" que podia, literalmente, evitar a morte certa das vítimas desse tipo de diabetes. Uma delas foi o garoto de catorze anos de idade Leonard Thompson, a primeira pessoa tratada com injeções de insulina em 1922. Leonard tinha peso muito abaixo do normal e estava confinado a um leito hospitalar por estar fraco demais. As injeções reduziram seu açúcar no sangue até atingir níveis normais, ele ganhou peso e recebeu alta do hospital com uma seringa e o suprimento de insulina.

Um ano depois, Banting e o professor Macleod ganharam o prêmio Nobel e dividiram o dinheiro do prêmio com Best e Collip. Tal reconhecimento acelerado mostrou como todos consideravam esse trabalho importante. A insulina era importantíssima. Garantia anos de vida extra a muitos jovens que, do contrário, teriam morrido. O que não oferecia era uma vida normal. Os diabéticos tinham que monitorar a alimentação, aplicar em si mesmos injeções regulares de insulina e testar o nível de açúcar na urina com frequência.

Isso era muito melhor do que nada. Contudo, uma ou duas décadas mais tarde, muitos desses primeiros diabéticos começaram a sofrer de outros problemas de saúde: insuficiência renal, doença cardíaca, problemas de visão e úlceras dolorosas nas pernas que se recusavam a cicatrizar. A insulina transformou uma doença aguda fatal em um problema vitalício a ser tratado para sempre. Os mesmos problemas também se aplicam ao outro tipo de diabetes, que ocorre com mais frequência em adultos com sobrepeso e é chamada de diabetes tipo 2. Hoje é a forma mais comum, e cada vez mais pessoas sofrem com ela. Dietas modernas contêm açúcar e alimentos refinados em excesso, e a obesidade virou uma epidemia global. A ciência médica ajudou: comprimidos podem baixar o nível de glicose. Ainda assim, os portadores de diabetes tipo 2 enfrentam o mesmo tipo de problemas em uma fase posterior da vida. A medicina simplesmente não é tão boa quanto nosso próprio sistema natural para regular o nível de glicose no corpo.

A natureza nos mostrou que não se pode depender da penicilina e de outros antibióticos. Essas drogas ainda são úteis, mas as bactérias que causam doença adaptaram-se a elas. A descoberta de Darwin da seleção natural aplica-se a toda a natureza, e muitas bactérias desenvolveram defesas contra os antibióticos que costumavam matá-las. Os *Staphylococci* e o bacilo da tuberculose mostraram uma grande capacidade de adaptação. Assim como todas as outras criaturas vivas, seus próprios genes sofrem mutação às vezes, e as mutações que os ajudam a sobreviver são as que passam para a próxima geração. O tratamento de infecções agora se transformou em um tipo de jogo de gato e rato: desenvolvimento de novas drogas para atacar germes que evoluem para resistir a quase tudo o que se utilize para combatê-los. Um problema recente é o MRSA (*Staphylococcus aureus* resistente a meticilina). O *S. aureus* é uma dessas bactérias que normalmente vivem em nosso corpo, mesmo que possa causar uma infecção leve e habitual após um arranhão. Sua forma resistente a antibióticos é perigosa. É comum encontrá-la em hospitais, porque lá são utilizados vários antibióticos, e as bactérias que sobrevivem geralmente são as que desenvolveram resistência. E não são apenas bactérias que combatem nossa tentativa de controlar a doença. Alguns parasitas que causam a malária são resistentes a quase todas as drogas disponíveis.

Hoje, sabe-se que os insetos tendem a desenvolver uma resistência quando os pacientes interrompem o uso do medicamento ou quando é administrada uma dose equivocada. Também acontece quando se faz uso impróprio dos medicamentos: é comum dar antibióticos a pacientes de modo inapropriado, para infecções, resfriados ou dores de garganta causados por vírus. (Antibióticos combatem *bactérias* e são impotentes contra vírus.) Se a sua dose de antibióticos não for suficiente para matar as bactérias causadoras da doença, o tratamento pode, por outro lado, favorecer a sobrevivência de bactérias resistentes. Essas bactérias podem, no futuro, causar uma doença intratável.

Apesar de todos esses problemas, os médicos têm à disposição drogas muito mais poderosas e eficazes do que em qualquer época anterior. Algumas, como a insulina, controlam, em vez de curar a doença, mas todos esses medicamentos modernos deram às pessoas do mundo "desenvolvido" a chance de prolongar a vida. Em muitos países do mundo "em desenvolvimento", a expectativa de vida também aumentou. Todavia, ainda há sérios problemas: nem sempre é fácil consultar com um médico, obter o suficiente para comer, beber água limpa ou viver em uma residência confortável. Desde o início da década de 1990, aumentou a distância entre ricos e pobres em países ricos, tendo ocorrido o mesmo entre países ricos e pobres. Não deveria ser assim.

Hoje, custa muito oferecer atendimento médico. Utilizam-se várias tecnologias engenhosas para diagnosticar doenças e depois tratá-las. O desenvolvimento e o teste de novos medicamentos agora exige muito mais dinheiro do que foi preciso para produzir a penicilina. Portanto, é preciso tomar conta de nós mesmos, se possível. Não importa se os medicamentos são incríveis: ainda é válido dizer que "é melhor prevenir do que remediar".

CAPÍTULO 37

Blocos de construção

Conforme o tempo passava, os cientistas tendiam a se especializar nos campos de preferência. Ainda assim, tradicionalmente biólogos faziam biologia, químicos faziam química e físicos faziam física. Então, o que estava ocorrendo na década de 1930, quando primeiro os químicos e, a seguir, os físicos decidiram que era hora de enfrentar os problemas da biologia? A química tratava de como as substâncias se combinam e reagem. No entanto, estava ficando evidente que os organismos vivos – assunto dos biólogos – eram constituídos de alguns dos elementos da tabela periódica dos químicos, como carbono, hidrogênio, oxigênio e nitrogênio. Física tinha a ver com matéria e energia, que, naquele ponto, estava repleta de átomos e de suas partículas subatômicas. Não se tratava de uma forma de entender mais sobre os elementos dos químicos? Em suma, química e física não poderiam explicar organismos vivos como uma série de reações químicas e estruturas atômicas? E isso não forneceria uma resposta a uma das perguntas mais antigas da ciência: o que é a vida?

Nas décadas iniciais do século XX, Thomas Hunt Morgan usou as pequeninas moscas drosófilas para demonstrar que eram os cromossomos no núcleo da célula que transportavam o material da hereditariedade. "Material" era uma boa palavra para isso. Geneticistas eram ótimos em demonstrar o que esse material fazia. Eram capazes de mostrar como, em diferentes partes de um cromossomo, os diferentes genes podiam resultar no desenvolvimento de um olho ou de uma asa. Demonstravam até como mutações produzidas por raios X podiam levar a formatos de asa incomuns, porque, segundo acreditavam, essas mutações afetavam os genes. Porém, não sabiam o que era um gene.

Será que as proteínas eram esse material genético? As proteínas são essenciais a várias reações que ocorrem dentro do corpo. Foram o primeiro grupo de compostos a ser sistematicamente estudado por biólogos moleculares. Conforme sugere o nome, a biologia molecular é uma ciência que busca entender a química das moléculas em coisas vivas e como elas funcionam. As proteínas são, em sua maioria, moléculas enormes e complexas. São constituídas de grupos de aminoácidos, compostos menores e mais simples do que as proteínas. Sendo mais simples, era mais fácil descobrir do que eram constituídos os aminoácidos por meio de análise e síntese químicas. Cerca de vinte aminoácidos são os blocos de construção que, em diferentes combinações, compõem todas as proteínas em vegetais e animais.

Como esses aminoácidos se combinam para criar as proteínas era uma questão muito mais difícil. Foi a partir daí que a física começou a ter uma função – ao que se constatou, os raios X forneciam pistas. A primeira tarefa era fazer um cristal da proteína que se pretendia estudar. A seguir, o cristal era bombardeado com raios X. Conforme atingiam o cristal, os raios X se dobrariam ao passar por ele ou seriam refletidos em um padrão específico, conhecido como padrão de difração. Era possível capturá-lo em uma placa fotográfica.

A leitura dos padrões capturados na placa fotográfica é uma atividade ardilosa. O que se vê é uma imagem intricada de inúmeros pontos e sombras. É uma imagem plana e bidimensional que está sendo observada, mas é preciso pensar em três dimensões, e o uso de óculos 3D não ajudará em nada. Além de conseguir visualizar a imagem, também é preciso conhecer química e entender como os elementos se combinam. Sem falar em um bom conhecimento de matemática. Uma pessoa que aceitou esse desafio foi a química Dorothy Hodgkin (1910-1994), que trabalhava na Universidade de Oxford. Devemos, em parte, o que sabemos sobre a estrutura da penicilina, da vitamina B12 e da insulina à sua pesquisa sobre cristalografia de raios X. Ela ganhou o prêmio Nobel em 1964.

Linus Pauling (1901-1994) também tinha habilidade no uso de raios X para desvendar a estrutura de compostos químicos complexos. Em uma brilhante série de experimentos, ele e seus colegas conseguiram demonstrar que, se apenas um aminoácido estivesse ausente da molécula da hemoglobina nas hemácias, uma doença grave era produzida: anemia falciforme. (Em vez de redondas, as hemácias que contêm essa hemoglobina têm o formato de uma foice.) Essa falha molecular é mais comum na África, onde a malária está sempre presente. Hoje, sabe-se que há um benefício para as pessoas portadoras dessa falha, pois as células falciformes ajudam a proteger contra o tipo mais grave da malária. Esse é um exemplo de evolução humana em ação. Pessoas com apenas o traço (um único gene, herdado na forma estudada por Mendel nas ervilhas) têm anemia moderada, mas são mais resistentes à malária. Indivíduos que herdam o gene das células falciformes de ambos os pais sofrem da versão grave da anemia. Os sintomas da anemia falciforme foram identificados no início do século XX. Cinquenta anos mais tarde, Pauling utilizou as novas técnicas da biologia molecular para compreender o que estava ocorrendo, e sua pesquisa começou uma nova era na medicina: a medicina molecular.

Após o sucesso com proteínas, Pauling quase obteve o maior prêmio: relevar a estrutura molecular dos genes. Seus experimentos com raios X demonstraram que várias proteínas, como as que constituem o cabelo e os músculos ou que transportam oxigênio nas moléculas de hemoglobina, têm um formato especial. Muitas vezes, enrolavam-se para formar uma espiral (hélice). No início da década de 1950, muitos cientistas acreditavam que os genes eram compostos de ácido desoxirribonucleico. Esse composto é bem mais conhecido como DNA, que também é mais fácil de pronunciar. O DNA foi descoberto em 1869, mas foi preciso um longo tempo para entender o que podia fazer e qual era a sua aparência. Em 1952, Pauling sugeriu que era uma longa molécula enrolada composta de três fitas entrelaçadas – o que se chamava de hélice tripla.

Enquanto Pauling trabalhava na Califórnia, dois grupos na Inglaterra estavam no seu encalço. No King's College, em Londres, o físico Maurice Wilkins (1916-2004) e a química Rosalind Franklin (1920-1958) transformavam-se em biólogos moleculares. Franklin tinha um talento especial para produzir e ler as fotografias geradas por cristalografia de raios X. Em Cambridge, um jovem americano, James Watson (nascido em 1928), abandonou um interesse inicial em ornitologia (o estudo de aves) para trabalhar em parceria com Francis Crick (1916-2004). Crick estudou física e, depois de trabalhar como físico para o Almirantado durante a Segunda Guerra Mundial, voltou para a universidade, dessa vez para estudar biologia. Watson e Crick viriam a se tornar uma das duplas mais famosas da ciência.

Crick compartilhou a experiência que tinha na análise por raios X da estrutura de proteínas. Ele e Watson sabiam que o DNA é encontrado nos cromossomos do núcleo celular – os mesmos componentes celulares que Morgan analisou trinta anos antes. Fizeram recortes de papel e construíram modelos para ajudá-los a ver possíveis estruturas do DNA. Também se beneficiaram das fotografias produzidas por Franklin. No início de 1953, criaram um modelo novo que se correlacionava com todos os dados dos raios X. Este, disseram, era o correto. Durante uma comemoração no bar naquela noite, reza a lenda que alegavam ter descoberto "o segredo da vida".

Se os outros frequentadores daquela noite ficaram sem saber do que se tratava, imaginando o que queriam dizer com aquilo, leitores da revista científica semanal *Nature* logo descobririam. Crick e Watson publicaram suas descobertas na edição de 25 de abril de 1953, que também incluía um artigo escrito pela equipe londrina de Wilkins e Franklin. No entanto, foram Crick e Watson que demonstraram que o DNA é constituído de duas fitas entrelaçadas, e não três, como Pauling havia afirmado. As fitas são conectadas por peças em cruz, de modo que se parecem com uma escada comprida e flexível torcida em forma de espiral. Os pilares da escada são um tipo de açúcar – a parte D ou *desoxirribo* da molécula e dos fosfatos. Cada degrau da escada é composto de um par de moléculas: adenina com timina ou citosina com guanina. Esses ficaram conhecidos como "pares de base" das moléculas. Então, se essa era a estrutura, em que sentido explicava "o segredo da vida"?

Os pares de base são interconectados por ligações de hidrogênio. Quando as células se dividem, as espirais se desenrolam, quase como se estivessem "abrindo o zíper". As duas metades agora apresentam os modelos para duas cadeias idênticas a serem feitas pela célula. Assim, Watson e Crick demonstraram como os genes podiam ser transmitidos de pais para filhos e como as "células-filhas" conteriam o mesmo conjunto de genes da "célula-mãe" original. Era simples e elegante e, de imediato, parecia evidente. Em 1962, quando a comunidade científica havia aceitado totalmente a estrutura e a função do DNA, Crick, Watson e Wilkins dividiram o prêmio Nobel. Oficialmente, somente três pessoas podem dividir um prêmio Nobel, mas Rosalind Franklin não foi ignorada: ela morreu de câncer ovariano, com apenas 38 anos, em 1958.

Francis Crick prosseguiu, com outros pesquisadores, para explicar por que os genes são tão importantes aos organismos vivos, além da função que exercem na hereditariedade. O que os genes fazem na atividade diária é criar proteínas. O "código genético" é constituído de três degraus adjacentes na escada, e cada grupo de três degraus (o "códon") é responsável por um único aminoácido. Crick demonstrou como pequenas porções da molécula do DNA fornecem os códigos para os aminoácidos que constituem proteínas, como a hemoglobina e a insulina. Os geneticistas perceberam que a ordem dos pares de base na molécula do DNA é essencial, porque determina quais aminoácidos serão inseridos nas proteínas. As proteínas são moléculas muito complexas, às vezes com dezenas de aminoácidos, por isso é necessária uma longa sequência para criar uma proteína.

Com o funcionamento básico do DNA compreendido, os cientistas agora podiam mostrar o sentido das observações que Morgan havia feito na sala de moscas. Ele estava analisando as características visíveis de organismos completos – em seu caso, a mosca com olhos brancos normais ou olhos vermelhos mutantes. Esse tipo de traço visível é chamado de *fenótipo*. Daquele momento em diante, os cientistas podiam começar a trabalhar em um nível abaixo do organismo inteiro, no nível dos genes – o que hoje é conhecido como *genótipo*.

A descoberta da estrutura do DNA foi um grande divisor de águas na história da biologia moderna. Demonstrou-se que os biólogos podiam entender questões em termos das moléculas contidas nas células, que antes pertenciam ao domínio dos químicos. Isso era o que todos queriam fazer agora. Pesquisas posteriores revelaram que os aminoácidos e, depois, as proteínas eram feitos no citoplasma da célula – a parte líquida fora do núcleo. Saber como operava essa pequena fábrica de proteínas incluía a descoberta do RNA. Trata-se do ácido ribonucleico, semelhante ao DNA, mas com apenas uma fita, e não duas, e um tipo diferente de açúcar. O RNA tinha uma função importante a exercer no fluxo de informações do DNA no núcleo celular para a fábrica de proteínas no citoplasma.

Os biólogos moleculares estavam prestes a transformar nosso conhecimento sobre a origem das doenças. Descobriram como proteínas, como o hormônio insulina, executavam a tarefa de regular o açúcar no sangue. Obtiveram um melhor entendimento do câncer, uma das doenças modernas mais temidas. Embora possam devastar o corpo inteiro e, assim, tornar-se uma doença generalizada, todas as formas de câncer começam com uma única célula mutante, que se comporta de maneira errática e não cessa de se dividir quando deveria. Essas células desenfreadas são gananciosas. Consomem os nutrientes do corpo e, caso se espalhem para um órgão vital, as células cancerígenas interrompem suas funções, levando ao agravamento da doença. Descobrir como isso acontece no nível molecular era crucial antes de poder desenvolver drogas melhores para desacelerar o processo ou mesmo interrompê-lo.

O estudo desses processos dinâmicos é difícil em animais grandes e complexos como os humanos, por isso boa parte do trabalho dos biólogos moleculares depende do uso de organismos mais simples. Muitas das pesquisas iniciais sobre as funções reais do DNA e do RNA foram conduzidas com bactérias, e a pesquisa sobre o câncer utiliza animais como o camundongo. Não é fácil traduzir essas descobertas para os seres humanos, mas essa é a forma como a ciência moderna opera: do mais simples para o mais complexo. Esse método nos auxiliou a entender os processos que orientam a evolução há milhões de anos. A verdade é que o DNA é a molécula que controla nosso destino.

CAPÍTULO 38

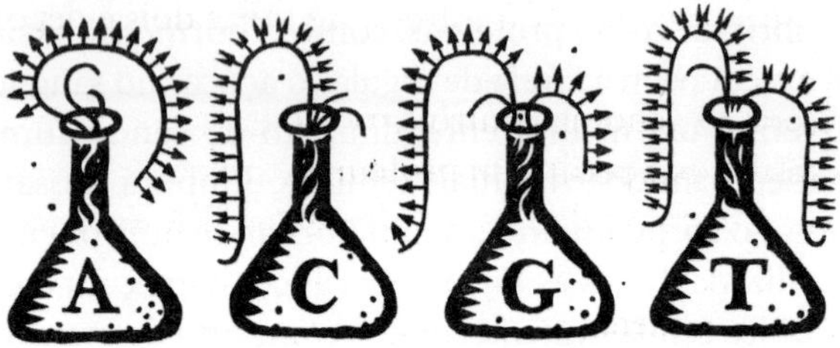

Leitura do "Livro da vida": o Projeto Genoma Humano

Os humanos têm cerca de 22 mil genes (o número exato é história sendo feita). Como sabemos disso? Porque cientistas em laboratórios de todo o mundo colaboraram no Projeto Genoma Humano. Esse projeto ambicioso fez a contagem dos genes utilizando sequenciamento do DNA e respondeu a uma pergunta que ficou pendente quando Crick e Watson revelaram a estrutura do DNA. O "sequenciamento" significa a posição, nos cromossomos, de todos os três bilhões de "pares de base" de moléculas que constituem nosso genoma. É um exagero de moléculas de adenina e timina, citosina e guanina dispostas na hélice dupla no núcleo de cada célula.

Se a compreensão do DNA legou-nos "o segredo da vida", o Projeto Genoma Humano tratava da leitura do "livro da vida". Pois é isso que o genoma é, os genes para tudo o que diz respeito a você, da cor do cabelo à forma do dedo mindinho. Também se relaciona a aspectos que não se pode ver com facilidade: as instruções para que um ovo fertilizado se torne dois e depois quatro, e assim por diante até compor um bebê inteiro no útero. O genoma controla os programas biológicos nas células que produzem proteínas, como o hormônio insulina, para regular o nível de glicose. Ele executa os programas para substâncias químicas no cérebro que transmitem mensagens de um nervo ao próximo.

O Projeto Genoma Humano teve início em 1990 e a data de conclusão deveria ser em 2005. Contudo, em um momento de drama científico, em 26 de junho de 2000, cinco anos antes do prazo, aconteceu algo incomum. Em meio a um grande alarde, na televisão ao vivo, o presidente dos Estados Unidos e o primeiro-ministro da Grã-Bretanha anunciaram a conclusão do primeiro esboço do projeto. Estavam acompanhados por alguns dos cientistas que realizaram o trabalho, mas a presença desses dois líderes mundiais era uma indicação da importância de entender o genoma.

Seriam precisos mais três anos, até 2003, para produzir uma versão bem melhor desse livro da vida – preenchendo as grandes lacunas e corrigindo a maior parte dos erros. Ainda assim, isso ocorreu dois anos antes do planejamento original. Durante os anos do projeto, os métodos e a tecnologia utilizados pelos cientistas, sobretudo a assistência oferecida por computadores, também progrediram.

O projeto genoma se desenvolveu a partir de décadas de pesquisa que se seguiram à descoberta do DNA. Depois da revelação de Crick e Watson em 1953, algo importante a fazer era "clonar" fitas de DNA para obter mais informações sobre a parte específica da molécula de DNA que se queria investigar. Na década de 1960, biólogos moleculares perceberam que isso podia ser realizado usando-se enzimas e bactérias. Enzimas são proteínas que podem fazer toda sorte de coisas, dependendo de sua estrutura individual. Nesse caso, foram utilizadas para fazer uma de suas tarefas naturais: o corte do DNA em pequenas seções. Essas seções eram, a seguir, inseridas em bactérias de uma forma especial. As bactérias se reproduzem com muita rapidez e, conforme se reproduziam, essas bactérias modificadas também faziam cópias das seções adicionadas de DNA. Tais cópias, os clones, podiam ser cultivadas para pesquisas futuras. O processo gerou bastante empolgação, mas foi só o começo. Células inteiras, além de partes de DNA, podem ser clonadas. Uma ovelha chamada Dolly foi o primeiro mamífero a ser clonado a partir de uma célula de ovelha adulta. Ela nasceu em 1996 e morreu em 2003. Técnicas de clonagem ainda estão sendo desenvolvidas e são uma das áreas mais interessantes da pesquisa sobre biologia molecular.

Agora que dispunham de várias partes de DNA para conduzir experimentos, os cientistas começaram a tentar solucionar o problema do sequenciamento do DNA: revelar a ordem dos pares de base de moléculas no DNA. Era uma tarefa para o biólogo molecular inglês Frederick Sanger (nascido em 1918), que trabalhava em Cambridge. Sanger já havia recebido o prêmio Nobel em 1958 pela descoberta da ordem dos aminoácidos da proteína insulina.

Uma das principais diferenças entre os aminoácidos e o DNA é que as moléculas de DNA são muito mais compridas e têm um número muito maior de pares de base do que as proteínas têm aminoácidos. Além disso, cada aminoácido tem uma menor semelhança química, ao passo que as bases de DNA se assemelham muito mais, o que dificulta a sua classificação. Tendo por base seu trabalho anterior e o de outros, Sanger encontrou uma maneira de preparar fitas curtas de DNA usando rótulos radioativos, substâncias químicas e enzimas. Adaptou vários métodos bioquímicos para descobrir uma forma de separar adenina, timina, citosina e guanina. Para tanto, explorou o fato de que, por serem compostos químicos, essas bases têm propriedades químicas e físicas um pouco distintas. Os melhores resultados vieram com um processo chamado *eletroforese*.

Para assegurar que os resultados eram precisos o bastante, Sanger e sua equipe processaram múltiplas cópias de cada fita diversas vezes e compararam os resultados. Era um processo muito demorado e repetitivo. Porém, ao utilizar várias fitas curtas da molécula longa e, a seguir, ver onde começavam e terminavam, conseguiram combinar as fitas e produzir uma sequência de DNA legível. Em 1977, tiveram o primeiro sucesso na leitura do genoma de um organismo. Tratava-se de um organismo modesto, um bacteriófago chamado phiX174. Os bacteriófagos são vírus que infeccionam bactérias, e o phiX174 era usado com frequência como ferramenta em laboratórios de biologia molecular. Em 1980, Sanger ganhou o segundo prêmio Nobel por seu inestimável trabalho.

Os próximos alvos do genoma também eram organismos de laboratório. Apesar da dificuldade em se produzir uma sequência de DNA legível, os biólogos moleculares deram prosseguimento às pesquisas. Enquanto isso, inovações em computação auxiliavam na análise dos padrões das bases nas fitas curtas. Os cientistas seguiram em frente de modo enérgico. Se soubessem exatamente quais genes um organismo tinha e quais proteínas cada gene podia fabricar, conseguiriam entender questões básicas sobre como o organismo era criado, literalmente célula a célula, do ovo fertilizado à fase adulta.

A mosca-da-fruta era uma candidata óbvia para a pesquisa. Thomas Hunt Morgan e seu grupo já haviam realizado muito sobre os padrões de hereditariedade dela, e algum mapeamento genético rudimentar antes de 1950. Outra era um nematódeo minúsculo chamado *Caenorhabditis elegans*. Com apenas um milímetro de comprimento, contém exatamente 959 células, inclusive um sistema nervoso simples. Pode não ter pinta de animal de estimação, mas o *C. elegans* era o animal de laboratório preferido de Sydney Brenner (nascido em 1927) e já o vinha sendo há muitos anos. Brenner saiu da África do Sul para trabalhar no Laboratório de Biologia Molecular de Cambridge em 1956. Desde a década de 1960, vinha investigando seu desenvolvimento, já que as células dele eram de fácil visualização. Acreditava ser possível determinar exatamente o que cada célula no embrião do verme se tornaria na fase adulta. Sua expectativa era revelar o genoma do verme, podendo assim relacionar seus genes a como o verme adulto desempenha as funções vitais.

No decorrer do trabalho, Brenner e sua equipe também descobriram muito sobre a vida cotidiana das células em um animal, inclusive uma tarefa importantíssima que a célula deve executar: morrer quando é hora de morrer. Vegetais e animais sempre criam novas células: pense na pele e em como ela descama quando se fica na banheira por um tempo prolongado. Livramo-nos do material morto, enquanto células novas e vivas o substituem por baixo. Todo esse ciclo de vida e morte dentro de um organismo é uma característica regular da natureza, e os genes programam tal processo. É por isso que as células cancerígenas são tão perigosas: elas não sabem quando é hora de morrer. A tentativa de influenciar o gene que não disse à célula que chegou a hora de parar de se dividir é uma das principais partes da pesquisa moderna sobre o câncer. Brenner e dois colegas ganharam o prêmio Nobel em 2002 pelo trabalho realizado com o modesto nematódeo.

Nessa altura, um desses colegas, John Sulston (nascido em 1942), estava liderando a equipe britânica que participava do Projeto Genoma Humano. O projeto representa um símbolo da ciência moderna. Primeiro, era dispendioso e exigia a participação de milhares de pessoas. Raras vezes o cientista moderno é um trabalhador solitário, sendo bastante normal hoje em dia haver artigos científicos escritos por dezenas, ou mesmo centenas, de autores. O trabalho pode exigir vários indivíduos com diferentes habilidades. Já faz um bom tempo desde que William Harvey trabalhou sozinho pesquisando o coração ou que Lavoisier, em seu laboratório, contava apenas com a esposa de assistente. Diversos laboratórios trabalharam em conjunto no sequenciamento do genoma humano. Os cromossomos foram divididos entre eles; assim, era necessário haver cooperação e confiança, e cada laboratório tinha que produzir as sequências seguindo os mesmos altos padrões. Para isso, eram exigidas porções bem menores do DNA e, a seguir, análise computacional para encaixá-las em uma única sequência. A administração desses laboratórios custava muito dinheiro, gerando a necessidade de financiamentos generosos. Nos Estados Unidos, utilizavam-se os laboratórios financiados pelo governo nos Institutos Nacionais de Saúde (NIH, na sigla em inglês) e em outros lugares. Na Grã-Bretanha, primeiro subsídios governamentais e depois uma grande instituição beneficente dedicada à pesquisa médica privada, o Wellcome Trust, bancavam as pesquisas. Os governos francês e japonês financiavam laboratórios menores, tornando o projeto verdadeiramente internacional.

Segundo, o projeto – e, na realidade, a própria ciência moderna – seria impossível sem o computador. Os cientistas precisavam analisar grandes volumes de informação durante o exame de cada fita de DNA para tentar descobrir onde começavam e terminavam. Para os humanos, teria sido uma tarefa hercúlea, mas os computadores a realizam com rapidez. Vários projetos científicos agora incluem pessoas que se encarregam apenas dos computadores e dos programas de computador, e não de drosófilas ou de tubos de ensaio.

Terceiro, a ciência moderna é um grande negócio, no qual se faz e se gasta muito dinheiro. O Projeto Genoma Humano tornou-se uma corrida entre os grupos com financiamento público e uma empresa privada estabelecida pelo empreendedor norte-americano Craig Venter (nascido em 1946). Venter, cientista talentoso, ajudou a desenvolver alguns dos equipamentos que podiam acelerar o sequenciamento do DNA. Ele queria ser o primeiro e decodificar o genoma humano, patentear o conhecimento e cobrar de cientistas e empresas farmacêuticas para que utilizassem essa informação. O resultado final foi um meio-termo. O genoma humano integral está disponível gratuitamente, mas é possível patentear algumas das formas pelas quais essa informação pode ser utilizada, e as drogas ou os testes diagnósticos resultantes podem ser vendidos visando ao lucro. Sem esquecer que as pessoas hoje pagam pelo sequenciamento do próprio DNA, na esperança de que o que descobrirem ajudará a manter a saúde e evitará doenças que possam afetá-las no futuro.

Finalmente, o Projeto Genoma é um exemplo marcante da "badalação" que acompanha a ciência moderna relevante. Os cientistas devem competir por fundos escassos e, por vezes, exageram no significado das pesquisas para obter o financiamento. Jornalistas cobrem essas histórias, aplicando os matizes mais dramáticos possíveis a elas, uma vez que a ciência comum não se torna notícia. Cada novo anúncio de uma descoberta ou mudança revolucionária aumenta as expectativas do público de que uma cura ou um tratamento esteja prestes a ocorrer. No entanto, a maior parte da ciência leva mais tempo para que seus efeitos duradouros sejam concretizados. Novos conhecimentos *são* adquiridos a cada dia, e novas terapias *são* introduzidas com regularidade. Porém, a ciência, em sua maior parte, avança pouco a pouco, e o alarde da mídia raramente se confirma.

Ainda assim, é uma enorme conquista ser capaz de ler o genoma humano, porque nos oferece uma compreensão muito mais precisa da saúde e da doença. Em tempo, isso nos ajudará a desenvolver novas drogas contra o câncer, a doença cardíaca, o diabetes, a demência e outros males fatais dos tempos modernos. Todos poderão levar uma vida mais saudável como resultado desse importante trabalho, o qual envolve cientistas em vários campos e de diferentes países.

CAPÍTULO 39

O Big Bang

SE FOSSE FEITO UM FILME da história do universo, o que aconteceria ao rodá-lo de trás para frente? Há cerca de cinco bilhões de anos, nosso planeta desapareceria, pois data desse período a sua provável formação, a partir dos detritos do Sistema Solar. Se continuar voltando para o início, o que aconteceu lá? O Big Bang: uma explosão tão potente que sua temperatura e força ainda se fazem sentir algo em torno de 13,8 bilhões de anos mais tarde.

Pelo menos isso é o que cientistas da década de 1940 começaram a sugerir com confiança cada vez maior. O universo havia começado a partir de um ponto, um estado quente e denso além de imaginação, e então houve o Big Bang. Desde esse momento, ele vem resfriando e expandindo-se, carregando as galáxias externamente em relação ao ponto original. Nosso universo é dinâmico e estimulante, no qual somos o menor dos menores pontos. É constituído de estrelas, planetas e cometas que compõem as galáxias visíveis; também existe o que é invisível – buracos negros e as muito mais abundantes "matéria escura" e "energia escura".

Afinal, o Big Bang realmente ocorreu e, se sim, pode explicar o universo? Ninguém estava lá, é claro, para começar a filmar. E o que aconteceu logo antes do Big Bang? É impossível responder a essas perguntas com qualquer nível de certeza, mas há muita física de ponta implicada, bem como cosmologia (o estudo do universo). Essas questões geraram intenso debate nos últimos cinquenta anos. E continuam até hoje.

Em torno de 1800, o francês newtoniano Laplace desenvolveu a hipótese nebular (Capítulo 18). Basicamente, pretendia argumentar que o Sistema Solar se desenvolveu a partir de uma nuvem de gás gigantesca. Isso convenceu muita gente de que a Terra tinha uma história antiga, que ajudaria a explicar suas características, como o calor central, os fósseis e outros acidentes geológicos. Vários cientistas do século XIX questionaram com intensidade a idade da Terra e de nossa galáxia, a Via Láctea. Nas décadas iniciais do século XX, dois desenvolvimentos alteraram radicalmente essas questões.

O primeiro foi a Teoria da Relatividade Geral de Einstein, com suas importantes implicações para tempo e espaço (Capítulo 32). Ao insistir que esses dois elementos apresentam relação íntima, na forma de "espaço-tempo", Einstein acrescentou uma nova dimensão ao universo. O trabalho matemático de Einstein também implicava que o espaço era curvo e, assim, que a geometria de Euclides não chegava a oferecer uma explicação adequada para vastas distâncias de espaço. No universo de Euclides, linhas paralelas continuam para sempre e nunca se tocam. Porém, isso pressupõe que o espaço seja plano. Em um mundo plano, euclidiano, a soma dos ângulos de um triângulo é sempre 180 graus. Contudo, se você estiver medindo um triângulo em um globo, com sua superfície curva, isso não funciona. E, se o próprio espaço é curvo, precisamos de diferentes formas de matemática para lidar com ele.

Depois de aceitarem a verdade essencial do trabalho brilhante de Einstein, físicos e cosmólogos tinham novas questões sobre as quais refletir. Embora a revolução criada tenha sido, em grande parte, teórica, o segundo principal desenvolvimento em cosmologia não foi teórico. Sua base sólida apoiava-se em observações, sobretudo as do astrônomo norte-americano Edwin Hubble (1889-1953).

Hubble foi celebrado em 1990, quando um ônibus espacial levou para a órbita em torno da Terra um telescópio espacial batizado em sua homenagem. Há pouco, o telescópio espacial Hubble revelou mais do que ele poderia ter visto com o telescópio no Observatório de Monte Wilson na Califórnia, onde trabalhava. Na década de 1920, Hubble enxergou mais longe do que qualquer astrônomo até então. Mostrou que nossa galáxia (a Via Láctea) não é nem o começo do fim do universo. É uma entre incontáveis milhares de outras galáxias, alongando-se ainda mais além do que nossos telescópios podem atingir.

Os cosmólogos também se lembram de Hubble pelo número especial, a "constante", associada a seu nome. (Talvez você se lembre da constante de Planck, que era uma ideia semelhante.) Quando se distancia de nós, a luz muda o espectro das ondas para a extremidade vermelha do espectro visível. Isso é chamado de "desvio para o vermelho". Se estiver movendo-se em nossa direção, as ondas mudam rumo à outra extremidade do espectro, o "desvio para o azul". Esse efeito pode ser medido com facilidade por astrônomos, sendo causado pelo mesmo motivo que faz os trens soarem de modo distinto quando estão se aproximando ou se afastando. O que Hubble viu é que a luz de estrelas muito distantes tem desvios para o vermelho e que, quanto mais afastada estiver uma estrela, maior será o desvio. Isso implicava que as estrelas estão distanciando-se de nós e que, quanto mais distantes estão, maior é a sua velocidade. O universo está expandindo-se, e parece fazê-lo em um ritmo crescente. Hubble mediu a distância entre as estrelas e a extensão do desvio para o vermelho. Suas medições geraram uma linha bem reta quando representadas em gráfico. A partir disso, calculou a "constante de Hubble", publicada em um artigo importantíssimo em 1929. Esse número extraordinário forneceu aos cosmólogos um método para calcular a idade do universo.

A constante de Hubble foi refinada desde então. Novas observações encontraram estrelas ainda mais distantes, e hoje é possível fazer medições mais exatas do desvio para o vermelho. Algumas dessas estrelas estão há milhões de anos-luz. Um ano-luz tem cerca de 9,5 trilhões de quilômetros. Leva apenas oito minutos para que um raio de luz solar chegue à Terra. Se for refletido para o Sol, o raio de luz pode fazer mais de 32 mil viagens de retorno por ano – outra maneira de tentar estimar as enormes distâncias envolvidas. E enormes valores de tempo. Parte do que se vê no céu noturno é a luz que começou sua jornada há muito tempo de estrelas que, desde então, se apagaram. Para obter um valor realmente preciso da constante de Hubble, é preciso saber exatamente a que distância essas estrelas e galáxias muito distantes estão de nós. Porém, mesmo com essas dificuldades, a importância da constante é que ela pode nos dizer aproximadamente há quanto tempo estão se deslocando. Isso fornece a idade do universo – começando com o Big Bang.

O Big Bang foi popularizado na década de 1940 por George Gamow (1904-1968). Gamow era um físico pitoresco nascido na Rússia que se mudou para os Estados Unidos no início da década de 1930. Ele tinha uma mente maravilhosamente criativa, contribuindo com ideias sobre biologia molecular, além de física e teoria da relatividade. Com um colega, explorou no micronível como o núcleo de um átomo emite elétrons (partículas beta). Na escala macroscópica, analisou como se formam as nebulosas – nuvens volumosas de partículas quentes e poeira cósmica. Sua teoria do Big Bang, elaborada a partir de 1948 com outros pesquisadores, desenvolvida com base no conhecimento dos menores constituintes dos átomos, combinou-se com um modelo do que poderia ter ocorrido quando o universo começou.

Primeiro, os constituintes: as partículas e as forças. No final da década de 1940, essa parte da física passou a ser chamada de *eletrodinâmica quântica* (QED, na sigla em inglês). Um homem que ajudou a fazer com que ela tivesse sentido foi o físico norte-americano Richard Feynman (1918-1988). Ele é famoso pelos diagramas desenhados (às vezes em guardanapos de restaurantes) para explicar suas teorias e sua matemática e por tocar bongô. Ganhou o prêmio Nobel em 1965, basicamente pelo trabalho sobre QED, que forneceu a matemática complexa para descrever as partículas ainda menores e as forças que serão examinadas a seguir.

Após o fim da Segunda Guerra Mundial, físicos de partículas continuaram a acelerar átomos e, então, partículas em aceleradores de partículas cada vez mais potentes. Os aceleradores podem decompor átomos em suas partículas subatômicas, que é como reverter o que pode ter ocorrido alguns instantes após o Big Bang. Imediatamente após o Big Bang, conforme iniciou o resfriamento, os blocos de construção de matéria teriam começado a se formar. Das partículas, viriam os átomos e, dos átomos, os elementos, e assim por diante, até os planetas e as estrelas.

Segundo a equação $E = mc^2$, de Einstein, com velocidades cada vez maiores – quase a velocidade da luz – nos aceleradores, a massa é, em sua maior parte, convertida em energia. Os físicos constataram que essas partículas velocíssimas são fascinantes. O elétron emerge inalterado do acelerador. Ele é parte de uma família de força-partículas – os *léptons*. Verificou-se que o próton e o nêutron são compostos de partículas ainda menores, chamadas de *quarks*. Há diversos tipos, e cada um deles vem com uma carga. Combinados em grupos de três, constituem um nêutron ou um próton.

Há quatro forças básicas no universo. Entender como se relacionam entre si é um dos grandes objetivos do século XX. A gravidade é a mais fraca, porém atua a uma distância infinita. Ainda não é entendida por completo, mesmo que seja um enigma oficial desde a maçã de Newton. O eletromagnetismo está envolvido em vários aspectos da natureza. É o que mantém os elétrons em órbita no átomo e, como a luz, também nos traz a notícia diária de que o Sol ainda está brilhando. Além disso, no átomo estão as forças nucleares fortes e fracas. Essas duas forças ligam as partículas dentro do núcleo atômico.

Deixando a gravidade de lado, as outras forças funcionam pela troca de partículas especiais – transportadores de força – chamadas de *bósons*. Entre eles está o fóton, quantum de luz de Einstein, que é o bóson para o eletromagnetismo. Ainda assim, talvez o mais célebre bóson seja o ausente: o bóson de Higgs. Físicos de partículas estão à sua procura desde a década de 1960. Acredita-se que esse bóson crie massa em outras partículas. A sua descoberta ajudaria a explicar como as partículas obtiveram massa imediatamente após o Big Bang. No maior acelerador de partículas do mundo, o LHC (sigla em inglês para Grande Colisor de Hádrons), próximo à Genebra, na Suíça, cientistas acreditam ter tido um vislumbre dele nos instrumentos em 2012. O LHC foi construído entre 1998 e 2008 pela Organização Europeia para a Pesquisa Nuclear (CERN, na sigla em inglês). A própria CERN foi estabelecida em 1954. Tratava-se de uma empreitada científica cooperativa entre diversos países europeus, resultado do alto custo da pesquisa em física e da necessidade sentida por vários cientistas, técnicos e equipe de informática em realizar e interpretar esses experimentos nos extremos de matéria e energia.

O bóson de Higgs seria uma parte de extrema utilidade (mas não final) do enigma conhecido como Modelo Padrão, que explica tudo, menos a gravidade. E a confirmação do Modelo Padrão nos aproximaria de uma "Teoria de Tudo", possivelmente pela teoria das cordas, uma abordagem para analisar todas essas forças e partículas. A teoria das cordas é baseada na pressuposição de que essas forças fundamentais da natureza podem ser consideradas como se estivessem em cordas vibratórias unidimensionais. A matemática utilizada é complicadíssima. Esse trabalho ainda é ciência em formação.

É difícil associar boa parte dessa física de partículas no micronível com o mundo ordinário em que vivemos. Contudo, os cientistas estão encontrando cada vez mais usos para ela em energia nuclear, televisão, computadores, computação quântica e equipamento de exames médicos. Além dessas importantes aplicações em nossa vida diária, há muito mais a ser aprendido desde que a ideia do Big Bang foi inserida no que pode ou não ser visto nos confins do espaço.

Na década de 1920, o físico russo Alexander Friedman (1888-1925) foi um dos que assimilaram com rapidez a teoria da relatividade geral de Einstein em seu próprio entendimento matemático do universo. As equações de Friedman forneceram regras para um universo em expansão. Ele também queria saber se fazia diferença analisar as estrelas a partir da Terra. É um lugar especial para nós, mas será que nos deu um lugar exclusivo para ver o universo? Ele disse que não, que não fazia diferença. É simplesmente onde, por acaso, estamos. As coisas não seriam diferentes se estivéssemos em outro planeta, a anos-luz de distância. Essa é a constante cosmológica de Friedman, que nos dá outra ideia importante: a matéria é distribuída uniformemente por todo o universo. Há variações locais, sem dúvida; a Terra é muito mais densa do que a atmosfera circundante. Porém, aplainado através do espaço, o princípio parece ser verdadeiro. Hoje, cosmólogos ainda baseiam boa parte de suas explorações nos modelos de Friedman. Também devem lidar com questões misteriosas, como buracos negros e matéria escura.

Os membros da Sociedade Real discutiram a ideia de uma "estrela escura" no século XVIII. Descrevendo seu equivalente moderno, o "buraco negro", estava o trabalho de um gênio matemático moderno, Roger

Penrose (nascido em 1931), e de um brilhante físico teórico, Stephen Hawking (nascido em 1942). Até a aposentadoria, Hawking manteve o cargo de Isaac Newton de professor lucasiano de matemática na Universidade de Cambridge. Juntos, explicaram como é fácil imaginar um buraco negro, mas, é claro, impossível de vê-lo. O motivo para isso é que são causados por áreas no espaço em que estrelas moribundas gradualmente se encolheram. À medida que a matéria restante se torna mais compactada, as forças da gravidade ficam tão potentes que os fótons de luz são aprisionados e não conseguem escapar.

Também existem buracos negros supermassivos. Em 2008, foi confirmado o gigantesco buraco negro da própria Via Láctea – Sagitário A* – após uma caçada de dezesseis anos com telescópios no Chile. Astrônomos liderados pelo alemão Reinhard Genzel (nascido em 1952) observaram os padrões das estrelas que orbitam em torno do buraco negro no centro da galáxia. Foram utilizadas medições de luz infravermelha porque há muita poeira estelar entre o buraco negro e nós, a 27 mil anos-luz de distância.

Esses buracos negros supermassivos podem exercer uma função na formação de galáxias e envolvem outra parte do espaço que não se pode ver diretamente: a matéria escura. Acredita-se que ela represente muito mais do universo – 80% de sua matéria – do que os 4% das estrelas e dos planetas visíveis, junto com gás e poeira espacial. A matéria escura foi considerada pela primeira vez na década de 1930 para explicar por que partes grandes do universo não se comportavam exatamente conforme o previsto. Os cientistas perceberam que havia uma disparidade entre a massa das partes visíveis e seus efeitos gravitacionais: estava faltando algo. Na década de 1970, a astrônoma Vera Rubin (nascida em 1928) representou em gráfico a velocidade em que se moviam estrelas à beira de galáxias: deslocavam-se mais rapidamente do que deveriam. Em princípio, acreditava-se que, quanto mais distantes estivessem do centro da galáxia, mais lenta seria a sua órbita. A matéria escura forneceria a gravidade extra necessária para acelerar as estrelas. Assim, evidências da matéria escura foram indiretamente apresentadas e genericamente aceitas, mas o que *é* a matéria escura continua sendo um mistério – algo mais a ser descoberto ou refutado no futuro.

A cosmologia moderna emergiu das teorias de Einstein, de milhares e milhares de observações, com computadores para analisar os dados, e da ideia do Big Bang proposta por Gamow. Assim como qualquer boa teoria em ciência, o Big Bang mudou desde a época de Gamow. Na realidade, durante duas décadas depois de ser posto em evidência em 1948, os físicos quase nem se preocupavam com as origens do universo. O Big Bang teve que competir com outro modelo do universo, chamado de "modelo do estado estacionário", mais associado ao astrônomo Fred Hoyle (1915-2001). O modelo de Hoyle contou com algum suporte na década de 1950. Sugeria um universo infinito, com a criação contínua de nova matéria. Portanto, o universo não tem começo nem fim. Havia tantas dificuldades com a ideia do estado estacionário que sua vida científica foi breve.

Hoje os físicos têm informações sobre partículas de vida curta e forças agrupadas em aceleradores de partículas. Contam com observações feitas nos confins do espaço. Conseguiram refinar o que sabemos sobre o Big Bang. Ainda há muita discordância sobre detalhes e mesmo sobre alguns princípios fundamentais, mas isso não é incomum na ciência. O modelo do Big Bang pode explicar boa parte do que agora se pode medir, inclusive os desvios para o vermelho de estrelas distantes, radiação cósmica de fundo e as forças atômicas fundamentais. Pode adaptar-se a buracos negros e matéria escura. O que o modelo não faz é dizer *por que* o Big Bang ocorreu. No entanto, a ciência trata do como, e não do porquê. Como em todos os ramos da ciência, alguns físicos e cosmólogos têm crenças religiosas, e outros não. É assim que deve ser. A melhor ciência é feita em uma atmosfera de tolerância.

CAPÍTULO 40

Ciência em nossa idade digital

NA PRÓXIMA VEZ EM QUE você ligar o computador, é provável que não vá "computar". Talvez procure algo, envie e-mails para amigos ou confira o resultado dos últimos jogos de futebol. Mas os computadores, no início, eram máquinas que só sabiam computar – calcular – dados com mais rapidez e exatidão do que nosso cérebro.

O computador é considerado uma tecnologia de ponta, porém a ideia do computador é bem antiga. No século XIX, um matemático britânico, Charles Babbage (1792-1871), projetou uma máquina de calcular que podia ser "programada" para fazer alguns truques. Por exemplo, podia configurá-lo para contar de 1 a 1.000.000 e, ao chegar lá, pular para 1.000.002. Qualquer pessoa que tenha tido a paciência de observá-lo contar até 1.000.000 teria se surpreendido pelo número ausente. O argumento de Babbage era que sua máquina podia fazer coisas inesperadas no curso normal da natureza.

No final do século XIX, o matemático norte-americano Herman Hollerith (1860-1929) inventou uma máquina elétrica que usava cartões perfurados para analisar um grande volume de dados. Se os cartões fossem corretamente perfurados e alimentados na máquina, as informações podiam ser "lidas" e processadas. A máquina de Hollerith era bastante útil na análise das informações que as pessoas inserem nos formulários do censo, recolhidas para ajudar o governo a entender mais sobre a população. Com extrema rapidez, era possível computar dados básicos, como quanto as pessoas ganhavam, quantas pessoas viviam em cada domicílio, além de idades e gêneros.

O cartão perfurado continuou sendo a forma como a maior parte dos computadores funcionava até a Segunda Guerra Mundial. Durante essa guerra, os computadores adquiriram seus próprios propósitos militares. Podiam calcular a distância percorrida pelos projéteis e tiveram uma função mais dramática nas tentativas confidenciais de decodificar mensagens do inimigo. Alemães, britânicos e norte-americanos desenvolveram computadores para auxiliar na segurança durante a guerra. Eis uma ironia maravilhosa: o computador moderno abriu o mundo de todos, mas começou como algo ao qual apenas algumas pessoas, com a mais alta autorização de segurança, tinham acesso.

Britânicos e norte-americanos utilizavam computadores para analisar mensagens codificadas dos alemães. A base do esforço britânico de desvendar os códigos alemães ficava em uma antiga casa de campo chamada Bletchley Park, em Buckinghamshire. Os alemães usavam máquinas de criação de códigos (cifragem), Enigma e Lorenz. A cada dia, os códigos eram alterados, o que exigia uma enorme adaptabilidade das máquinas de decodificação. Os britânicos projetaram duas máquinas de cifragem, a Bombe e a Colossus. A Colossus merecia o nome, pois esses computadores eram máquinas imensas, ocupando salas inteiras e tendo um grande consumo de eletricidade. Os computadores usavam uma série de tubos de vácuo para trocar os sinais elétricos. Esses tubos geravam muito calor e falhavam com frequência. Corredores amplos separavam as fileiras de tubos para que os técnicos pudessem substituir com facilidade os filamentos queimados. Naquela época, "depuração" (*debugging*) não significava executar um *software*, mas sim entrar lá e remover os insetos (*bugs*) – traças ou moscas – que voavam na direção do tubo de vidro quente e causavam curto-circuito no sistema. Os decodificadores de códigos encurtaram a guerra e, sem dúvida, ajudaram os Aliados a vencê-la.

Um matemático extraordinário trabalhava em Bletchley Park: Alan Turing (1912-1954). Ele estudou na mesma faculdade que eu em Cambridge, o King's College, onde por seu brilhantismo foi reconhecido ainda aluno no início da década de 1930. Estava publicando ideias importantes sobre matemática computacional, e seu trabalho em Bletchley Park era fora de série. Depois da guerra, continuou a promover suas ideias. Teve ótimas percepções sobre a relação entre a forma como os computadores e o cérebro funcionam, sobre "inteligência artificial" (IA) e até sobre como desenvolver uma máquina que pudesse jogar xadrez. Mestres enxadristas ainda costumam vencer um computador, mas as máquinas estão se aprimorando ao fazer a melhor jogada. Turing desenvolveu um computador eletrônico inicial chamado ACE no Laboratório Nacional de Física em Teddington, Londres, que tinha capacidade computacional muito maior. Sua vida teve um fim trágico. Ele era gay em um tempo em que ser homossexual era ilegal na Grã-Bretanha. Preso pela polícia, foi submetido a um tratamento com hormônios sexuais para "curar" a orientação sexual. É quase certo que tenha cometido suicídio ao comer uma maçã embebida no veneno estricnina. Sua vida e morte são lembretes de que cientistas excepcionais podem ter qualquer raça, gênero, religião e preferência sexual.

As máquinas gigantescas construídas durante a guerra eram valiosas, porém limitadas por aquelas válvulas que aqueciam demais. A seguir, surgiu uma invenção que mudou o computador e tudo o mais: o transistor. Desenvolvido a partir do final de 1947 por John Bardeen (1908-1991), Walter Brattain (1902-1987) e William Shockley (1910-1989), esse dispositivo pode amplificar e trocar sinais eletrônicos. Os transistores eram muito menores do que os tubos de vácuo e geravam bem menos calor. Tornaram todo tipo de aparelho eletrônico, como rádios transistores, muito menores e mais eficientes. Os três homens dividiram o prêmio Nobel de Física pelo trabalho realizado, e Bardeen veio a ganhar um segundo pela pesquisa sobre "semicondutores", o material que possibilita a existência de transistores e circuitos modernos.

Os militares continuaram a desenvolver a computação durante a Guerra Fria de 1945 a 1991. As duas grandes superpotências, os Estados Unidos e a União Soviética, desconfiavam uma da outra, embora tivessem sido aliadas durante a Segunda Guerra Mundial. Computadores foram utilizados para analisar os dados que um país coletava sobre as atividades do outro. Todavia, computadores com processamento cada vez mais potente também eram um grande auxílio para cientistas. Os físicos foram os que aproveitaram ao máximo essas novas e aprimoradas máquinas na década de 1960. Aceleradores de partículas de alta energia geravam tantos dados que teria sido impossível para qualquer exército de pessoas com papel e lápis dar sentido àquilo tudo.

Com frequência cada vez maior, cientistas computacionais tornavam-se membros de uma série de equipes científicas, e orçamentos de pesquisa incluíam seus salários e equipamentos. Assim, fazia muito sentido se uma equipe pudesse falar com outra não só entre pessoas, mas também entre computadores. Afinal, o telefone já existia há cerca de um século, e o envio de mensagens por cabos de telégrafo era ainda mais antigo. Então, no início da década de 1960, foi inventada a "comutação de pacotes". Mensagens digitais podiam ser decompostas em unidades menores, e cada unidade percorreria o trajeto mais facilmente, sendo reagrupada no destino, o monitor de computador receptor. Quando você usa um telefone fixo, está em "tempo real" e ninguém mais pode chamá-lo. Contudo, é possível enviar ou receber uma mensagem em um computador – um e-mail ou uma publicação em um site –, que estará disponível sempre que alguém desejar lê-la.

A comutação de pacotes foi desenvolvida ao mesmo tempo nos Estados Unidos e no Reino Unido. Sendo um recurso de segurança nacional, possibilitava a comunicação entre militares e líderes políticos e funcionaria mesmo se algumas das instalações de comunicação fossem destruídas. A comutação de pacotes facilitou a conexão entre grupos de computadores, criando uma rede de comunicação. Mais uma vez, os primeiros grupos não militares a se ligarem à rede foram os cientistas. Assim, boa parte da ciência moderna também se beneficia da colaboração. Comunidades acadêmicas eram as principais beneficiárias dos computadores cada vez menores e mais rápidos da década de 1960. Eram extremamente grandes, lentos e caros em comparação aos utilizados hoje. Mas você ficará aliviado em saber que já era possível jogar jogos de computador, então a diversão começou cedo. O ritmo de mudança na computação acelerou na década de 1970. Computadores – ou microcomputadores, como eram chamados – com tela e teclado ficaram pequenos o bastante para caber em uma escrivaninha. À medida que os chips de microprocessador que continham ficavam mais potentes, teve início a revolução do computador pessoal. Boa parte da pesquisa era conduzida no Vale do Silício, na Califórnia, Estados Unidos.

Os computadores continuaram a mudar o modo de trabalho das comunidades e a comunicação entre elas. Um dos maiores conjuntos de físicos do mundo trabalhava na Organização Europeia para a Pesquisa Nuclear (CERN, na sigla em inglês), que hospeda o Grande Colisor de Hádrons, o acelerador de partículas mais rápido do mundo (Capítulo 39). Especialistas em computação na CERN levaram a rede de comunicação e a análise de dados a novos níveis nas décadas de 1980 e 1990. Um desses especialistas era Tim Berners-Lee (nascido em 1955), que sempre foi fascinado por computadores. Cresceu com eles, pois seus pais estavam entre os pioneiros da computação. Berners-Lee estudou física em Oxford e depois foi trabalhar na CERN. Em 1989, pediu apoio de pesquisa para "gerenciamento de informações". Seus chefes na CERN deram-lhe algum auxílio, mas ele persistiu com a ideia de tornar o volume crescente de informações disponíveis na internet de fácil acesso a qualquer pessoa com um computador e uma linha telefônica. Em conjunto com seu colega Robert Cailliau (nascido em 1947), inventou a World Wide Web. No início, era apenas usada na CERN e em um ou dois laboratórios de física. Então, em 1993, veio a público. Isso coincidiu com o crescimento substancial dos computadores pessoais tanto no trabalho quanto em casa. Pessoas que lideraram a revolução do computador pessoal, como Bill Gates (nascido em 1955), da Microsoft, e Steve Jobs (1955-2011), da Apple, são heróis científicos modernos (e ficaram riquíssimos). Assim, 1955 acabou sendo um bom ano para os computadores: foi o ano de nascimento de Berners-Lee, Gates e Jobs.

A velocidade do desenvolvimento dos computadores a partir da década de 1970 correspondeu ao ritmo de invenção de métodos para sequenciar o genoma. Não é coincidência que os dois eventos tenham ocorrido ao mesmo tempo. Nem se pode imaginar a ciência moderna sem o computador moderno. Muitos problemas científicos fundamentais, da criação de novos medicamentos à simulação de mudanças climáticas, dependem dessas máquinas. Em casa, são utilizadas para fazer o dever da escola, reservar passagens nas férias e jogar jogos eletrônicos. Sistemas de computador pilotam aviões, auxiliam na criação de imagens médicas e lavam roupas. Assim como a ciência moderna, a vida moderna é baseada em computadores.

Isso não nos deve surpreender. Uma das questões que tentamos demonstrar neste breve livro é que, a qualquer momento da história, a ciência é um produto daquele ponto específico. O momento de Hipócrates diferia do de Galileu ou de Lavoisier. Vestiam-se, comiam e pensavam como as outras pessoas da época.

As pessoas citadas neste livro raciocinavam de modo mais afiado do que a maioria de seus contemporâneos e foram capazes de comunicar suas ideias. É por esse motivo que o que pensaram e escreveram merece ser lembrado.

Ainda assim, a ciência de nosso tempo é mais poderosa do que jamais foi. Os computadores são bons para criminosos e hackers, assim como para cientistas e estudantes. A ciência e a tecnologia podem ser utilizadas com fins escusos com a mesma facilidade com que podem ser aplicadas ao bem comum. Precisamos de bons cientistas, mas também de bons cidadãos que assegurem que a nossa ciência torne o mundo um lugar melhor para todos.

ÍNDICE REMISSIVO

Coleção L&PM POCKET

500.**Esboço para uma teoria das emoções** – Sartre
501.**Renda básica de cidadania** – Eduardo Suplicy
502(1).**Pílulas para viver melhor** – Dr. Lucchese
503(2).**Pílulas para prolongar a juventude** – Dr. Lucchese
504(3).**Desembarcando o diabetes** – Dr. Lucchese
505(4).**Desembarcando o sedentarismo** – Dr. Fernando Lucchese e Cláudio Castro
506(5).**Desembarcando a hipertensão** – Dr. Lucchese
507(6).**Desembarcando o colesterol** – Dr. Fernando Lucchese e Fernanda Lucchese
508.**Estudos de mulher** – Balzac
509.**O terceiro tira** – Flann O'Brien
510.**100 receitas de aves e ovos** – J. A. P. Machado
511.**Garfield em toneladas de diversão** (5) – Jim Davis
512.**Trem-bala** – Martha Medeiros
513.**Os cães ladram** – Truman Capote
514.**O Kama Sutra de Vatsyayana**
515.**O crime do Padre Amaro** – Eça de Queiroz
516.**Odes de Ricardo Reis** – Fernando Pessoa
517.**O inverno da nossa desesperança** – Steinbeck
518.**Piratas do Tietê (1)** – Laerte
519.**Rê Bordosa: do começo ao fim** – Angeli
520.**O Harlem é escuro** – Chester Himes
522.**Eugénie Grandet** – Balzac
523.**O último magnata** – F. Scott Fitzgerald
524.**Carol** – Patricia Highsmith
525.**100 receitas de patisseria** – Sílvio Lancellotti
527.**Tristessa** – Jack Kerouac
528.**O diamante do tamanho do Ritz** – F. Scott Fitzgerald
529.**As melhores histórias de Sherlock Holmes** – Arthur Conan Doyle
530.**Cartas a um jovem poeta** – Rilke
532.**O misterioso sr. Quin** – Agatha Christie
533.**Os analectos** – Confúcio
536.**Ascensão e queda de César Birotteau** – Balzac
537.**Sexta-feira negra** – David Goodis
538.**Ora bolas – O humor de Mario Quintana** – Juarez Fonseca
539.**Longe daqui aqui mesmo** – Antonio Bivar
540.**É fácil matar** – Agatha Christie
541.**O pai Goriot** – Balzac
542.**Brasil, um país do futuro** – Stefan Zweig
543.**O processo** – Kafka
544.**O melhor de Hagar 4** – Dik Browne
545.**Por que não pediram a Evans?** – Agatha Christie
546.**Fanny Hill** – John Cleland
547.**O gato por dentro** – William S. Burroughs
548.**Sobre a brevidade da vida** – Sêneca
549.**Geraldão (1)** – Glauco
550.**Piratas do Tietê (2)** – Laerte
551.**Pagando o pato** – Ciça
552.**Garfield de bom humor (6)** – Jim Davis
553.**Conhece o Mário?** vol.1 – Santiago
554.**Radicci 6** – Iotti
555.**Os subterrâneos** – Jack Kerouac
556(1).**Balzac** – François Taillandier
557(2).**Modigliani** – Christian Parisot
558(3).**Kafka** – Gérard-Georges Lemaire
559(4).**Júlio César** – Joël Schmidt
560.**Receitas da família** – J. A. Pinheiro Machado
561.**Boas maneiras à mesa** – Celia Ribeiro
562(9).**Filhos sadios, pais felizes** – R. Pagnoncelli
563(10).**Fatos & mitos** – Dr. Fernando Lucchese
564.**Ménage à trois** – Paula Taitelbaum
565.**Mulheres!** – David Coimbra
566.**Poemas de Álvaro de Campos** – Fernando Pessoa
567.**Medo e outras histórias** – Stefan Zweig
568.**Snoopy e sua turma (1)** – Schulz
569.**Piadas para sempre (1)** – Visconde da Casa Verde
570.**O alvo móvel** – Ross Macdonald
571.**O melhor do Recruta Zero (2)** – Mort Walker
572.**Um sonho americano** – Norman Mailer
573.**Os broncos também amam** – Angeli
574.**Crônica de um amor louco** – Bukowski
575(5).**Freud** – René Major e Chantal Talagrand
576(6).**Picasso** – Gilles Plazy
577(7).**Gandhi** – Christine Jordis
578.**A tumba** – H. P. Lovecraft
579.**O príncipe e o mendigo** – Mark Twain
580.**Garfield, um charme de gato (7)** – Jim Davis
581.**Ilusões perdidas** – Balzac
582.**Esplendores e misérias das cortesãs** – Balzac
583.**Walter Ego** – Angeli
584.**Striptiras (1)** – Laerte
585.**Fagundes: um puxa-saco de mão cheia** – Laerte
586.**Depois do último trem** – Josué Guimarães
587.**Ricardo III** – Shakespeare
588.**Dona Anja** – Josué Guimarães
589.**24 horas na vida de uma mulher** – Stefan Zweig
591.**Mulher no escuro** – Dashiell Hammett
592.**No que acredito** – Bertrand Russell
593.**Odisseia (1): Telemaquia** – Homero
594.**O cavalo cego** – Josué Guimarães
595.**Henrique V** – Shakespeare
596.**Fabulário geral do delírio cotidiano** – Bukowski
597.**Tiros na noite 1: A mulher do bandido** – Dashiell Hammett
598.**Snoopy em Feliz Dia dos Namorados! (2)** – Schulz
600.**Crime e castigo** – Dostoiévski
601.**Mistério no Caribe** – Agatha Christie
602.**Odisseia (2): Regresso** – Homero
603.**Piadas para sempre (2)** – Visconde da Casa Verde
604.**À sombra do vulcão** – Malcolm Lowry

605(8).**Kerouac** – Yves Buin
606.**E agora são cinzas** – Angeli
607.**As mil e uma noites** – Paulo Caruso
608.**Um assassino entre nós** – Ruth Rendell
609.**Crack-up** – F. Scott Fitzgerald
610.**Do amor** – Stendhal
611.**Cartas do Yage** – William Burroughs e Allen Ginsberg
612.**Striptiras (2)** – Laerte
613.**Henry & June** – Anaïs Nin
614.**A piscina mortal** – Ross Macdonald
615.**Geraldão (2)** – Glauco
616.**Tempo de delicadeza** – A. R. de Sant'Anna
617.**Tiros na noite 2: Medo de tiro** – Dashiell Hammett
618.**Snoopy em Assim é a vida, Charlie Brown! (3)** – Schulz
619.**1954 – Um tiro no coração** – Hélio Silva
620.**Sobre a inspiração poética (Íon) e ...** – Platão
621.**Garfield e seus amigos (8)** – Jim Davis
622.**Odisseia (3): Ítaca** – Homero
623.**A louca matança** – Chester Himes
624.**Factótum** – Bukowski
625.**Guerra e Paz: volume 1** – Tolstói
626.**Guerra e Paz: volume 2** – Tolstói
627.**Guerra e Paz: volume 3** – Tolstói
628.**Guerra e Paz: volume 4** – Tolstói
629(9).**Shakespeare** – Claude Mourthé
630.**Bem está o que bem acaba** – Shakespeare
631.**O contrato social** – Rousseau
632.**Geração Beat** – Jack Kerouac
633.**Snoopy: É Natal! (4)** – Charles Schulz
634.**Testemunha da acusação** – Agatha Christie
635.**Um elefante no caos** – Millôr Fernandes
636.**Guia de leitura (100 autores que você precisa ler)** – Organização de Léa Masina
637.**Pistoleiros também mandam flores** – David Coimbra
638.**O prazer das palavras** – vol. 1 – Cláudio Moreno
639.**O prazer das palavras** – vol. 2 – Cláudio Moreno
640.**Novíssimo testamento: com Deus e o diabo, a dupla da criação** – Iotti
641.**Literatura Brasileira: modos de usar** – Luís Augusto Fischer
642.**Dicionário de Porto-Alegrês** – Luís A. Fischer
643.**Clô Dias & Noites** – Sérgio Jockymann
644.**Memorial de Isla Negra** – Pablo Neruda
645.**Um homem extraordinário e outras histórias** – Tchékhov
646.**Ana sem terra** – Alcy Cheuiche
647.**Adultérios** – Woody Allen
651.**Snoopy: Posso fazer uma pergunta, professora? (5)** – Charles Schulz
652(10).**Luís XVI** – Bernard Vincent
653.**O mercador de Veneza** – Shakespeare
654.**Cancioneiro** – Fernando Pessoa
655.**Non-Stop** – Martha Medeiros
656.**Carpinteiros, levantem bem alto a cumeeira & Seymour, uma apresentação** – J.D.Salinger
657.**Ensaios céticos** – Bertrand Russell
658.**O melhor de Hagar 5** – Dik e Chris Browne
659.**Primeiro amor** – Ivan Turguêniev
660.**A trégua** – Mario Benedetti
661.**Um parque de diversões da cabeça** – Lawrence Ferlinghetti
662.**Aprendendo a viver** – Sêneca
663.**Garfield, um gato em apuros (9)** – Jim Davis
664.**Dilbert (1)** – Scott Adams
666.**A imaginação** – Jean-Paul Sartre
667.**O ladrão e os cães** – Naguib Mahfuz
669.**A volta do parafuso** *seguido de* **Daisy Miller** – Henry James
670.**Notas do subsolo** – Dostoiévski
671.**Abobrinhas da Brasilônia** – Glauco
672.**Geraldão (3)** – Glauco
673.**Piadas para sempre (3)** – Visconde da Casa Verde
674.**Duas viagens ao Brasil** – Hans Staden
676.**A arte da guerra** – Maquiavel
677.**Além do bem e do mal** – Nietzsche
678.**O coronel Chabert** *seguido de* **A mulher abandonada** – Balzac
679.**O sorriso de marfim** – Ross Macdonald
680.**100 receitas de pescados** – Sílvio Lancellotti
681.**O juiz e seu carrasco** – Friedrich Dürrenmatt
682.**Noites brancas** – Dostoiévski
683.**Quadras ao gosto popular** – Fernando Pessoa
685.**Kaos** – Millôr Fernandes
686.**A pele de onagro** – Balzac
687.**As ligações perigosas** – Choderlos de Laclos
689.**Os Lusíadas** – Luís Vaz de Camões
690(11).**Átila** – Éric Deschodt
691.**Um jeito tranquilo de matar** – Chester Himes
692.**A felicidade conjugal** *seguido de* **O diabo** – Tolstói
693.**Viagem de um naturalista ao redor do mundo** – vol. 1 – Charles Darwin
694.**Viagem de um naturalista ao redor do mundo** – vol. 2 – Charles Darwin
695.**Memórias da casa dos mortos** – Dostoiévski
696.**A Celestina** – Fernando de Rojas
697.**Snoopy: Como você é azarado, Charlie Brown! (6)** – Charles Schulz
698.**Dez (quase) amores** – Claudia Tajes
699.**Poirot sempre espera** – Agatha Christie
701.**Apologia de Sócrates** *precedido de* **Êutifron** e *seguido de* **Críton** – Platão
702.**Wood & Stock** – Angeli
703.**Striptiras (3)** – Laerte
704.**Discurso sobre a origem e os fundamentos da desigualdade entre os homens** – Rousseau
705.**Os duelistas** – Joseph Conrad
706.**Dilbert (2)** – Scott Adams
707.**Viver e escrever** (vol. 1) – Edla van Steen
708.**Viver e escrever** (vol. 2) – Edla van Steen
709.**Viver e escrever** (vol. 3) – Edla van Steen
710.**A teia da aranha** – Agatha Christie
711.**O banquete** – Platão
712.**Os belos e malditos** – F. Scott Fitzgerald
713.**Libelo contra a arte moderna** – Salvador Dalí

714.**Akropolis** – Valerio Massimo Manfredi
715.**Devoradores de mortos** – Michael Crichton
716.**Sob o sol da Toscana** – Frances Mayes
717.**Batom na cueca** – Nani
718.**Vida dura** – Claudia Tajes
719.**Carne trêmula** – Ruth Rendell
720.**Cris, a fera** – David Coimbra
721.**O anticristo** – Nietzsche
722.**Como um romance** – Daniel Pennac
723.**Emboscada no Forte Bragg** – Tom Wolfe
724.**Assédio sexual** – Michael Crichton
725.**O espírito do Zen** – Alan W.Watts
726.**Um bonde chamado desejo** – Tennessee Williams
727.**Como gostais** *seguido de* **Conto de inverno** – Shakespeare
728.**Tratado sobre a tolerância** – Voltaire
729.**Snoopy: Doces ou travessuras? (7)** – Charles Schulz
730.**Cardápios do Anonymus Gourmet** – J.A. Pinheiro Machado
731.**100 receitas com lata** – J.A. Pinheiro Machado
732.**Conhece o Mário?** vol.2 – Santiago
733.**Dilbert (3)** – Scott Adams
734.**História de um louco amor** *seguido de* **Passado amor** – Horacio Quiroga
735(11).**Sexo: muito prazer** – Laura Meyer da Silva
736(12).**Para entender o adolescente** – Dr. Ronald Pagnoncelli
737(13).**Desembarcando a tristeza** – Dr. Fernando Lucchese
738.**Poirot e o mistério da arca espanhola & outras histórias** – Agatha Christie
739.**A última legião** – Valerio Massimo Manfredi
741.**Sol nascente** – Michael Crichton
742.**Duzentos ladrões** – Dalton Trevisan
743.**Os devaneios do caminhante solitário** – Rousseau
744.**Garfield, o rei da preguiça (10)** – Jim Davis
745.**Os magnatas** – Charles R. Morris
746.**Pulp** – Charles Bukowski
747.**Enquanto agonizo** – William Faulkner
748.**Aline: viciada em sexo (3)** – Adão Iturrusgarai
749.**A dama do cachorrinho** – Anton Tchékhov
750.**Tito Andrônico** – Shakespeare
751.**Antologia poética** – Anna Akhmátova
752.**O melhor de Hagar 6** – Dik e Chris Browne
753(12).**Michelangelo** – Nadine Sautel
754.**Dilbert (4)** – Scott Adams
755.**O jardim das cerejeiras** *seguido de* **Tio Vânia** – Tchékhov
756.**Geração Beat** – Claudio Willer
757.**Santos Dumont** – Alcy Cheuiche
758.**Budismo** – Claude B. Levenson
759.**Cleópatra** – Christian-Georges Schwentzel
760. **Revolução Francesa** – Frédéric Bluche, Stéphane Rials e Jean Tulard
761.**A crise de 1929** – Bernard Gazier
762.**Sigmund Freud** – Edson Sousa e Paulo Endo
763.**Império Romano** – Patrick Le Roux
764.**Cruzadas** – Cécile Morrisson
765.**O mistério do Trem Azul** – Agatha Christie
768.**Senso comum** – Thomas Paine
769.**O parque dos dinossauros** – Michael Crichton
770.**Trilogia da paixão** – Goethe
773.**Snoopy: No mundo da lua! (8)** – Charles Schulz
774.**Os Quatro Grandes** – Agatha Christie
775.**Um brinde de cianureto** – Agatha Christie
776.**Súplicas atendidas** – Truman Capote
779.**A viúva imortal** – Millôr Fernandes
780.**Cabala** – Roland Goetschel
781.**Capitalismo** – Claude Jessua
782.**Mitologia grega** – Pierre Grimal
783.**Economia: 100 palavras-chave** – Jean-Paul Betbèze
784.**Marxismo** – Henri Lefebvre
785.**Punição para a inocência** – Agatha Christie
786.**A extravagância do morto** – Agatha Christie
787(13).**Cézanne** – Bernard Fauconnier
788.**A identidade Bourne** – Robert Ludlum
789.**Da tranquilidade da alma** – Sêneca
790.**Um artista da fome** *seguido de* **Na colônia penal e outras histórias** – Kafka
791.**Histórias de fantasmas** – Charles Dickens
796.**O Uraguai** – Basílio da Gama
797.**A mão misteriosa** – Agatha Christie
798.**Testemunha ocular do crime** – Agatha Christie
799.**Crepúsculo dos ídolos** – Friedrich Nietzsche
802.**O grande golpe** – Dashiell Hammett
803.**Humor barra pesada** – Nani
804.**Vinho** – Jean-François Gautier
805.**Egito Antigo** – Sophie Desplancques
806(14).**Baudelaire** – Jean-Baptiste Baronian
807.**Caminho da sabedoria, caminho da paz** – Dalai Lama e Felizitas von Schönborn
808.**Senhor e servo e outras histórias** – Tolstói
809.**Os cadernos de Malte Laurids Brigge** – Rilke
810.**Dilbert (5)** – Scott Adams
811.**Big Sur** – Jack Kerouac
812.**Seguindo a correnteza** – Agatha Christie
813.**O álibi** – Sandra Brown
814.**Montanha-russa** – Martha Medeiros
815.**Coisas da vida** – Martha Medeiros
816.**A cantada infalível** *seguido de* **A mulher do centroavante** – David Coimbra
819.**Snoopy: Pausa para a soneca (9)** – Charles Schulz
820.**De pernas pro ar** – Eduardo Galeano
821.**Tragédias gregas** – Pascal Thiercy
822.**Existencialismo** – Jacques Colette
823.**Nietzsche** – Jean Granier
824.**Amar ou depender?** – Walter Riso
825.**Darmapada: A doutrina budista em versos**
826.**J'Accuse...! – a verdade em marcha** – Zola
827.**Os crimes ABC** – Agatha Christie
828.**Um gato entre os pombos** – Agatha Christie
831.**Dicionário de teatro** – Luiz Paulo Vasconcellos
832.**Cartas extraviadas** – Martha Medeiros
833.**A longa viagem de prazer** – J. J. Morosoli
834.**Receitas fáceis** – J. A. Pinheiro Machado
835.(14).**Mais fatos & mitos** – Dr. Fernando Lucchese

836.(15).**Boa viagem!** – Dr. Fernando Lucchese
837.**Aline: Finalmente nua!!!** (4) – Adão Iturrusgarai
838.**Mônica tem uma novidade!** – Mauricio de Sousa
839.**Cebolinha em apuros!** – Mauricio de Sousa
840.**Sócios no crime** – Agatha Christie
841.**Bocas do tempo** – Eduardo Galeano
842.**Orgulho e preconceito** – Jane Austen
843.**Impressionismo** – Dominique Lobstein
844.**Escrita chinesa** – Viviane Alleton
845.**Paris: uma história** – Yvan Combeau
846(15).**Van Gogh** – David Haziot
848.**Portal do destino** – Agatha Christie
849.**O futuro de uma ilusão** – Freud
850.**O mal-estar na cultura** – Freud
853.**Um crime adormecido** – Agatha Christie
854.**Satori em Paris** – Jack Kerouac
855.**Medo e delírio em Las Vegas** – Hunter Thompson
856.**Um negócio fracassado e outros contos de humor** – Tchékhov
857.**Mônica está de férias!** – Mauricio de Sousa
858.**De quem é esse coelho?** – Mauricio de Sousa
860.**O mistério Sittaford** – Agatha Christie
861.**Manhã transfigurada** – L. A. de Assis Brasil
862.**Alexandre, o Grande** – Pierre Briant
863.**Jesus** – Charles Perrot
864.**Islã** – Paul Balta
865.**Guerra da Secessão** – Farid Ameur
866.**Um rio que vem da Grécia** – Cláudio Moreno
868.**Assassinato na casa do pastor** – Agatha Christie
869.**Manual do líder** – Napoleão Bonaparte
870(16).**Billie Holiday** – Sylvia Fol
871.**Bidu arrasando!** – Mauricio de Sousa
872.**Os Sousa: Desventuras em família** – Mauricio de Sousa
874.**E no final a morte** – Agatha Christie
875.**Guia prático do Português correto – vol. 4** – Cláudio Moreno
876.**Dilbert (6)** – Scott Adams
877(17).**Leonardo da Vinci** – Sophie Chauveau
878.**Bella Toscana** – Frances Mayes
879.**A arte da ficção** – David Lodge
880.**Striptiras (4)** – Laerte
881.**Skrotinhos** – Angeli
882.**Depois do funeral** – Agatha Christie
883.**Radicci 7** – Iotti
884.**Walden** – H. D. Thoreau
885.**Lincoln** – Allen C. Guelzo
886.**Primeira Guerra Mundial** – Michael Howard
887.**A linha de sombra** – Joseph Conrad
888.**O amor é um cão dos diabos** – Bukowski
890.**Despertar: uma vida de Buda** – Jack Kerouac
891(18).**Albert Einstein** – Laurent Seksik
892.**Hell's Angels** – Hunter Thompson
893.**Ausência na primavera** – Agatha Christie
894.**Dilbert (7)** – Scott Adams
895.**Ao sul de lugar nenhum** – Bukowski
896.**Maquiavel** – Quentin Skinner
897.**Sócrates** – C.C.W. Taylor
899.**O Natal de Poirot** – Agatha Christie
900.**As veias abertas da América Latina** – Eduardo Galeano
901.**Snoopy: Sempre alerta! (10)** – Charles Schulz
902.**Chico Bento: Plantando confusão** – Mauricio de Sousa
903.**Penadinho: Quem é morto sempre aparece** – Mauricio de Sousa
904.**A vida sexual da mulher feia** – Claudia Tajes
905.**100 segredos de liquidificador** – José Antonio Pinheiro Machado
906.**Sexo muito prazer 2** – Laura Meyer da Silva
907.**Os nascimentos** – Eduardo Galeano
908.**As caras e as máscaras** – Eduardo Galeano
909.**O século do vento** – Eduardo Galeano
910.**Poirot perde uma cliente** – Agatha Christie
911.**Cérebro** – Michael O'Shea
912.**O escaravelho de ouro e outras histórias** – Edgar Allan Poe
913.**Piadas para sempre (4)** – Visconde da Casa Verde
914.**100 receitas de massas light** – Helena Tonetto
915(19).**Oscar Wilde** – Daniel Salvatore Schiffer
916.**Uma breve história do mundo** – H. G. Wells
917.**A Casa do Penhasco** – Agatha Christie
919.**John M. Keynes** – Bernard Gazier
920(20).**Virginia Woolf** – Alexandra Lemasson
921.**Peter e Wendy** *seguido de* **Peter Pan em Kensington Gardens** – J. M. Barrie
922.**Aline: numas de colegial (5)** – Adão Iturrusgarai
923.**Uma dose mortal** – Agatha Christie
924.**Os trabalhos de Hércules** – Agatha Christie
926.**Kant** – Roger Scruton
927.**A inocência do Padre Brown** – G.K. Chesterton
928.**Casa Velha** – Machado de Assis
929.**Marcas de nascença** – Nancy Huston
930.**Aulete de bolso**
931.**Hora Zero** – Agatha Christie
932.**Morte na Mesopotâmia** – Agatha Christie
934.**Nem te conto, João** – Dalton Trevisan
935.**As aventuras de Huckleberry Finn** – Mark Twain
936(21).**Marilyn Monroe** – Anne Plantagenet
937.**China moderna** – Rana Mitter
938.**Dinossauros** – David Norman
939.**Louca por homem** – Claudia Tajes
940.**Amores de alto risco** – Walter Riso
941.**Jogo de damas** – David Coimbra
942.**Filha é filha** – Agatha Christie
943.**M ou N?** – Agatha Christie
945.**Bidu: diversão em dobro!** – Mauricio de Sousa
946.**Fogo** – Anaïs Nin
947.**Rum: diário de um jornalista bêbado** – Hunter Thompson
948.**Persuasão** – Jane Austen
949.**Lágrimas na chuva** – Sergio Faraco
950.**Mulheres** – Bukowski
951.**Um pressentimento funesto** – Agatha Christie
952.**Cartas na mesa** – Agatha Christie
954.**O lobo do mar** – Jack London
955.**Os gatos** – Patricia Highsmith
956(22).**Jesus** – Christiane Rancé
957.**História da medicina** – William Bynum

958.**O Morro dos Ventos Uivantes** – Emily Brontë
959.**A filosofia na era trágica dos gregos** – Nietzsche
960.**Os treze problemas** – Agatha Christie
961.**A massagista japonesa** – Moacyr Scliar
963.**Humor do miserê** – Nani
964.**Todo o mundo tem dúvida, inclusive você** – Édison de Oliveira
965.**A dama do Bar Nevada** – Sergio Faraco
969.**O psicopata americano** – Bret Easton Ellis
970.**Ensaios de amor** – Alain de Botton
971.**O grande Gatsby** – F. Scott Fitzgerald
972.**Por que não sou cristão** – Bertrand Russell
973.**A Casa Torta** – Agatha Christie
974.**Encontro com a morte** – Agatha Christie
975(23).**Rimbaud** – Jean-Baptiste Baronian
976.**Cartas na rua** – Bukowski
977.**Memória** – Jonathan K. Foster
978.**A abadia de Northanger** – Jane Austen
979.**As pernas de Úrsula** – Claudia Tajes
980.**Retrato inacabado** – Agatha Christie
981.**Solanin (1)** – Inio Asano
982.**Solanin (2)** – Inio Asano
983.**Aventuras de menino** – Mitsuru Adachi
984(16).**Fatos & mitos sobre sua alimentação** – Dr. Fernando Lucchese
985.**Teoria quântica** – John Polkinghorne
986.**O eterno marido** – Fiódor Dostoiévski
987.**Um safado em Dublin** – J. P. Donleavy
988.**Mirinha** – Dalton Trevisan
989.**Akhenaton e Nefertiti** – Carmen Seganfredo e A. S. Franchini
990.**On the Road – o manuscrito original** – Jack Kerouac
991.**Relatividade** – Russell Stannard
992.**Abaixo de zero** – Bret Easton Ellis
993(24).**Andy Warhol** – Mériam Korichi
995.**Os últimos casos de Miss Marple** – Agatha Christie
996.**Nico Demo: Aí vem encrenca** – Mauricio de Sousa
998.**Rousseau** – Robert Wokler
999.**Noite sem fim** – Agatha Christie
1000.**Diários de Andy Warhol (1)** – Editado por Pat Hackett
1001.**Diários de Andy Warhol (2)** – Editado por Pat Hackett
1002.**Cartier-Bresson: o olhar do século** – Pierre Assouline
1003.**As melhores histórias da mitologia: vol. 1** – A.S. Franchini e Carmen Seganfredo
1004.**As melhores histórias da mitologia: vol. 2** – A.S. Franchini e Carmen Seganfredo
1005.**Assassinato no beco** – Agatha Christie
1006.**Convite para um homicídio** – Agatha Christie
1008.**História da vida** – Michael J. Benton
1009.**Jung** – Anthony Stevens
1010.**Arsène Lupin, ladrão de casaca** – Maurice Leblanc
1011.**Dublinenses** – James Joyce
1012.**120 tirinhas da Turma da Mônica** – Mauricio de Sousa
1013.**Antologia poética** – Fernando Pessoa
1014.**A aventura de um cliente ilustre** ***seguido de*** **O último adeus de Sherlock Holmes** – Sir Arthur Conan Doyle
1015.**Cenas de Nova York** – Jack Kerouac
1016.**A corista** – Anton Tchékhov
1017.**O diabo** – Leon Tolstói
1018.**Fábulas chinesas** – Sérgio Capparelli e Márcia Schmaltz
1019.**O gato do Brasil** – Sir Arthur Conan Doyle
1020.**Missa do Galo** – Machado de Assis
1021.**O mistério de Marie Rogêt** – Edgar Allan Poe
1022.**A mulher mais linda da cidade** – Bukowski
1023.**O retrato** – Nicolai Gogol
1024.**O conflito** – Agatha Christie
1025.**Os primeiros casos de Poirot** – Agatha Christie
1027(25).**Beethoven** – Bernard Fauconnier
1028.**Platão** – Julia Annas
1029.**Cleo e Daniel** – Roberto Freire
1030.**Til** – José de Alencar
1031.**Viagens na minha terra** – Almeida Garrett
1032.**Profissões para mulheres e outros artigos feministas** – Virginia Woolf
1033.**Mrs. Dalloway** – Virginia Woolf
1034.**O cão da morte** – Agatha Christie
1035.**Tragédia em três atos** – Agatha Christie
1037.**O fantasma da Ópera** – Gaston Leroux
1038.**Evolução** – Brian e Deborah Charlesworth
1039.**Medida por medida** – Shakespeare
1040.**Razão e sentimento** – Jane Austen
1041.**A obra-prima ignorada** ***seguido de*** **Um episódio durante o Terror** – Balzac
1042.**A fugitiva** – Anaïs Nin
1043.**As grandes histórias da mitologia greco--romana** – A. S. Franchini
1044.**O corno de si mesmo & outras historietas** – Marquês de Sade
1045.**Da felicidade** ***seguido de*** **Da vida retirada** – Sêneca
1046.**O horror em Red Hook e outras histórias** – H. P. Lovecraft
1047.**Noite em claro** – Martha Medeiros
1048.**Poemas clássicos chineses** – Li Bai, Du Fu e Wang Wei
1049.**A terceira moça** – Agatha Christie
1050.**Um destino ignorado** – Agatha Christie
1051(26).**Buda** – Sophie Royer
1052.**Guerra Fria** – Robert J. McMahon
1053.**Simons's Cat: as aventuras de um gato travesso e comilão – vol. 1** – Simon Tofield
1054.**Simons's Cat: as aventuras de um gato travesso e comilão – vol. 2** – Simon Tofield
1055.**Só as mulheres e as baratas sobreviverão** – Claudia Tajes
1057.**Pré-história** – Chris Gosden
1058.**Pintou sujeira!** – Mauricio de Sousa
1059.**Contos de Mamãe Gansa** – Charles Perrault
1060.**A interpretação dos sonhos: vol. 1** – Freud
1061.**A interpretação dos sonhos: vol. 2** – Freud
1062.**Frufru Rataplã Dolores** – Dalton Trevisan

1063.**As melhores histórias da mitologia egípcia** – Carmem Seganfredo e A.S. Franchini
1064.**Infância. Adolescência. Juventude** – Tolstói
1065.**As consolações da filosofia** – Alain de Botton
1066.**Diários de Jack Kerouac – 1947-1954**
1067.**Revolução Francesa – vol. 1** – Max Gallo
1068.**Revolução Francesa – vol. 2** – Max Gallo
1069.**O detetive Parker Pyne** – Agatha Christie
1070.**Memórias do esquecimento** – Flávio Tavares
1071.**Drogas** – Leslie Iversen
1072.**Manual de ecologia (vol.2)** – J. Lutzenberger
1073.**Como andar no labirinto** – Affonso Romano de Sant'Anna
1074.**A orquídea e o serial killer** – Juremir Machado da Silva
1075.**Amor nos tempos de fúria** – Lawrence Ferlinghetti
1076.**A aventura do pudim de Natal** – Agatha Christie
1078.**Amores que matam** – Patricia Faur
1079.**Histórias de pescador** – Mauricio de Sousa
1080.**Pedaços de um caderno manchado de vinho** – Bukowski
1081.**A ferro e fogo: tempo de solidão (vol.1)** – Josué Guimarães
1082.**A ferro e fogo: tempo de guerra (vol.2)** – Josué Guimarães
1084(17).**Desembarcando o Alzheimer** – Dr. Fernando Lucchese e Dra. Ana Hartmann
1085.**A maldição do espelho** – Agatha Christie
1086.**Uma breve história da filosofia** – Nigel Warburton
1088.**Heróis da História** – Will Durant
1089.**Concerto campestre** – L. A. de Assis Brasil
1090.**Morte nas nuvens** – Agatha Christie
1092.**Aventura em Bagdá** – Agatha Christie
1093.**O cavalo amarelo** – Agatha Christie
1094.**O método de interpretação dos sonhos** – Freud
1095.**Sonetos de amor e desamor** – Vários
1096.**120 tirinhas do Dilbert** – Scott Adams
1097.**200 fábulas de Esopo**
1098.**O curioso caso de Benjamin Button** – F. Scott Fitzgerald
1099.**Piadas para sempre: uma antologia para morrer de rir** – Visconde da Casa Verde
1100.**Hamlet (Mangá)** – Shakespeare
1101.**A arte da guerra (Mangá)** – Sun Tzu
1104.**As melhores histórias da Bíblia (vol.1)** – A. S. Franchini e Carmen Seganfredo
1105.**As melhores histórias da Bíblia (vol.2)** – A. S. Franchini e Carmen Seganfredo
1106.**Psicologia das massas e análise do eu** – Freud
1107.**Guerra Civil Espanhola** – Helen Graham
1108.**A autoestrada do sul e outras histórias** – Julio Cortázar
1109.**O mistério dos sete relógios** – Agatha Christie
1110.**Peanuts: Ninguém gosta de mim... (amor)** – Charles Schulz
1111.**Cadê o bolo?** – Mauricio de Sousa
1112.**O filósofo ignorante** – Voltaire
1113.**Totem e tabu** – Freud
1114.**Filosofia pré-socrática** – Catherine Osborne
1115.**Desejo de status** – Alain de Botton
1118.**Passageiro para Frankfurt** – Agatha Christie
1120.**Kill All Enemies** – Melvin Burgess
1121.**A morte da sra. McGinty** – Agatha Christie
1122.**Revolução Russa** – S. A. Smith
1123.**Até você, Capitu?** – Dalton Trevisan
1124.**O grande Gatsby (Mangá)** – F. S. Fitzgerald
1125.**Assim falou Zaratustra (Mangá)** – Nietzsche
1126. **Peanuts: É para isso que servem os amigos (amizade)** – Charles Schulz
1127(27).**Nietzsche** – Dorian Astor
1128.**Bidu: Hora do banho** – Mauricio de Sousa
1129.**O melhor do Macanudo Taurino** – Santiago
1130.**Radicci 30 anos** – Iotti
1131.**Show de sabores** – J.A. Pinheiro Machado
1132.**O prazer das palavras** – vol. 3 – Cláudio Moreno
1133.**Morte na praia** – Agatha Christie
1134.**O fardo** – Agatha Christie
1135.**Manifesto do Partido Comunista (Mangá)** – Marx & Engels
1136.**A metamorfose (Mangá)** – Franz Kafka
1137.**Por que você não se casou... ainda** – Tracy McMillan
1138.**Textos autobiográficos** – Bukowski
1139.**A importância de ser prudente** – Oscar Wilde
1140.**Sobre a vontade na natureza** – Arthur Schopenhauer
1141.**Dilbert (8)** – Scott Adams
1142.**Entre dois amores** – Agatha Christie
1143.**Cipreste triste** – Agatha Christie
1144.**Alguém viu uma assombração?** – Mauricio de Sousa
1145.**Mandela** – Elleke Boehmer
1146.**Retrato do artista quando jovem** – James Joyce
1147.**Zadig ou o destino** – Voltaire
1148.**O contrato social (Mangá)** – J.-J. Rousseau
1149.**Garfield fenomenal** – Jim Davis
1150.**A queda da América** – Allen Ginsberg
1151.**Música na noite & outros ensaios** – Aldous Huxley
1152.**Poesias inéditas & Poemas dramáticos** – Fernando Pessoa
1153.**Peanuts: Felicidade é...** – Charles M. Schulz
1154.**Mate-me por favor** – Legs McNeil e Gillian McCain
1155.**Assassinato no Expresso Oriente** – Agatha Christie
1156.**Um punhado de centeio** – Agatha Christie
1157.**A interpretação dos sonhos (Mangá)** – Freud
1158.**Peanuts: Você não entende o sentido da vida** – Charles M. Schulz
1159.**A dinastia Rothschild** – Herbert R. Lottman
1160.**A Mansão Hollow** – Agatha Christie
1161.**Nas montanhas da loucura** – H.P. Lovecraft
1162(28).**Napoleão Bonaparte** – Pascale Fautrier
1163.**Um corpo na biblioteca** – Agatha Christie
1164.**Inovação** – Mark Dodgson e David Gann
1165.**O que toda mulher deve saber sobre os homens: a afetividade masculina** – Walter Riso
1166.**O amor está no ar** – Mauricio de Sousa

1167.**Testemunha de acusação & outras histórias** – Agatha Christie
1168.**Etiqueta de bolso** – Celia Ribeiro
1169.**Poesia reunida (volume 3)** – Affonso Romano de Sant'Anna
1170.**Emma** – Jane Austen
1171.**Que seja em segredo** – Ana Miranda
1172.**Garfield sem apetite** – Jim Davis
1173.**Garfield: Foi mal...** – Jim Davis
1174.**Os irmãos Karamázov (Mangá)** – Dostoiévski
1175.**O Pequeno Príncipe** – Antoine de Saint-Exupéry
1176.**Peanuts: Ninguém mais tem o espírito aventureiro** – Charles M. Schulz
1177.**Assim falou Zaratustra** – Nietzsche
1178.**Morte no Nilo** – Agatha Christie
1179.**Ê, soneca boa** – Mauricio de Sousa
1180.**Garfield a todo o vapor** – Jim Davis
1181.**Em busca do tempo perdido (Mangá)** – Proust
1182.**Cai o pano: o último caso de Poirot** – Agatha Christie
1183.**Livro para colorir e relaxar** – Livro 1
1184.**Para colorir sem parar**
1185.**Os elefantes não esquecem** – Agatha Christie
1186.**Teoria da relatividade** – Albert Einstein
1187.**Compêndio da psicanálise** – Freud
1188.**Visões de Gerard** – Jack Kerouac
1189.**Fim de verão** – Mohiro Kitoh
1190.**Procurando diversão** – Mauricio de Sousa
1191.**E não sobrou nenhum e outras peças** – Agatha Christie
1192.**Ansiedade** – Daniel Freeman & Jason Freeman
1193.**Garfield: pausa para o almoço** – Jim Davis
1194.**Contos do dia e da noite** – Guy de Maupassant
1195.**O melhor de Hagar 7** – Dik Browne
1196(29).**Lou Andreas-Salomé** – Dorian Astor
1197(30).**Pasolini** – René de Ceccatty
1198.**O caso do Hotel Bertram** – Agatha Christie
1199.**Crônicas de motel** – Sam Shepard
1200.**Pequena filosofia da paz interior** – Catherine Rambert
1201.**Os sertões** – Euclides da Cunha
1202.**Treze à mesa** – Agatha Christie
1203.**Bíblia** – John Riches
1204.**Anjos** – David Albert Jones
1205.**As tirinhas do Guri de Uruguaiana 1** – Jair Kobe
1206.**Entre aspas (vol.1)** – Fernando Eichenberg
1207.**Escrita** – Andrew Robinson
1208.**O spleen de Paris: pequenos poemas em prosa** – Charles Baudelaire
1209.**Satíricon** – Petrônio
1210.**O avarento** – Molière
1211.**Queimando na água, afogando-se na chama** – Bukowski
1212.**Miscelânea septuagenária: contos e poemas** – Bukowski
1213.**Que filosofar é aprender a morrer e outros ensaios** – Montaigne
1214.**Da amizade e outros ensaios** – Montaigne
1215.**O medo à espreita e outras histórias** – H.P. Lovecraft
1216.**A obra de arte na era de sua reprodutibilidade técnica** – Walter Benjamin
1217.**Sobre a liberdade** – John Stuart Mill
1218.**O segredo de Chimneys** – Agatha Christie
1219.**Morte na rua Hickory** – Agatha Christie
1220.**Ulisses (Mangá)** – James Joyce
1221.**Ateísmo** – Julian Baggini
1222.**Os melhores contos de Katherine Mansfield** – Katherine Mansfied
1223(31).**Martin Luther King** – Alain Foix
1224.**Millôr Definitivo: uma antologia de *A Bíblia do Caos*** – Millôr Fernandes
1225.**O Clube das Terças-Feiras e outras histórias** – Agatha Christie
1226.**Por que sou tão sábio** – Nietzsche
1227.**Sobre a mentira** – Platão
1228.**Sobre a leitura *seguido do* Depoimento de Céleste Albaret** – Proust
1229.**O homem do terno marrom** – Agatha Christie
1230(32).**Jimi Hendrix** – Franck Médioni
1231.**Amor e amizade e outras histórias** – Jane Austen
1232.**Lady Susan, Os Watson e Sanditon** – Jane Austen
1233.**Uma breve história da ciência** – William Bynum
1234.**Macunaíma: o herói sem nenhum caráter** – Mário de Andrade
1235.**A máquina do tempo** – H.G. Wells
1236.**O homem invisível** – H.G. Wells
1237.**Os 36 estratagemas: manual secreto da arte da guerra** – Anônimo
1238.**A mina de ouro e outras histórias** – Agatha Christie
1239.**Pic** – Jack Kerouac
1240.**O habitante da escuridão e outros contos** – H.P. Lovecraft
1241.**O chamado de Cthulhu e outros contos** – H.P. Lovecraft
1242.**O melhor de Meu reino por um cavalo!** – Edição de Ivan Pinheiro Machado
1243.**A guerra dos mundos** – H.G. Wells
1244.**O caso da criada perfeita e outras histórias** – Agatha Christie
1245.**Morte por afogamento e outras histórias** – Agatha Christie
1246.**Assassinato no Comitê Central** – Manuel Vázquez Montalbán
1247.**O papai é pop** – Marcos Piangers
1248.**O papai é pop 2** – Marcos Piangers
1249.**A mamãe é rock** – Ana Cardoso
1250.**Paris boêmia** – Dan Franck
1251.**Paris libertária** – Dan Franck
1252.**Paris ocupada** – Dan Franck
1253.**Uma anedota infame** – Dostoiévski
1254.**O último dia de um condenado** – Victor Hugo
1255.**Nem só de caviar vive o homem** – J.M. Simmel
1256.**Amanhã é outro dia** – J.M. Simmel
1257.**Mulherzinhas** – Louisa May Alcott

1258.**Reforma Protestante** – Peter Marshall
1259.**História econômica global** – Robert C. Allen
1260(33).**Che Guevara** – Alain Foix
1261.**Câncer** – Nicholas James
1262.**Akhenaton** – Agatha Christie
1263.**Aforismos para a sabedoria de vida** – Arthur Schopenhauer
1264.**Uma história do mundo** – David Coimbra
1265.**Ame e não sofra** – Walter Riso
1266.**Desapegue-se!** – Walter Riso
1267.**Os Sousa: Uma famíla do barulho** – Mauricio de Sousa
1268.**Nico Demo: O rei da travessura** – Mauricio de Sousa
1269.**Testemunha de acusação e outras peças** – Agatha Christie
1270(34).**Dostoiévski** – Virgil Tanase
1271.**O melhor de Hagar 8** – Dik Browne
1272.**O melhor de Hagar 9** – Dik Browne
1273.**O melhor de Hagar 10** – Dik e Chris Browne
1274.**Considerações sobre o governo representativo** – John Stuart Mill
1275.**O homem Moisés e a religião monoteísta** – Freud
1276.**Inibição, sintoma e medo** – Freud
1277.**Além do princípio de prazer** – Freud
1278.**O direito de dizer não!** – Walter Riso
1279.**A arte de ser flexível** – Walter Riso
1280.**Casados e descasados** – August Strindberg
1281.**Da Terra à Lua** – Júlio Verne
1282.**Minhas galerias e meus pintores** – Kahnweiler
1283.**A arte do romance** – Virginia Woolf
1284.**Teatro completo v. 1: As aves da noite** ***seguido de*** **O visitante** – Hilda Hilst
1285.**Teatro completo v. 2: O verdugo** ***seguido de*** **A morte do patriarca** – Hilda Hilst
1286.**Teatro completo v. 3: O rato no muro** ***seguido de*** **Auto da barca de Camiri** – Hilda Hilst
1287.**Teatro completo v. 4: A empresa** ***seguido de*** **O novo sistema** – Hilda Hilst
1289.**Fora de mim** – Martha Medeiros
1290.**Divã** – Martha Medeiros
1291.**Sobre a genealogia da moral: um escrito polêmico** – Nietzsche
1292.**A consciência de Zeno** – Italo Svevo
1293.**Células-tronco** – Jonathan Slack
1294.**O fim do ciúme e outros contos** – Proust
1295.**A jangada** – Júlio Verne
1296.**A ilha do dr. Moreau** – H.G. Wells
1297.**Ninho de fidalgos** – Ivan Turguêniev
1298.**Jane Eyre** – Charlotte Brontë
1299.**Sobre gatos** – Bukowski
1300.**Sobre o amor** – Bukowski
1301.**Escrever para não enlouquecer** – Bukowski
1302.**222 receitas** – J. A. Pinheiro Machado
1303.**Reinações de Narizinho** – Monteiro Lobato
1304.**O Saci** – Monteiro Lobato
1305.**Memórias da Emília** – Monteiro Lobato
1306.**O Picapau Amarelo** – Monteiro Lobato
1307.**A reforma da Natureza** – Monteiro Lobato
1308.**Fábulas** ***seguido de*** **Histórias diversas** – Monteiro Lobato
1309.**Aventuras de Hans Staden** – Monteiro Lobato
1310.**Peter Pan** – Monteiro Lobato
1311.**Dom Quixote das crianças** – Monteiro Lobato
1312.**O Minotauro** – Monteiro Lobato
1313.**Um quarto só seu** – Virginia Woolf
1314.**Sonetos** – Shakespeare
1315(35).**Thoreau** – Marie Berthoumieu e Laura El Makki
1316.**Teoria da arte** – Cynthia Freeland
1317.**A arte da prudência** – Baltasar Gracián
1318.**O louco** ***seguido de*** **Areia e espuma** – Khalil Gibran
1319.**O profeta** ***seguido de*** **O jardim do profeta** – Khalil Gibran
1320.**Jesus, o Filho do Homem** – Khalil Gibran
1321.**A luta** – Norman Mailer
1322.**Sobre o sofrimento do mundo e outros ensaios** – Schopenhauer
1323.**Epidemiologia** – Rodolfo Sacacci
1324.**Japão moderno** – Christopher Goto-Jones
1325.**A arte da meditação** – Matthieu Ricard
1326.**O adversário secreto** – Agatha Christie
1327.**Pollyanna** – Eleanor H. Porter
1328.**Espelhos** – Eduardo Galeano
1329.**A Vênus das peles** – Sacher-Masoch
1330.**O 18 de brumário de Luís Bonaparte** – Karl Marx
1331.**Um jogo para os vivos** – Patricia Highsmith
1332.**A tristeza pode esperar** – J.J. Camargo
1333.**Vinte poemas de amor e uma canção desesperada** – Pablo Neruda
1334.**Judaísmo** – Norman Solomon
1335.**Esquizofrenia** – Christopher Frith & Eve Johnstone
1336.**Seis personagens em busca de um autor** – Luigi Pirandello
1337.**A Fazenda dos Animais** – George Orwell
1338.**1984** – George Orwell
1339.**Ubu Rei** – Alfred Jarry
1340.**Sobre bêbados e bebidas** – Bukowski
1341.**Tempestade para os vivos e para os mortos** – Bukowski
1342.**Complicado** – Natsume Ono
1343.**Sobre o livre-arbítrio** – Schopenhauer
1344.**Uma breve história da literatura** – John Sutherland
1345.**Você fica tão sozinho às vezes que até faz sentido** – Bukowski
1346.**Um apartamento em Paris** – Guillaume Musso
1347.**Receitas fáceis e saborosas** – José Antonio Pinheiro Machado
1348.**Por que engordamos** – Gary Taubes
1349.**A fabulosa história do hospital** – Jean-Noël Fabiani
1350.**Voo noturno** *seguido de* **Terra dos homens** – Antoine de Saint-Exupéry
1351.**Doutor Sax** – Jack Kerouac
1352.**O livro do Tao e da virtude** – Lao-Tsé
1353.**Pista negra** – Antonio Manzini
1354.**A chave de vidro** – Dashiell Hammett
1355.**Martin Eden** – Jack London

lepmeditores

www.lpm.com.br
o site que conta tudo

Impresso na Gráfica BMF
2023